DAS NATURERBE DER WELT

Die 201 faszinierendsten Nationalparks,
Schutzgebiete und Biosphärenreservate der Erde

Nach der Konvention der UNESCO

DAS NATURERBE DER WELT

Die 201 faszinierendsten Nationalparks, Schutzgebiete und Biosphärenreservate der Erde

Nach der Konvention der UNESCO

Vorherige Seite: Das Blue Hole, eine kreisrunde Höhle inmitten des Lighthouse-Atolls im Barriereriffsystem von Belize, ist mit einem Durchmesser von 275 Metern und einer Tiefe von 125 Metern ein faszinierendes Tauchziel.

Unten: Das imposant ausgreifende Wurzelwerk Japanischer Zedern überzieht den Granitboden der japanischen Insel Yakushima. Rechte Seite von oben: Schimpanse, Pelzrobbe, Ostafrikanisches Dreihornchamäleon.

EINFÜHRUNG

Die letzten europäischen Buchenurwälder in den Karpaten, der undurchdringliche Dschungel von Sumatra, die Goldenen Berge des Altai, die wildreichen Nationalparks Ostafrikas, die mondähnliche Felslandschaft des Tassili N'Ajjer in Algerien, gigantische Gletscherwände in Patagonien, Geysireruptionen und heiße Quellen im Yellowstone-Nationalpark oder das riesige Great Barrier Reef vor der australischen Ostküste – es gibt sie noch, die traumhaft und paradiesisch anmutenden Orte, wo die Natur nicht nur fantastische »Kunstwerke« von einzigartiger Anmut und Schönheit erschaffen hat, sondern auch noch weitgehend unberührt ist.

Damit dies angesichts der weltweit fortschreitenden Umweltzerstörung so bleibt, hat die UNESCO, die Organisation der Vereinten Nationen für Bildung, Wissenschaft, Kultur und Kommunikation, zusammen mit der Internationalen Naturschutzunion (IUCN) und dem Internationalen Rat für Denkmalpflege (ICOMOS) bis heute 201 Naturdenkmäler als Weltnaturerbe ausgezeichnet – wobei 25 gleichzeitig auch den Status eines Weltkulturerbes haben.

Voraussetzung für die Aufnahme in die Liste des Weltnaturerbes ist, dass eine Naturstätte aufgrund ihres ästhetischen Reizes, ihrer wissenschaftlichen Bedeutung oder als Lebensraum seltener Tier- und Pflanzenarten einen »universellen Wert« darstellt und deshalb als besonders erhaltenswert gilt. Dies schließt auch die Unversehrtheit und Echtheit ein, zudem muss ein Konservierungsplan vorliegen. Oft handelt es sich dabei um Areale, die bereits als Nationalparks unter Schutz stehen, etwa die Serengeti in Tansania oder der Everglades-Nationalpark in Florida.

Mit der Liste des UNESCO-Weltnaturerbes soll unterstrichen werden, dass die Rettung unserer Natur nicht nur eine nationale Angelegenheit ist, sondern ein Anliegen der gesamten Menschheit – damit einzigartige, überlebensnotwendige Ökosysteme erhalten bleiben und auch noch unsere Nachkommen in den Genuss dieser eindrucksvollen Naturschönheiten kommen.

Aufgrund der abgeschiedenen Lage haben auf den Galápagos-Inseln viele anderweitig ausgestorbene Tierarten überleben können. Besonders Reptilien wie hier der Drusenkopf sind auf dem Archipel zahlreich vertreten.

INHALTSVERZEICHNIS

Australien/Ozeanien 188

Afrika 246

INHALTSVERZEICHNIS

Seit dem letzten Vorstoß um 1860 schrumpft der 23 Kilometer lange Große Aletschgletscher. Im Zuge der Klimaerwärmung sind es momentan rund 50 Meter pro Jahr.

Der letzte nennenswerte europäische Bestand an Wisenten lebt heute im grenzüberschreitenden Park von Białowieża/Belovezhskaya Pushcha in Polen und Weißrussland.

EUROPA

ST. KILDA

Großbritanniens einsamster und abgelegenster Archipel, etwa 175 Kilometer vor der Westküste Schottlands gelegen, ist ein paradiesischer Nistplatz mit der größten Tölpelpopulation der Erde.

Jahr der Ernennung: 1986; Erweiterung: 2004, 2005

Der Archipel vulkanischen Ursprungs blieb während der letzten Eiszeit von Vergletscherung verschont und bewahrte so eine eigentümliche Landschaft. Die Inselgruppe »am Ende der Welt« umfasst Dun, Soay, Boreray und die Insel Hirta, deren Bewohner 1930 umgesiedelt wurden. Die Inseln sind seitdem nicht mehr bewohnt, und die Natur ist sich selbst überlassen.

Beeindruckende Steilfelsen bieten optimale Nistplätze für seltene Vogelarten. Riesige Tölpelbestände fanden hier ein Refugium. Für den Basstölpel ist die Inselgruppe der weltweit wichtigste Brutplatz.

Die Inseln waren trotz ihrer rauen klimatischen Bedingungen schon vor 2000 Jahren besiedelt. Die auffallendsten Gebäude der Inseln sind die soge-

nannten Cleits: Auf Hirta wurden 1260 gezählt, auf den weiteren Inseln mehr als 170. Es handelt sich um kleine Bauten aus Trockenmauern, die mit einer rasenbedeckten Platte überdacht waren. Manchmal gehen einzelne Gebäude ineinander über. Die Lage der Tür variiert. Die Steinhütten dienten vorwiegend als Lagerräume, da die ungemörtelten Wände eine stetige Luftzirkulation garantierten. Darin wurden vor allem Vogeleier, Federn, Torf und Grassoden aufbewahrt.

»Stacks« heißen die für St. Kilda typischen Felsformationen (großes Bild). Der Archipel ist ein beliebtes Refugium für Papageitaucher (unten rechts). Vereinzelt trifft man noch auf die Reste menschlicher Behausungen (unten links und rechts).

KÜSTE VON DORSET UND OST-DEVON

Die Felsformationen an Englands »Jurassic Coast« dokumentieren 185 Millionen Jahre Erdgeschichte. Hier wurden fossile Funde aus Trias, Jura und Kreidezeit gemacht.

Jahr der Ernennung: 2001

Zwischen den Old Harry Rocks bei Swanage und dem Orcombe Point in Devon erstreckt sich ein 150 Kilometer langer Küstenstreifen, den die Engländer als »Jurassic Coast« bezeichnen. Hier präsentiert sich das Mesozoikum mit seinen Ablagerungen aus dem Trias, dem Jura und der Kreidezeit wie ein aufgeschnittenes Sandwich, sodass man diese drei Schichten des Erdmittelalters in ununterbrochener Abfolge betrachten kann.
Weltweit wurden die Geomorphologen auf diese Küste aufmerksam, als im Jahr 1810 ein elfjähriges Mädchen namens Mary Anning in den Felsen nahe dem Fischerdorf Lyme Regis (Dorset) einen »Drachen« entdeckt hatte: Es handelte sich um den ersten vollständigen fossilen Abdruck eines Ichthyosaurus. Das Fossil glich einer Kreuzung aus einem riesigen Fisch mit einer Echse und stellte damals eine Sensation dar.
Seit dieser Zeit treten an der Küste von Dorset und Ost-Devon ständig neue Funde zutage, ohne dass man graben müsste. Denn die felsige Landschaft verändert sich durch stetige Erosion in einem atemberaubenden

Tempo. So wird, etwa nach einem Sturm, ein Spaziergang am Strand oder im Hinterland unweigerlich zu einer Entdeckungsreise durch die verschiedenen Stadien der Evolution und der Erdgeschichte.
Etwa die Hälfte des zum Welterbe ernannten Küstenstreifens wurde zum Schutz von der Organisation National Trust aufgekauft.

Herrliche Eindrücke von der Küste von Dorset und Ost-Devon eröffnen sich auf dem Südwest-Küstenwanderweg, der am Meer entlangführt (links). Der Blick fällt auf bizarre Felsen wie den Pulpit Rock an der Südspitze der Felseninsel Isle of Portland (ganz links) oder die Felsbrücke Durdle Door (großes Bild).

GIANT'S CAUSEWAY UND CAUSEWAY COAST

Die Basaltsäulen des Giant's Causeway reihen sich über eine Länge von fünf Kilometern an der Küste Nordirlands entlang. Viele Legenden ranken sich um dieses Naturwunder.

Jahr der Ernennung: 1986

Nahe dem Fischerort Ballycastle ragen rund 40000 meist sechseckige Basaltsäulen aus dem Meer. Die Säulen werden auf ein Alter von etwa 60 Millionen Jahren geschätzt. Sie bilden zusammen eine fünf Kilometer lange, vorspringende Landzunge entlang den Klippen und entstanden durch Kristallisierung, als ausströmende Lava im Meer erkaltete. Die größten Säulen erreichen eine Höhe von bis zu sechs Metern. »Straße des Riesen« heißt das Naturwunder nach einer der vielen Legenden, die sich um diesen Ort ranken. Sie erzählt davon, dass der irische Riese Finn, als er von seinem schottischen Gegenspieler herausgefordert wurde, einen Weg aus Feldsteinen über die Irische See nach Schottland errichtet habe.

Wie eine von Menschenhand erbaute riesige Treppe wirkt der Giant's Causeway, der, nachdem er im 19. Jahrhundert abgezäunt worden war, heute wieder frei zugänglich ist. Unter den vorwiegend sechseckigen Basaltsäulen finden sich bei genauerem Hinsehen auch Steine mit vier, fünf, sieben und acht Ecken.

Die 32 Kilometer vor der Südküste Islands liegende Insel entstand 1963 bis 1967 durch untermeerische Vulkanausbrüche. Von der isländischen Regierung zum ausschließlichen Forschungsterrain erklärt, ist sie ein Open-Air-Laboratorium, in dem natürliche Besiedlungsprozesse von Pflanzen und Tieren beobachtet werden können.

Jahr der Ernennung: 2008

Für normale Besucher ist Surtsey tabu. Von Anfang an blieb die Insel wissenschaftlichen Zwecken vorbehalten, um eine Entwicklung von Flora und Fauna ohne menschlichen Eingriff zu gewährleisten. Bereits 1965, also noch während ihrer Entstehung, wurde die nach dem nordischen Feuerriesen Surtr benannte Insel zum Naturschutzgebiet erklärt. Schon im Jahr zuvor waren Moose und Flechten nachgewiesen worden. Es folgten höher entwickelte Pflanzen wie Meersenf, Strandhafer und Austernpflanzen, deren Samen teils von der Bucht einer 20 Kilometer entfernten Insel über das Meer herangetrieben wurden. Auch Vögel und Insekten erreichten das Eiland bereits in den ersten Jahren seiner Existenz. Heute besiedeln unter

Ein riesiges Freiluftlabor ist Surtsey, die südlichste der Vestmannaeyjar-Inseln vor Island (unten rechts). Erst im Jahr 1963 war sie unter heftigen Eruptionen (rechts) aus dem Atlantik aufgetaucht. Auf der aus Lava und pyroklastischem Material bestehenden Insel (großes Bild) können Wissenschaftler die »jungfräuliche« Entwicklung von Fauna und Flora erforschen.

anderem 335 Arten von wirbellosen Tieren und 89 Vogelarten die Insel.

Doch an Surtsey nagt der Zahn der Zeit. Die rauen Wellen tragen ebenso wie Regen und Wind immer mehr Masse ab. Durch Gesteinsverdichtung in Grundmaterial und Sedimenten unter der Insel schrumpft deren Fläche stetig. Von einstmals über zwei Quadratkilometern ist die Fläche von Surtsey auf heute nur noch 1,4 geschrumpft, und ihr höchster Punkt sank von 173 Metern Meereshöhe auf 154. Nach Einschätzung von Wissenschaftlern wird die Insel in den nächsten 100 Jahren den Großteil ihrer Landmasse verlieren. Dass Surtsey im Wasser verschwindet, ist jedoch nicht zu erwarten: Der Kern wird als nackter Fels im Meer überdauern.

FJORDE WESTNORWEGENS: GEIRANGERFJORD UND NÆRØYFJORD

Norwegen ist das Land der Fjorde. Zu den längsten, tiefsten und schönsten Fjorden gehören der Geiranger- und der Nærøyfjord, die beide im Südwesten des Landes liegen.

Jahr der Ernennung: 2005

»Fjord« ist ein Wort aus dem Norwegischen und bezeichnet ein Tal, das zunächst durch Flüsse gebildet und während der Eiszeit durch riesige Gletscher modelliert wurde. Fjorde sind tief in die Küstengebirge eingeschnittene U-Täler, die mit dem Anstieg des Meeresspiegels am Ende der Eiszeit überflutet wurden und weit ins Landesinnere hineinreichen.

Typisch für Fjorde sind ihre steilen, oft senkrechten und durch Eismassen polierten Felswände. Am Grund liegt Gletschergeröll.

Geirangerfjord und Nærøyfjord liegen 120 Kilometer voneinander entfernt. Die Eismassen, die sie gebildet haben, fraßen sich bis zu 1900 Meter tief in das Gebirge. Bis zu 500 Meter davon liegen heute unter dem Meeresspiegel.

Die Meeresarme sind einen bis zwei Kilometer breit. Hinter der steilen Felsenküste erhebt sich jeweils ein beeindruckendes Gebirge. Der Torvløysa-Berg, der zum Gebiet des Geirangerfjords gehört, ist 1850 Meter hoch, der Stiganosi-Berg am Nærøyfjord 1761 Meter. Das Geirangerfjord-Gebirge ist alpiner als das Nærøyfjord-Gebirge mit seinen eher flacheren Bergkuppen. Flüsse, die

in Hängetälern vom nahe gelegenen Gebirge in den Fjord fließen, stürzen oft als Wasserfälle die Felswand hinunter. Am Geirangerfjord und Nærøyfjord werden diese Sturzbäche bisher – anders als bei den meisten anderen Fjorden – nicht zur Gewinnung von Wasserkraft verwendet. Beide Fjorde verlaufen parallel zur Küstenlinie und münden in einen weiteren Fjord.

Vom Panoramaberg Dalsnibba blickt man aus einer Höhe von 1476 Metern auf den Geirangerfjord (großes Bild). Kreuzfahrtschiffe passieren den Wasserfall »Die sieben Schwestern«, der eine Fallhöhe von 300 Metern hat (links unten). Der Nærøyfjord, ein Seitenarm des Sognefjord, ist an manchen Stellen nur 250 Meter breit und wird von bis zu 1400 Meter hohen Bergen gesäumt (rechts).

ARKTISCHE KULTURLANDSCHAFT LAPPLAND

Die Kulturlandschaft der weiten Hochflächen im Norden Schwedens ist die Heimat der Lappen bzw. Sámi. Dieses Volk nutzt die kargen natürlichen Ressourcen durch Nomadismus.

Jahr der Ernennung: 1996

Seit mehr als 2000 Jahren bewohnen die Sámi oder Samek (»Sumpfleute«), wie sich die Lappen selbst nennen, die nördlichen Regionen Skandinaviens. Traditionell ziehen sie mit ihren riesigen Rentierherden über das dünn besiedelte Land und legen dabei pro Jahr Hunderte von Kilometern zurück.
Viele Samen leben bis heute auf diese Weise, auch wenn sie ihren Lebensunterhalt nicht mehr allein durch Fischfang und Rentierzucht bestreiten. Tourismus und Landschaftspflege sind wichtige zusätzliche Arbeitsfelder geworden.
In hoher Blüte steht seit jeher das Kunsthandwerk mit aufwendigen Webarbeiten, Holz- und Knochenschnitzereien sowie die Bearbeitung tierischer Felle. Die traditionelle Kleidung, von bunten Farben geprägt, ist noch immer weit verbreitet.
In den landwirtschaftlich ungenutzten, von Tundravegetation beherrschten Regionen Lapplands, die sich von den tiefer gelegenen Waldrandgebieten bis zur Nordmeerküste hinziehen, finden sich Braunbärpopulationen. Daneben gibt es Wölfe, Elche und eine reiche Vogelwelt.

Berge, Fjorde und Geröllfelder bestimmen das Landschaftsbild Lapplands (links oben und rechts oben). Aus den Bergen kommen Flüsse wie der Umeaelven (links unten, im Vordergund Treibholz). Aufgrund des Permafrostbodens haben sich zahlreiche Sümpfe ausgebildet (Bildleiste links). Trotzdem gedeihen hier im Frühjahr und Sommer Gräser und Sträucher (rechts unten).

HOHE KÜSTE UND KVARKEN-ARCHIPEL

Die Hohe Küste am Bottnischen Meerbusen ist eine faszinierende Schärenlandschaft, die von den Gletschern der letzten Eiszeit geprägt wurde. Seit der Erweiterung um den finnischen Teil des Kvarken-Archipels gehört die Landschaft zu den transnationalen Naturerbestätten.

Jahr der Ernennung: 2000; Erweiterung: 2006

Von der letzten Eiszeit, die vor ungefähr 80 000 Jahren begann und in Skandinavien vor etwa 9600 Jahren endete, wurde diese Rundhöckerlandschaft am Bottnischen Meerbusen geformt. Durch das Schmelzwasser der gigantischen Eisschilde stieg der Meeresspiegel um etwa 115 Meter an. Weite Teile des Landes lagen somit deutlich unter dem Meeresspiegel. Befreit vom Druck der Eislast, hob sich das Land allmählich, und die Schären tauchten aus dem Meer auf. Bis heute stieg die Region um 285 Meter; der Vorgang hält noch an: Um 93 Zentimeter wird der Untergrund pro Jahrhundert angehoben.

Im Hinterland erhebt sich eine weitgehend wilde, bis zu 350 Meter hohe und sehr reizvolle Hügellandschaft.

Nicht nur fruchtbare kalkhaltige Böden, sondern auch zahlreiche Seen hat die Eiszeit hinterlassen. Mit diesen Süßwasserseen, dem Brackwassergebiet der flachen Meeresarme und küstennahen Inseln und der offenen Ostsee umfasst die Hohe Küste auf einem begrenzten Terrain drei geologisch und biologisch sehr aufschlussreiche Wassersysteme.

Von Gletschern und Wasser rund geschliffene Steine und Felsen sind typisch für die Schären (großes Bild). Durch den schwedischen Teil des Archipels führt der 130 Kilometer lange Küstenwanderweg, der faszinierende Ausblicke bietet (Bildleiste unten). Besonders reizvoll ist das Farbenspiel der Natur im Herbst (rechts).

Das Wattenmeer der Nordseeküste ist eines der letzten großen durch die Gezeiten des Meeres bestimmten Ökosysteme der Erde. Zum grenzüberschreitenden Weltnaturerbe gehören insgesamt rund 9700 Quadratkilometer des deutschen und des niederländischen Anteils.

Jahr der Ernennung: 2009

Zwischen dem dänischen Blåvandshuk und dem niederländischen Den Helder erstreckt sich auf rund 450 Kilometer Länge das bis zu 40 Kilometer breite Nordseewatt. Der einzigartige Lebensraum für Pflanzen, Tiere und Menschen wird vom Wechsel zwischen Ebbe und Flut bestimmt. Insgesamt gehören rund zwei Drittel der gesamten Landschaft zum Weltnaturerbe, das die Nationalparks Schleswig-Holsteinisches und Niedersächsisches Wattenmeer ebenso wie die West-, Ost- und Nordfriesischen Inseln umfasst. Charakteristisch für die Landschaft am Grenzsaum zwischen Land und Meer sind Dünen, Salzmarschen, Schlickflächen und Muschelbänke. Die sogenannten Priele sind Wasserläufe, die auch bei Ebbe noch Wasser führen. In diesem reichhaltigen Areal leben bis zu 10 000 Pflanzen- und Tierarten, deren Spektrum vom Wattwurm bis zur Kegelrobbe reicht. Jahr für Jahr rasten außerdem Millionen von Zugvögeln im Watt. Im dicht besiedelten Europa gehört das Wattenmeer zu den wenigen großen Naturlandschaften, in denen ökologische Prozesse noch weitgehend ungestört ablaufen können.

Wenn das Wattenmeer täglich trockenfällt (großes Bild: Morsumer Kliff), führen nur noch die Priele Wasser (ganz oben). Seehunde (rechts) sind die bekanntesten tierischen Bewohner des Wattenmeers.

Die Grube Messel, das erste deutsche Naturdenkmal der UNESCO, gilt als eine der bedeutendsten Fossilienfundstätten der Erde. Im Explosionstrichter eines Maars wurden aufgrund von Sauerstoffabschluss und Sedimentation rund 50 Millionen Jahre alte Fossilien konserviert.

Jahr der Ernennung: 1995

Die 65 Hektar umfassende Grube bei Darmstadt lief einige Jahre lang Gefahr, eine Mülldeponie zu werden, wurde aber dann in letzter Minute unter Schutz gestellt. Die Ölschieferschichten enthalten eine große Zahl gut konservierter Fossilien, die fast lückenlos Auskunft geben über die klimatischen, biologischen und geologischen Verhältnisse in unseren Breiten in der erdgeschichtlichen Epoche des Eozäns, also vor 60 bis 36 Millionen Jahren, als sich die Tier- und Pflanzenwelt nach dem Aussterben der Dinosaurier zu verändern und sich allmählich die uns heute bekannte Flora und Fauna herauszubilden begann. Damit liefert die Fossilienlagerstätte einzigartige Hinweise auf die frühe Evolution der Säugetiere.
Zu den spektakulärsten Funden gehören die Überreste von über 70 Urpferden, darunter mehr als 30 vollständige Skelette. Von anderen Wirbeltieren blieben Skelette mit Weichteilkonturen und Mageninhalten erhalten. Die Funde lassen auch Rückschlüsse auf Phänomene wie Kontinentaldrift, Landbrücken, Sedimentation und Ausdehnung der Biosphäre zu.

Wie in einem steinernen Bilderbuch treten die bis zu 50 Millionen Jahre alten Fossilien urzeitlicher Radnetzspinnen (großes Bild) und Nagetiere (rechts) in den Ölschieferplatten von Messel zutage.

ALPENREGION JUNGFRAU-ALETSCH-BIETSCHHORN

Mit der Region Jungfrau-Aletsch-Bietschhorn wurde erstmals ein Abschnitt der Alpen in die Liste des Weltnaturerbes aufgenommen.

Jahr der Ernennung: 2001
Erweiterung: 2007

Das Herz des steil aufragenden Gebirgsmassivs bilden die Berge Jungfrau, Mönch und Eiger. Bis auf rund 3500 Meter Höhe führt eine Zahnradbahn auf das Jungfraujoch. Sein Wahrzeichen ist die gläserne Kuppel des Observatoriums. Die Nordwand des Eiger (3970 Meter Höhe) in den Berner Alpen südwestlich von Grindelwald dagegen muss erklettert werden – seit ihrer Erstbesteigung 1938 ist sie mit 1800 Meter Höhenunterschied die berühmteste Kletterwand der Alpen.
Die Region ist mit ihren Schneefeldern auch Nährgebiet des Großen Aletschgletschers. Am »Konkordiaplatz« beim Jungfraujoch vereinigen sich Aletschfirn, Jungfernfirn und Ewigschneefeldfirn zum mit (noch) 23 Kilometer Länge größten Gletscher Europas, der im Zuge der Klimaerwärmung aber immer weiter schmilzt. An den Moränenflächen rund um den Eisstrom hat sich eine vielfältige Flora und Fauna angesiedelt. Im Naturschutzgebiet Aletschwald wächst die Arve, eine Baumart, die über 800 Jahre alt werden kann.
Das Bietschhorn zeichnet sich an der Südseite durch sonnige, trockene Täler aus, die sich fingerartig nach unten erstrecken und im Süden bis zum Rhônetal, im Norden bis zum Lötschental reichen. In der Walliser Felsensteppe sind seltene Tier- und Pflanzenarten heimisch, der trockene Steppenrasen wird nicht bewirtschaftet.

Im Jahr 2007 wurde das Areal des Weltnaturerbes in westlicher und östlicher Richtung von 540 auf 820 Quadratkilometer erweitert.

Vom »Top of Europe«, der Bergstation der Zahnradbahn auf das Jungfraujoch, bietet sich ein fantastischer Blick auf den Großen Aletschgletscher (großes Bild). Eiger und Mönch bilden aus dieser Perspektive die Kulisse von Almwiesen (oben).

TEKTONIKARENA SARDONA

Die Tektonikarena Sardona umfasst eine 328 Quadratkilometer große Gebirgsregion mit sieben Gipfeln, die oberhalb von 3000 Metern liegen. Neben einer reichen Tier- und Pflanzenwelt sowie Biotopen und Geotopen gehört zu diesem Gebiet auch die Glarner Hauptüberschiebung, die auf einzigartige Weise eine Gebirgsentstehung verdeutlicht.

Jahr der Ernennung: 2008

Die Gebirgslandschaft um den 3056 Meter hohen Piz Sardona im Grenzgebiet der Kantone St. Gallen, Glarus und Graubünden zeugt von der Entstehung von Gebirgen durch die Kollision von Kontinentalplatten und den dabei wirksam werdenden tektonischen Kräften. Seit dem 19. Jahrhundert liefert die Region den Geowissenschaften wichtige Erkenntnisse über Aufbau und Entstehung der Alpen.
Zentrales Element des Schutzgebiets ist die weithin sichtbare Glarner Hauptüberschiebung. Hier schob sich vor 20 bis 30 Millionen Jahren ein bis zu 15 Kilometer dickes, aus dem Vorderrheintal stammendes Gesteinspaket über jüngere Gesteinsschichten. Entlang der Überschiebungslinie ruhen 250 bis 300 Millionen Jahre alte grünliche bis rötliche Verrucanogesteine auf 35 bis 50 Millionen Jahre alten bräunlichgrauen Flyschgesteinen. Die Überschiebungsfläche beginnt im Vorderrheintal, erreicht im Gipfelkamm von Hausstock, Sardona und Ringelspitz auf 3000 Metern Meereshöhe ihren Höhepunkt und sinkt dann in nördliche Richtung ab.
Zur Tektonikarena Sardona gehören außerdem bedeutende Biotope, darunter Hochmoore und Schwemmebenen sowie die älteste Kolonie wiederangesiedelter Steinböcke in der Schweiz. Zu den Geotopen zählen das Martinsloch in den Tschingelhoren, das Kupferbergwerk auf der Mürtschenalp sowie die Segnesböden und die Landschaften im hinteren Murgtal, die von Gletschern der Eiszeit geformt wurden.

Der Piz Sardona (großes Bild) ist der höchstgelegene Punkt der als Welterbe ausgezeichneten Tektonikarena. Durch das Naturphänomen Martinsloch scheint lediglich an vier Tagen im Jahr die Sonne auf die Kirche von Elm (oben).

Der pyramidenförmige Bergrücken des Monte San Giorgio gilt als die reichste Fundstätte von Fossilien aus der Erdperiode Trias vor 245 bis 230 Millionen Jahren. Hier wurden Versteinerungen zahlreicher Meerestiere gefunden, darunter von bis zu sechs Meter langen Sauriern.

Jahr der Ernennung: 2003

Der Monte San Giorgio an den südlichen Ausläufern des Luganer Sees ist noch immer ein ziemlich abgeschiedenes Gebiet. Nur wenige Landschaften der Südschweiz blieben bis heute in einem so naturnahen Zustand erhalten. Seit Jahren ist der Wald auf dem 1096 Meter hohen Berg sich selbst überlassen. Berühmtheit erlangte der Berg jedoch vor allem als bedeutender Fossilienfundort. Keine Region der Schweiz weist besser konservierte Fossilien auf. Zu den spektakulärsten Funden zählen vorwiegend meeresbewohnende Reptilien wie etwa der Ticinosuchus und der Ceresiosaurus – »Ceresio« ist die einheimische Bezeichnung für den Luganer See.

Die Funde liegen in fünf aufeinanderfolgenden Schichten, die lückenlos einen ganzen Abschnitt der Erdgeschichte dokumentieren. In dieser geologisch gesehen kurzen Zeitspanne wandelten sich Fauna und Flora so stark, dass man geradezu von einer Artenexplosion sprechen kann. Bis heute hat man die Überreste von 80 Fischarten, 40 Reptilienarten sowie von mehreren hundert wirbellosen Tieren gefunden. Da die Lagune, in der diese Tiere lebten, durch ein Riff von der Hochsee getrennt war und nahe am Festland lag, weist der Monte San Giorgio auch Fossilien landbewohnender Tiere und Pflanzen auf. Sie sind übrigens vollständig erhalten und hervorragend konserviert. Einige der schönsten Funde können in einem kleinen Museum im Rathaus von Meride besichtigt werden.

Dieser rund 20 Zentimeter lange Pachypleurosaurus (unten), ein Meeressaurier aus der Trias, zählt zu den Fundstücken von Monte San Giorgio. Ein Exemplar kann im Museum des Paläontologischen Instituts Zürich besichtigt werden (oben).

GOLF VON PORTO

Die Welterbestätte an der mittleren Westküste von Korsika umfasst die Küstenregion um den Golf von Porto und schließt auch Unterwasserhabitate sowie die beiden Inseln Elbo und Gargallo ein.

Jahr der Ernennung: 1983

Seit 2006 lautet die offizielle Bezeichnung »Golf von Porto: Calanche von Piana, Golf von Girolata, Scandola-Reservat«. Damit ist auch der Umfang des geschützten Gebiets mit den beiden namensgebenden Buchten und Halbinseln erfasst. Das Areal wurde nicht nur für seine landschaftliche Schönheit ausgezeichnet, sondern auch für seine Fauna und Flora sowie die traditionelle Land- und Weidewirtschaft seiner Bewohner.

Das Naturreservat ist Teil eines größeren Regionalparks von Korsika und für viele Seevogelarten wie Möwen, Kormorane und die selten gewordenen Seeadler ein ideales Nist- und Brutgebiet. Große Teile der felsigen Halbinsel La Girolata werden von naturbelassenen Wäldern bedeckt. Hier sind die für den Mittelmeerraum typischen Macchien noch großflächig anzutreffen. Dichte Eukalyptuswälder säumen die sandgelben Strände. Rund um die Buchten und Höhlen der zerklüfteten Felsenküsten hat sich eine reiche und anderswo kaum noch anzutreffende Unterwasserfauna und -flora, darunter seltene Algen, erhalten.

Auf abgerundete und schroffe Gesteinsformen trifft man auf der Halbinsel Scandola. Die abgelegene Region lässt sich nur zu Fuß erreichen. Dabei geht man durch eine macchiabewachsene Landschaft (unten), um schließlich an die rötlichen Felsen der Steilküste zu gelangen (oben).

LAGUNEN VON NEUKALEDONIEN

Die Lagunen Neukaledoniens beherbergen eine große Vielfalt an Tier- und Pflanzenarten. Zwischen marinen Seegrasgewächsen finden sich weltweit einzigartige Riffe, die mit benachbarten Ökosystemen ein Refugium bedrohter Fischarten, Schildkröten und Meeressäuger sind. Zum Welterbe gehören sechs Ökosysteme mit einer Fläche von insgesamt fast 16 000 Quadratkilometern.

Jahr der Ernennung: 2008

Neukaledonien erstreckt sich über eine Fläche von knapp 18 600 Quadratkilometern. Es umfasst neben der gleichnamigen Hauptinsel mehrere kleine Korallen- sowie zwei Vulkaninseln. Die Inselgruppe kam 1853 unter die Herrschaft Frankreichs und ist heute ein französisches Überseeterritorium.
Die Hauptinsel sowie die südlich davon gelegenen Inseln sind von einem Korallenriff umgeben. Dieses Riffsystem zählt neben dem australischen Great Barrier Reef zu den größten der Welt. In den unberührten Mangrovenwäldern gedeiht eine artenreiche und üppige Flora und Fauna. Im weitgehend intakten Ökosystem der Lagunen leben zahlreiche Fischarten, darunter Papageienfisch, Leopardenrochen und Riffhai sowie eine in Neukaledonien beheimatete Langustenart, die Popinées. Die flachen Küstengewässer sind Lebensraum des Indopazifischen Tarpuns, eines urtümlichen Knochenfischs, dessen Vorfahren bereits in der Kreidezeit die tropischen Meere bevölkerten. Ausgedehnte Seegraswiesen bilden die Nahrungsquelle für die weltweit drittgrößte Population an Dugongs. Die bis zu 500 Kilogramm schweren Tiere sind seit dem Aussterben ihrer in der Beringsee beheimateten Verwandten 1768 die einzigen noch lebenden Vertreter der Gabelschwanzseekühe. In den Lagunen gibt es außerdem uralte fossile Riffbestände, die eine wichtige Informationsquelle für die Erforschung der naturgeschichtlichen Entwicklung des Pazifiks sind.

Das Neukaledonische Barriereriff (großes Bild, mit Schiffswrack) bietet Lebensraum für zahlreiche Korallenarten (oben: Tischkoralle) und Fischarten (unten links: Blauer Zackenbarsch).

PYRENÄEN: MONT PERDU/MONTE PERDIDO

Die außergewöhnliche Gebirgslandschaft um den Monte Perdido – in Frankreich Mont Perdu genannt – erstreckt sich in den Pyrenäen zu beiden Seiten der französisch-spanischen Grenze. Sie birgt nicht nur eindrucksvolle geologische Formationen, sondern gewährt auch einen Einblick in die noch sehr traditionell geprägte Lebenswelt ihrer Bewohner.

Jahr der Ernennung: 1997
Erweiterung: 1999

Das über 30 000 Hektar große grenzüberschreitende Welterbeareal rund um den auf spanischem Territorium liegenden 3352 Meter hohen Monte Perdido umfasst Teile des Parque Nacional de Ordesa y Monte Perdido (Spanien) und des Parc National de Pyrénées (Frankreich). 1999 wurde es auf französischer Seite um die Kommune von Gèdre erweitert.
Die spezielle Geomorphologie der Region im Spannungsfeld atlantischen und mediterranen Klimas hat hier besonders imposante Felsformationen hervorgebracht. Auf spanischer Seite bilden zwei der tiefsten Cañons Europas, Añisclo und Ordesa, die Hauptattraktion. Auf französischer Seite, im Département Hautes-Pyrénées, wo die Hänge der Berge noch steiler abfallen, liegen die drei durch Gletscherkräfte u-förmig ausgeschliffenen Täler von Troumouse, Estaubé und Gavarnie, mit die schönsten ihrer Art in Europa.
Ihren vielleicht stärksten Eindruck hinterlässt die imposante Berglandschaft aber wohl durch ihre Unberührtheit und Stille. Seit Jahrhunderten hat sich das Leben der hier siedelnden Menschen, die vor allem Weidewirtschaft betreiben, kaum verändert. Die Dörfer, Höfe und Felder, die noch über die alten Bergstraßen miteinander verbunden sind, wurden durch die Moderne nur wenig beeinträchtigt. So präsentiert sich diese Landschaft als ein einzigartiges Zeugnis einer ansonsten in Europa weitgehend untergegangenen Hochgebirgskultur.

Die Region rund um das Massiv des Monte Perdido (großes Bild) beeindruckt mit schroffen Kalkspitzen. Zahlreiche Wasserläufe, wie hier nahe dem Cirque de Gavarnie (oben) oder die Grande Cascade, einer der höchsten Wasserfälle Europas (unten rechts), prägen die Berglandschaft.

DOÑANA-NATIONALPARK IN ANDALUSIEN

Spaniens größter Nationalpark Doñana liegt in Andalusien. Einst war die Region königliches Jagdrevier. Heute haben in dem riesigen Feuchtgebiet im Delta des Guadalquivir viele seltene Tierarten einen geschützten Lebensraum. Zahlreichen Zugvögeln dient es als Zwischenstation auf dem Weg nach Afrika.

Jahr der Ernennung: 1994
Erweiterung: 2005

Das besondere Merkmal des nach seiner Erweiterung gut 540 Quadratkilometer großen Nationalparks Doñana – auch Coto de Doñana genannt – ist seine abwechslungsreiche Landschaft. Neben weitem Marschland mit Lagunen und Sumpfgebieten gibt es hier auch sehr trockene Areale mit Heide- und Savannencharakter. In den Trockenzonen des Nationalparks gehen bis zu 40 Meter hohe Sanddünen in eine mediterrane Buschvegetation über, in der seltene Pflanzenarten wie der weiße Thymian vorkommen. Hier finden sich auch noch Korkeichen-, Schirmkiefern- und Pinienwälder.

Die Feuchtgebiete dienen zahlreichen Vogelarten als Nistplatz, so etwa einer großen Flamingopopulation. Aber auch Graureiher, Störche und Kraniche haben im Park ihre Nistplätze. Die Lagunen des Schutzgebietes ziehen Wildschweine und Rotwild an. Weitere im Nationalpark vertretene Tierarten sind der Iberische Luchs, der in Spanien nur noch hier heimisch ist, sowie der fast ausgerottete Königsadler. Ebenso rar sind Eidechsennatter, Augenfleckeneidechse, Weißer Löffler, Ichneumon (eine Mangustenart) und Mönchsgeier.

Riesige Sanddünen türmen sich an der Atlantikküste des Doñana-Parks auf (großes Bild). In ihrem Schutz erstrecken sich Schirmkiefernwälder. Außer Zugvögeln wie Störchen (unten links) bietet das Areal auch seltenen Tieren wie dem Iberischen Luchs ein Refugium (oben).

BIOLOGISCHE VIELFALT UND KULTUR AUF IBIZA

Die Baleareninsel ist Weltnatur- und Weltkulturerbe zugleich – einerseits wegen der Posidonia, eines seegrasartigen Laichkrautgewächses, und dessen Einflusses auf Ökosystem und Artenvielfalt des Meeres und zum anderen aufgrund der archäologischen Stätten und Architekturmonumente.

Jahr der Ernennung: 1999

Ibiza zählt, wie auch Formentera, zum Balearenarchipel. Beide Inseln werden auch als »Pityuseninseln« (»Pinieninseln«) bezeichnet – ein Name, der auf die Griechen zurückgeht.
Ibiza hat eine lange Geschichte, die bis ins 2. Jahrtausend v. Chr. zurückreicht; wichtige Zeugnisse sind aus dieser Zeit erhalten geblieben. Die archäologischen Stätten der phönizischen Siedlung Sa Caleta (700 v. Chr.) im Südwesten der Insel und die punische Totenstadt auf dem Puig des Molins (5. Jahrhundert v. Chr.) verdeutlichen die Rolle Ibizas während der phönizisch-karthagischen Epoche. Die befestigte Oberstadt (»Dalt Vila«) von Ibiza-Stadt, einer der ältesten Städte Europas, wurde vor etwa 2600 Jahren von den Phöniziern gegründet und ist seitdem kontinuierlich bewohnt. Sie ist von Mauern aus dem 16. Jahrhundert umgeben und ein eindrucksvolles Beispiel für die Militärarchitektur der Renaissance. Dieser Baustil hatte großen Einfluss auf die Errichtung von spanischen Befestigungsanlagen in der Neuen Welt. Zur Stadtmauer der Oberstadt von Ibiza zählen sieben Bollwerke und ein Vorwerk. Innerhalb dieser Mauern sind Reste der mittelalterlichen Stadtmauer zu erkennen.
Das seegrasartige Gewächs Posidonia vor der Küste Ibizas, das nur im Mittelmeer heimisch und dessen Existenz heute in vielen Bereichen des Mittelmeeres bedroht ist, birgt und schützt eine große Artenvielfalt des Meereslebens. So bietet es Korallenriffen und Küstenzonen bei Stürmen und Unwettern Schutz. Ein Hektar Posidonia produziert 21 Tonnen Biomasse pro Jahr, fast so viel wie ein Hektar tropischer Regenwald.
Die Welterbestätte ist ein Teil des seit 1995 bestehenden Naturschutzgebietes Salinas de Ibiza y Formentera.

Ausgedehnte Bestände von Posidonia, einem auch Neptungras genannten krautartigen Gewächs, bedecken den Meeresboden rund um Ibiza. Die Pflanze kommt fast nur im Mittelmeer vor.

GARAJONAY-NATIONALPARK

Das sich bis auf 1487 Meter Meereshöhe erhebende Bergmassiv der Kanarischen Insel Gomera ist vulkanischen Ursprungs und wird vom letzten subtropischen Urwaldgebiet Europas bedeckt.

Jahr der Ernennung: 1986

Das Gebiet des Nationalparks Garajonay umfasst mit seinen knapp 4000 Hektar rund ein Zehntel der Fläche von Gomera und schließt sämtliche sechs Gemeinden der Insel ein. Sein einmaliges Ökosystem steht als Weltnaturerbe unter dem Schutz der UNESCO.

An den Berghängen des Alto de Garajonay findet sich dichter Urwald, der letzte Rest des subtropischen Urwalds in Südeuropa mit dem einzigen geschlossenen, auf das Tertiär zurückgehenden Lorbeerbaumwald der Erde. Die ozeanische Lage hat dazu geführt, dass die Wälder dieses geologischen Zeitabschnitts, der Millionen Jahre zurückliegt, hier Klimaverschlechterungen im Zuge der Eiszeit gut überleben konnten.

Viele der in diesem Areal vorkommenden Tier- und Pflanzenarten sind nur hier heimisch. Eine halbe Million Besucher erkunden den Nationalpark jährlich auf Führungen oder selbstständig auf den ausgewiesenen Wanderwegen.

Meist reicht der Nebel im Nationalpark Garajonay auf der Insel Gomera bis auf den Boden des Lorbeerbaumforsts herab (rechts), wobei der sogenannte horizontale Regen entsteht. Das urtümliche Ökosystem lässt erahnen, wie die Wälder vor etwa 65 Millionen Jahren ausgesehen haben (großes Bild).

TEIDE-NATIONALPARK AUF TENERIFFA

Das Naturerbe umfasst die faszinierende Vulkanlandschaft um den 3718 Meter hohen Pico del Teide, den höchsten Berg Spaniens, mit ihrer stark endemischen Fauna und Flora.

Jahr der Ernennung: 2007

Der Nationalpark besteht größtenteils aus einer unwirtlichen Vulkanlandschaft mit dem Pico und einer Caldera von 17 Kilometern Durchmesser. Stark wechselnde atmosphärische Bedingungen und oft auftretende Nebelmeere verleihen der Szenerie einen ganz eigenen Reiz.

Die Umwelt des Teide ist zu karg für eine auffällige Wirbeltierfauna. Immerhin sind drei Arten endemisch, darunter die Blaukehlige Eidechse (Gallotia galloti), das Wahrzeichen des Parks. Der Teide-Blaufink (Fringilla teydea) kommt überwiegend in Kiefernwäldern vor und ist auch im Park anzutreffen. Die reiche Insektenfauna umfasst 700 Arten und besteht vor allem aus kanarischen Endemiten. Die Blütenpflanzen haben sich dem Klima durch polsterförmigen Wuchs, Reduktion der Blattflächen, Überzüge aus Wachs und dichten Haaren angepasst. Letztlich dienen diese Merkmale der Verringerung des Wasserverlusts durch Transpiration. Im Park gedeihen rund 170 Arten von Blütenpflanzen, darunter etwa 60 endemische. Zu den auffälligsten Formen zählen Natternköpfe aus der Familie der Raublattgewächse. Der pyramidenförmige Blütenstand der rot blühenden Art Echium wildpretii kann bis zu drei Meter hoch werden. Als dominierende Art nimmt man den Teide-Ginster (Spartocytisus supranubius) wahr. Seine weißen oder rosafarbenen Blüten ergeben einen besonderen Honig. Ein ganz eigenes Gepräge verleihen dem Park die Büsche der Teide-Margerite (Argyranthemum teneriffae).

Bis über die Wolkendecke (großes Bild) ragt der 3718 Meter hohe Pico del Teide (oben) hinauf. Die Caldera, aus der er sich erhebt, ist wohl das Resultat eines gewaltigen Hangabrutsches.

LORBEERWALD »LAURISILVA« VON MADEIRA

Ursprünglich war Madeira von dichten Wäldern bedeckt, doch Rodungen haben den Bestand dezimiert. Bei dem heutigen Lorbeerwald handelt es sich zu einem Großteil um Primärwald.

Jahr der Ernennung: 1999

Der Lorbeerwald von Madeira, der in Höhen zwischen 600 und 1300 Metern liegt, ist ebenso wie der im Nationalpark Garajonay auf der Kanarischen Insel Gomera ein Überrest der einst auch im Mittelmeerraum weitverbreiteten Lorbeerwälder.
Die starke Dezimierung des Waldes ist in historischer Hinsicht vor allem auf Brandrodung und Abholzung zurückzuführen, seit dem 15. Jahrhundert eine verbreitete Methode, um Ackerland und Brennholz zu gewinnen. Auch Überweidung und Waldbrände sowie die Einführung von Pflanzen aus weit entfernten Regionen in jüngerer Zeit haben zur Bedrohung des Waldes beigetragen.
Ursprünglicher Lorbeerwald ist daher fast nur noch an den steilen Berghängen der Nordküste der Insel Madeira vorhanden. Dabei hat dieser eine zentrale Bedeutung für die Wasserversorgung: Die Blätter der Bäume »sammeln« das Wasser aus den Wolken, das dann vom Unterwuchs festgehalten und schließlich im Gestein gespeichert wird. Auch die Bodenerosion wird durch den Bestand des Lorbeerwaldes erheblich reduziert.

Mittlerweile gibt es Bemühungen und Programme, um den noch vorhandenen ursprünglichen Waldbestand zu erhalten und verloren gegangene Flächen wieder aufzuforsten. Einzigartige Pflanzenarten und Tierpopulationen, insbesondere aus der Vogel- und Insektenwelt, haben sich in Madeiras Lorbeerwald einen Lebensraum erhalten können.

Mit einer Fläche von 22 Hektar besitzt die Insel Madeira ein besonders großes Lorbeerwaldgebiet (unten und rechts), das sich aus so unterschiedlichen Arten wie Madeiralorbeer, Stinklorbeer und Kanarischem Lorbeer zusammensetzt.

DOLOMITEN

Die Dolomiten liegen im Nordosten der Italienischen Alpen. Allein 18 ihrer Gipfel weisen eine Meereshöhe von mehr als 3000 Metern auf. Die Landschaft beeindruckt mit steilen Felswänden und engen Tälern.

Jahr der Ernennung: 2009

Die Dolomiten erstrecken sich über eine Fläche von rund 1419 Quadratkilometern. Mit 3343 Metern ist die Marmolata ihr höchster Gipfel. Für schroffen Charme sind aber auch die Drei Zinnen oder der Rosengarten bekannt. Der zu den Kalkalpen zählende Gebirgszug ist eine Region der Gegensätze: Sattgrüne Almwiesen wechseln sich mit zerklüfteten Felsspitzen und Flächen voller Erosionsschutt ab. Verantwortlich dafür ist die unterschiedliche Entstehung der einzelnen Teillandschaften, wovon unter anderem versteinerte und emporgehobene Korallenriffe sowie Gestein vulkanischen Ursprungs zeugen. Von Gletschern geprägte Oberflächen sind in den Dolomiten ebenso zu finden wie die für Kalkstein typischen Karstformationen. Damit sind die Dolomiten das herausragende Beispiel einer Landschaft, an der sich – auch anhand von Fossilien – wesentliche Stufen der Erdgeschichte ablesen lassen. Diese ist jedoch keineswegs stehen geblieben: Ihre Dynamik zeigt sich auch heute noch in Hochwassern, Erdrutschen, Felsstürzen und Lawinen, die die Oberfläche immer wieder neu gestalten.

Spektakuläre Felsformationen kennzeichnen die Dolomiten wie die Rosengarten-Gruppe (großes Bild) oder die Sextener Dolomiten mit Zwölferkogel (rechts oben) und den Drei Zinnen (rechts unten).

ÄOLISCHE INSELN

Die Äolischen Inseln rund 40 Kilometer vor der Nordküste von Sizilien verdanken den Welterbestatus ihrer vulkanischen Aktivität. Geologisch und geophysikalisch sind sie für die Vulkanismusforschung weltweit von großer wissenschaftlicher Bedeutung.

Jahr der Ernennung: 2000

Zu den Äolischen Inseln, auch Liparische Inseln genannt, gehören die Eilande Vulcano, Lipari, Alicudi, Filicudi, Salina, Panarea und Stromboli. Tektonisch ging die Äolische Inselgruppe aus dem Sinken des Tyrrhenischen Meers im Pliozän hervor. Der Vulkanismus auf den Inseln entwickelte sich nach neueren Forschungen erst im Pleistozän. In drei Aktivitätsperioden entstanden dann die sieben Inseln. Aktiv ist heute neben dem Stromboli nur noch der Vulkan Grande Fossa auf Vulcano; auf Lipari gibt es zudem Fumarolen und Solfataren.

Die spektakulärste Insel ist Stromboli, die lediglich aus dem gleichnamigen, knapp 1000 Meter aus dem Meer aufragenden Vulkan besteht. Die vulkanische Aktivität des Stromboli und seiner Vorgänger setzte vor 40 000 Jahren ein. In der Kratersohle finden sich Lavaausbruchsmündungen, durch die ständig in geringem Umfang Lavastücke und glühende Schlacke ausgeworfen werden, begleitet von heftigen Explosionen. Der Stromboli ist damit einer der aktivsten Vulkane der Welt, dessen Tätigkeit zudem aus unmittelbarer Nähe beobachtet werden kann.

Die Vulkane auf Filicudi (großes Bild) und Alicudi (rechts oben: kein Vulkanrauch, sondern Wolken!) sind nicht mehr aktiv, im Gegensatz zum Stromboli (rechts unten: nächtlicher Lavaausbruch).

NATIONALPARK BIAŁOWIEŻA/ BELOVEZHSKAYA PUSHCHA

Entlang der polnisch-weißrussischen Grenze erstreckt sich einer der letzten Urwälder Europas mit einer einzigartigen Fauna und Flora.

Jahr der Ernennung: 1979
Erweiterung 1992

Ursprünglich umfasste das Welterbe nur den polnischen Białowieża-Nationalpark, erst 1992 kam der weitaus größere weißrussische Teil, Belovezhskaya Pushcha, zum nun insgesamt rund 1000 Quadratkilometer großen grenzüberschreitenden Welterbeareal hinzu. Ausschlaggebend für die Auszeichnung waren die für Europa einzigartigen Bestände von jungfräulichem Mischwald. Im streng geschützten Kernbereich des Parks wachsen Fichten, Kiefern, Schwarzerlen, Weißbuchen, Stieleichen, Birken, Eschen, Linden, Ahornbäume und Pappeln. Einzelne Bäume sind Naturdenkmäler. Dazu kommen Hunderte von Pilz-, Flechten- und Gefäßpflanzenarten.

Bekannt ist der Park vor allem durch seine Wisente. Ab 1952 wilderte man die in den 1920er-Jahren aus Zoobeständen nachgezüchteten Vettern des nordamerikanischen Bisons, die nahezu vollständig ausgerottet waren, hier aus. Heute leben in dem riesigen Waldgebiet wieder rund 300 Exemplare. Neben seltenen Säugetieren wie Bären, Elchen, Wölfen, Luchsen und Ottern gibt es hier mehr als 220 Vogelarten, darunter auch Schwarzstörche.

Der letzte nennenswerte europäische Bestand an Wisenten in freier Wildbahn lebt heute im grenzüberschreitenden Park von Białowieża/Belovezhskaya Pushcha (große Bilder unten), in dessen ausgedehnten Mischwäldern (links) auch Wölfe heimisch sind (unten links).

BUCHENURWÄLDER IN DEN KARPATEN

Die schönsten und vom Menschen am wenigsten beeinflussten Buchenwälder Europas befinden sich in der Region an der Grenze zwischen der Slowakei und der Ukraine. Insgesamt zehn Schutzgebiete an der Südabdachung der Waldkarpaten bilden dieses Weltnaturerbe.

Jahr der Ernennung: 2007

Mitteleuropa war einst zum größten Teil von Laub- und Laubmischwald überzogen. Eine besondere Rolle spielte dabei die Buche. Diese passt sich ganz unterschiedlichen ökologischen Bedingungen an und verfügt über eine einzigartige Überlebensstrategie, indem sie sich immer weiter ausbreitet und dabei andere Baumarten verdrängt. Im Gegensatz zu anderen Baumarten lässt die Buche keine Sukzession zu – also keine zeitliche Aufeinanderfolge verschiedener Lebensräume an einem Ort –, sondern bleibt über ungezählte Generationen an Ort und Stelle. Deswegen sehen unberührte Buchenwälder oft wie Monokulturen aus: Hallenwälder mit hohen Buchen und sehr wenigen anderen Gehölzarten.

Die Karpaten sind ein uraltes Refugium der Buche und neben dem Dinarischen Gebirge die einzige Region Europas, wo die Buche die Eiszeit überlebt hat. Das geschützte, insgesamt 300 Quadratkilometer große Gebiet (plus 500 Quadratkilometer Pufferzone) umfasst zehn Areale, die sich entlang einer 200 Kilometer langen Achse vom Rachiv- und Tschornohora-Massiv in der Ukraine über den Polonina-Kamm bis zu den Ostbeskiden und dem Vihorlat-Gebirge in der Slowakei erstrecken: in der Slowakei Havešová (größte Exemplare der Welt), Rožok, Stuica-Bukovské Vrch und Vihorlat, in der Ukraine Tschornohora, Kuziy-Trybuschany, Maramorosch, Stuzhytsia-Uzhok, Svydovets und Uholka-Schyrokyi Luh.

Die Rotbuche (Fagus sylvatica) ist über weite Teile Europas verbreitet. Reine Buchenwälder und andere von der Buche dominierten Waldgesellschaften gibt es jedoch nur noch in den ukrainischen und slowakischen Waldkarpaten. Hier wachsen Exemplare, die eine Höhe von bis zu 55 Meter erreichen.

AGGTELEK-HÖHLEN UND SLOWAKISCHER KARST

Im Gebiet des Ungarischen Karsts, einem Ausläufer des Slowakischen Erzgebirges, befinden sich auf beiden Seiten der Grenze viele hundert Höhlen mit Tropfsteinformationen.

Jahr der Ernennung: 1995
Erweiterung: 2000

Im ungefähr 600 Meter hoch gelegenen Karstgebiet im Nordungarischen Mittelgebirge, das sich bis in die Slowakei hinein erstreckt, befindet sich als Teil der grenzüberschreitenden Welterbestätte der ungarische Nationalpark von Aggtelek. Außer einem weit verzweigten Höhlensystem gibt es hier auch viele seltene Tiere und Pflanzen.
Die zahlreichen Höhlen verlaufen einige hundert Meter unter der Erde und können durch verschiedene Eingänge betreten werden. Höhepunkt geführter Höhlenwanderungen, in denen die Erdgeschichte fassbar wird, ist die riesige Baradla-Höhle mit ihrer unwirklich erscheinenden Welt aus Stalaktiten und Stalagmiten. In manchen der Kammern wurden auch Spuren altsteinzeitlicher Bewohner gefunden, in anderen Fossilienvorkommen. Die zweitgrößte Höhle des Aggteleker Karsts ist die Béke-Höhle. Sie hat seit 1965 das offizielle Prädikat »Heilhöhle« und empfiehlt sich besonders für Asthmatiker. Sie dient außerdem auch als Konzertsaal.

17 Kilometer lang ist das Tropfsteinhöhlensystem auf der ungarischen Seite im Karstgebiet Aggtelek. Unter der Erde eröffnet sich dem Besucher eine faszinierende Welt aus Kalksäulen, Stalaktiten und Stalagmiten, Bächen, Felsenhallen und künstlich angelegten Seen.

HÖHLEN VON ŠKOCJAN

Das fast sechs Kilometer lange Höhlensystem im Slowenischen Karstgebirge östlich von Triest gehört zu den größten Europas. In dem Labyrinth mit seinen riesigen Grotten, bizarren Tropfsteinen und rauschenden Wasserfällen haben zahlreiche seltene Pflanzen und Tiere ihren Lebensraum.

Jahr der Ernennung: 1986

Das Wasser des Flusses Reka verschwindet bei Škocjan unter der Erde, um erst etwa acht Tage später nahe der Adriaküste wieder zutage zu treten. Dazwischen, über eine Strecke von 40 Kilometern, hat die Reka eine unterirdische, urweltlich anmutende Karstlandschaft mit den typischen Naturerscheinungen jahrtausendelanger Kalksteinerosion hinterlassen: Scharten, Schluchten, Schächte, Einsturztrichter und -wannen, Seen und Wasserfälle, enge Durchlässe und »Säle«. Der größte Saal ist die Martelova dvorana, die 308 Meter lang, 123 Meter breit und bis zu 146 Meter hoch ist. Während der Schneeschmelze kann der Wasserstand in dem unterirdischen, bis zu 148 Meter tiefen Cañon der Reka in kurzer Zeit rapide ansteigen. Doch auch im Sommer bieten die 25 Kaskaden des Flusses in der »Rauschenden Höhle« ein großes Naturschauspiel. Die »Stille Grotte« dagegen mit ihren mal mächtigen, mal filigranen Tropfsteingebilden, die auf Namen wie »Riese« oder »Orgel« hören, bildet dazu einen optischen wie akustischen Kontrast.

Einer von vielen Eingängen des Höhlensystems von Škocjan (großes Bild). Die unterirdische Reka fließt 45 Meter unter der Brücke von Cerkvenik hindurch (rechts) und tritt nahe der Adriaküste wieder zutage (unten rechts).

NATIONALPARK PLITVICER SEEN

Die 16 Seen des Nationalparks Plitvicer Seen unweit der Grenze zu Bosnien-Herzegowina sind über Terrassen, Kaskaden und Wasserfälle miteinander verbunden – Zeugnisse eines sich ständig ändernden, urwüchsigen Naturpanoramas im kroatischen Karst.

Jahr der Ernennung: 1979; Erweiterung: 2000

Ihre Entstehung verdankt die sich über rund sieben Kilometer erstreckende Seenkette Kalkablagerungen und Bodeneinbrüchen. In Jahrtausenden hat der Kalksinter Barrieren und Dämme aufgeworfen, hinter denen sich das Wasser staut: Algen und Moose lassen die zwölf großen Seen blau und grün schillern. Die eindrucksvollsten Wasserfälle mit einer Fallhöhe von bis zu 76 Metern finden sich im Bereich der vier unteren Seen. An deren Ende entsteht nach dem Zufluss der Plitvica die Korana.

Die 1949 zum Nationalpark erklärte Region am Fuß des Bergmassivs der Kleinen Kapela weist eine artenreiche Flora und Fauna auf. In den dichten Wäldern leben etwa 120 Vogelarten, Hirsche, Wölfe und Braunbären.

Über zahlreiche, immer wieder einstürzende und sich anschließend neu bildenden Terrassen ergießt sich das kalkreiche Wasser (unten links) in die Seenbecken (unten rechts), die von Besuchern über Uferwege, Stege (rechts) und Brücken sowie Boote erkundet werden können.

NATUR- UND KULTURERBE DER REGION VON OHRID

Ohrid im Südwesten Mazedoniens war im 9. und 10. Jahrhundert ein wichtiges geistiges und kulturelles Zentrum des orthodoxen Christentums.

Jahr der Ernennung: 1979
Erweiterung: 1980

Bereits die Römer erkannten die günstige Lage des als Lychnidos von den Illyrern gegründeten Ohrid. An der Via Egnatia gelegen, der Hauptverkehrsader zwischen Byzanz und der Adria, entwickelte sich die Stadt zu einem wichtigen Stützpunkt.
Im 4. Jahrhundert wurde Ohrid Bischofssitz. Klement und Naum, Schüler der slawischen Apostel Kyrill und Method, gründeten hier im späten 9. Jahrhundert mehrere Klöster. Die Stadt wurde das Zentrum des orthodoxen Christentums auf dem Balkan. Ende des 10. Jahrhunderts wurde die Stadt Ohrid dann griechisch-orthodoxer Bischofssitz und zeitweilige Reichshauptstadt des bulgarischen Zaren Samuil. Die darauf folgende serbische Herrschaft des Potentaten Duschan beendeten 1394 die Osmanen. Sie blieben bis 1913 in Ohrid.
Im 11. Jahrhundert wurde unter Erzbischof Leo die Sophienkirche errichtet. Unter der türkischen Herrschaft baute man sie zu einer Moschee um, wobei sie ihre mächtige Kuppel, ihren Glockenturm und die Innengalerien verlor. Die vom 11. bis zum 14. Jahrhundert entstandenen Wandbilder

übermalte man mit weißer Kalkfarbe. Erst Restaurierungsarbeiten in den 1950er-Jahren brachten sie wieder zum Vorschein. Die Klementkirche beherbergt die kostbarste Ikonensammlung des ehemaligen Jugoslawien. Auch sie schmücken byzantinische Wandbilder. In der denkmalgeschützten Altstadt sind die zahlreichen Häuser im makedonischen Stil von besonderem Reiz.

Der Ohrid-See ist der größte See Mazedoniens. Er gilt als einer der ältesten und tiefsten Seen der Welt, in dem auch einige endemische Fischarten leben. Hoch über dem See liegt die Kirche des hl. Johannes von Kaneo. Mit ihrem markanten achteckigen Turm zeugt sie von der christlich-orthodoxen Vergangenheit der Region.

DURMITOR-NATIONALPARK

Das von Gletschern der letzten Eiszeit geformte Durmitor-Massiv, mit dem Bobotov Kuk 2522 Meter hoch, wurde 1952 Nationalpark. Die Region mit ihren 18 Gebirgs- und Waldseen hat die tiefsten Schluchten Europas und ist ein Refugium für seltene Pflanzen und Tiere.

Jahr der Ernennung: 1980; Erweiterung: 2005

Durch dichte Nadelwälder und an klaren Gebirgsseen vorbei rauscht die Tara, einer der letzten ungezähmten Wildwasserflüsse der Balkanhalbinsel. Im Dinarischen Karst hat sie bis zu 1300 Meter tiefe Schluchten hinterlassen. Die Hochebene um Žabljak wird zwar als Ski- und Wandergebiet genutzt, zu großen Teilen ist das Durmitor-Massiv jedoch von Eingriffen des Menschen verschont geblieben. Im 320 Quadratkilometer großen Nationalpark leben neben Hirschen und Gämsen in Europa sehr seltene Tiere wie Braunbär, Wolf, Wildkatze, Adler, Birk- und Auerhuhn. Rund drei Viertel der Gebirgsflora sind endemisch. Bemerkenswert sind ach die Schwarzkiefernbestände – sie bilden einen der letzten europäischen Urwälder.

Der bis zu 49 Meter tiefe Schwarze See (Crno jezero) in 1416 Meter Höhe bei Žabljak ist durch Wanderwege gut erschlossen (großes Bild). Nur auf den Gebirgswiesen des im oberen Teil baumlosen Gebirgsmassivs (kleines Bild links) wächst die Enzianart Gentiana laevicalyx (kleines Bild unten).

BIOSPHÄRENRESERVAT DONAUDELTA

Das Mündungsgebiet der Donau am Schwarzen Meer, ein Netz aus Flussarmen, Kanälen, Seen, Wald, Sumpf, Schilfinseln, Marschland und Dünen, bietet Lebensraum für rund 300 Vogel-, 45 Fisch- und 1150 Pflanzenarten. Das jährlich um 40 Meter wachsende Delta, von dem ein kleiner Teil zur Ukraine gehört, ist das zweitgrößte Europas.

Jahr der Ernennung: 1991

Die Sümpfe des Donaudeltas, die durch Schilfinseln und baumbestandenes Festland unterbrochen werden, bilden eines der größten und bedeutendsten Biosphärenreservate der Welt. In den Feuchtgebieten leben seltene Pflanzen und unzählige Insektenarten. Zu den größten Vögeln gehören Schwäne, Gänse, Reiher, Pelikane, Sichler und Löffler.

Das einschließlich des Lagunensystems von Razim-Sinoie etwa 5600 Quadratkilometer große Delta ist ein wichtiger Rastplatz für Zugvögel. Im Schutzgebiet gibt es noch reiche Fischbestände, darunter den selten gewordenen Stör. Gefahr droht dem Biosphärenreservat durch verschmutzte Gewässer und die kommerzielle Nutzung der Schilfbestände.

Die 250 000 Hektar messende Schilffläche des Donaudeltas gilt als größte ihrer Art. Im Frühjahr wird der Auwald regelmäßig überschwemmt, weite Teile der Oberfläche bedeckt die Wassernuss (unten). Eine wichtige Erwerbsquelle der ansässigen Bevölkerung ist der Fischfang (links).

BIOSPHÄRENRESERVAT DONAUDELTA PELIKANE

Das Donaudelta mit seinen 18 besonders geschützten Zonen ist eines der Hauptbrutgebiete des sehr empfindlichen Rosapelikans (Pelecanus onocrotalus); die größten Pelikankolonien gibt es südlich des St.-Georg-Arms und im Norden auf dem Rosca-See. Manchmal verfangen sich die Vögel in den Fischernetzen beim Versuch, leichte Beute zu machen, und müssen dann befreit werden.

Zur Vogelwelt des Donaudeltas gehören auch Vertreter der Reiherfamilie (große Bilder von links), darunter Rallenreiher (ebenso 3. von links: bei der Balz), Graureiher und Nachtreiher. Der Seidenreiher (oben links) fiel um 1900 in Massen der Mode zum Opfer; die Schmuckfedern waren für Damenhüte sehr begehrt. Der Braunsichler (oben rechts) ist die einzige in Europa brütende Sichlerart.

BIOSPHÄRENRESERVAT SREBARNA

Das neun Quadratkilometer große Biosphärenreservat rund um den Srebarna-See ist ein Rückzugsgebiet für viele, teils in ihrem Bestand gefährdete Wasservogelarten. Während des Vogelzugs können dichte Schwärme von Gänsen, Kranichen und Störchen beobachtet werden.

Jahr der Ernennung: 1983

Westlich von Silistra, nicht weit von der Donau entfernt, liegt ein Vogelparadies. Im großflächig mit hohem Schilfrohr bedeckten Srebarna-See machen etwa 80 Zugvogelarten alljährlich Station, überwintern hier oder ziehen ihren Nachwuchs auf, darunter die seltenen Krauskopfpelikane und Silberreiher. Insgesamt wurden im Biosphärenreservat, zu dem auch drei Donauinseln gehören, 233 Vogelarten gezählt. Nachdem Srebarna 1948 zum Naturschutzgebiet erklärt worden war, hatten Flutschutzmaßnahmen und Dürreperioden 1982 bis 1994 der Region buchstäblich das Wasser abgegraben. 1994 war der See wieder vollständig mit dem Fluss verbunden und regenerierte sich durch regelmäßige Überflutungen nahezu vollständig.

Der durchschnittlich nur zwei Meter tiefe Srebarna-See weist etwa die Hälfte der in Bulgariens Feuchtgebieten vorkommenden Pflanzenarten auf (großes Bild: Seerosen). Rund 400 Hektar werden von Schilfgras bedeckt. Auch Krauskopfpelikane (Bildleiste rechts) und Silberreiher (unten links) sind hier heimisch.

PIRIN-NATIONALPARK

Im rund 27 000 Hektar großen Pirin-Nationalpark im Südwesten Bulgariens dehnen sich unter einem eindrucksvollen Gipfelpanorama Nadelwälder mit sehr seltenen Pflanzenarten aus. Viele wie die Rumelische Kiefer kommen nur hier vor.

Jahr der Ernennung: 1983

Das Pirin-Gebirge erstreckt sich rund 100 Kilometer südlich von Sofia am nordwestlichen Rand der Rhodopen über rund 40 Kilometer von Nordwesten nach Südosten zwischen den Tälern der Flüsse Struma und Mesta. Die nördliche Hälfte der zerklüfteten Berglandschaft mit ihren 45 Gipfeln über 2600 Meter Meereshöhe nimmt der gleichnamige Nationalpark ein, der vom 2914 Meter hohen Wichren, dem dritthöchsten Berg des Balkans, überragt wird. Den Kern des Nationalparks bildet das Naturschutzgebiet Bajuwi Dupki. Für den hiesigen Kalksteinboden typisch sind die rund 70 Gletscherseen, ein Überbleibsel der letzten Eiszeit, sowie Wasserfälle und Höhlen.

In den Talregionen gibt es zahlreiche heiße Quellen.
Zur vielfältigen Flora, die sowohl alpine wie für Mitteleuropa und den Balkan typische Spezies umfasst, gehören Nadelbäume wie die auf der »Roten Liste« stehenden Arten Schwarzkiefer und Silbertanne; manche Exemplare sind mehr als 500 Jahre alt. Die urwüchsige Landschaft bietet außerdem Lebensraum für seltene Säugetier- und Vogelarten wie den Europäischen Braunbär, den Wolf, den Goldschakal oder den Steinadler. Daneben tummeln sich hier Otter, Dachse, Marder, Frettchen, Europäische Wildkatzen, Rothirsche, Gämsen und Wildschweine.

Der Pirin-Nationalpark mit seinen zahlreichen klaren Bergseen (großes Bild) umfasst verschiedene Vegetationszonen von Buchenwald bis zu baumlosen Almmatten, die im Sommer Weide für Schafe sind (unten links). Das Pirin-Gebirge ist außerdem Refugium für einige seltene Tierarten, darunter mehrere Dutzend Braunbären (oben).

Insgesamt 20 Großklöster umfasst die autonome Mönchsrepublik auf der Halbinsel Chalkidike, die eines der bedeutendsten Zentren des orthodoxen Christentums ist.

Jahr der Ernennung: 1988

Im Jahr 963 wurde das erste Kloster auf dem Hagion Oros, dem Heiligen Berg, errichtet. Bereits in byzantinischer Zeit wurde die Mönchsrepublik für autonom erklärt. Männern unter 21 Jahren sowie Frauen ist der Zutritt untersagt. Gegenwärtig sind die Klöster von etwa 1400 Mönchen bewohnt. Seit 1054 ist Athos ein Zentrum des orthodoxen Christentums. Der Einfluss der Mönchsrepublik erstreckte sich auch auf weltliche Bereiche. So arbeiteten im 14. Jahrhundert etwa 3000 Bauern für Athos, der Landbesitz der Republik umfasste 20 000 Hektar.
Die Athos-Schule der Ikonenmalerei beeinflusste erheblich die orthodoxe Kunstgeschichte, und die typische Bauweise der Klöster hinterließ ihre Spuren bis nach Russland. Jedes der 20 Großklöster – 17 griechische und je ein russisches, serbisches und bulgarisches – besitzt in der Hofmitte eine Kreuzkuppelkirche mit Apsiden an drei Kreuzarmen. Um den Hof befinden sich außer den Mönchszellen weitere Nebengebäude.

Kloster Moní Esfigménou (unten) liegt an der Nordostküste der Athos-Halbinsel direkt am Meer. Wie Schwalbennester kleben die Außengebäude von Kloster Dionysiou an den Wehrmauern über einer bewaldeten Schlucht (rechts oben). Kloster Vatopediou ist ebenfalls Bestandteil der Mönchsrepublik (rechts unten).

Fernab irdischer Niederungen wurden die 24 Klöster von Meteora auf steilen Felskegeln erbaut. Der Großteil dieser Klöster wurde bereits im 14. Jahrhundert gegründet.

Jahr der Ernennung: 1988

Nördlich der Stadt Kalambaka liegt das Tal von Meteora. Ein atemberaubender Anblick erwartet den Besucher, denn im Tal erhebt sich eine Vielzahl einzeln stehender Felskegel, auf denen im Lauf der Zeit 24 Klöster errichtet wurden. Fünf von ihnen werden noch heute bewohnt.
Das Megalo-Meteoro-Kloster ist am höchsten gelegen. Es wurde um 1360 vom hl. Athanasios, dem Bischof von Alexandrien, gegründet. 1362 wurden dem Kloster besondere Privilegien zugesprochen. Im 15. Jahrhundert wurde es durch Euthymios, den Patriarchen von Konstantinopel, von der örtlichen Gerichtsbarkeit ausgenommen. Seit 1490 unterstanden ihm die weiteren Klöster. Auf einem der anderen hohen Felsen erheben sich die Mauern des Klosters St. Nikolaos Anapavsas, das um das Jahr 1388 gegründet wurde. Die 1960 restaurierten spätbyzantinischen Fresken wurden 1527 vom einflussreichen kretischen Maler Theophanes Bathas geschaffen.
1517 entstand das Varlaam-Kloster, benannt nach dem Einsiedler, der im 14. Jahrhundert an gleicher Stelle eine Kirche errichtet hatte. Zwischen 1627

und 1637 wurde sie wieder aufgebaut. Als gutes Beispiel des spätbyzantinischen Stils gilt das 1542 bis 1544 errichtete Katholikon, dessen Fresken um 1548 angefertigt wurden. Varlaam, das über eine Brücke erreichbar ist, wurde von 1961 bis 1963 zu einem Museum für die wertvollen Klosterschätze umgebaut. Das Kloster Roussanou wird seit Kurzem wieder von Nonnen bewohnt und erscheint mit seiner achteckigen Kirche wie eine kleinere Version von Varlaam. Es kann über eine 1868 errichtete Brücke betreten werden. Über 130 Stufen ist das im Jahr 1438 gegründete Kloster der Heiligen Dreifaltigkeit zugänglich. Dessen Kirche wurde 1476 errichtet, und es verfügt über einen idyllisch angelegten Klostergarten.

Der Name Meteora bedeutet so viel wie »in der Luft schwebend«. Von dort oben kann man weit in die Ebene von Thessalien blicken (unten). Die Felsen, auf denen das Kloster Varlaam liegt (links), sind rund 30 Millionen Jahre alt. Sie befanden sich damals in einem Meer und verdanken ihre bizarren Formen der Kraft des Wassers und, als der Meeresspiegel sank, der Erosion durch Wind und Regen.

Die Urwälder von Komi im äußersten nordöstlichen Teil Europas stellen eines der letzten Areale mit noch ursprünglicher borealer Vegetation dar. In den riesigen Wäldern wachsen vorwiegend Koniferen, Espen und Birken.

Jahr der Ernennung: 1995

Das unter Schutz stehende Areal auf dem Gebiet der Republik Komi umfasst 32 800 Quadratkilometer und bietet reichhaltiges naturgeschichtliches Anschauungsmaterial, denn große Teile dieser Waldgebiete sind noch weitgehend unberührt. Das Gebiet erstreckt sich über die unendlichen Ebenen der Taiga und steigt dann zum Ural hin an. Das Landschaftsprofil umfasst Hunderte von Seen, Flüsse, Moore sowie subalpine und alpine Weideflächen, die in die Tundra übergehen.
Zahlreiche Tierarten der nördlichen Zonen, sowohl europäische als auch asiatische Spezies, haben hier ihren Lebensraum, darunter Bären, Wölfe, Polarfüchse, Hirsche, Rentiere, Elche, Biber, Otter und Hörnchen.

Die riesigen Birkenurwälder von Komi (unten links) sind das Habitat einer typisch nördlichen Fauna und Flora. Dazu zählen Rentiere (großes Bild), Elche, Polarfüchse und Gleithörnchen (unten rechts, von oben) sowie Flachbärlapp, Preiselbeeren und Glockenblumen (Bildleiste links).

Die Mangroven der Sundarbans, des Deltas von Ganges, Brahmaputra und Meghna im Grenzgebiet von Indien und Bangladesch, sind das Refugium von einigen hundert Bengalischen Tigern.

Wie eine verwunschene Märchenlandschaft mutet die chinesische Bergregion Wuyi in der Provinz Fujian mit ihren in Wolken getauchten Felsen und Gipfeln an.

ASIEN

Die Region des westlichen Kaukasus an der Grenzlinie zwischen Europa und Asien verfügt über eine große Vielfalt von Ökosystemen, die bisher von massiveren menschlichen Eingriffen verschont blieben.

Jahr der Ernennung: 1999

Unter dem westlichen Kaukasus versteht man ein knapp 3000 Quadratkilometer großes Areal am westlichen Ende des Gebirges etwa 50 Kilometer nordöstlich des Schwarzen Meeres, das sich über 130 Kilometer von Westen nach Osten und über 50 Kilometer von Norden nach Süden erstreckt. Das Kernstück des Welterbes bilden große Teile des Kaukasus-Biosphärenreservats samt Pufferzone und des Sotschi-Nationalparks sowie einige kleinere Naturreservate. Das Spektrum der Landschaftsformen reicht vom Flachland über subalpine Zonen mit Bergweiden und Bergwäldern bis zu Hochgebirgsregionen mit Gipfeln bis über 3000 Meter Höhe. Hier gibt es zahlreiche endemische und bedrohte Pflanzen- und Tierarten.

Im nördlichen Teil des geschützten Gebiets im Kaukasus befindet sich in der Republik Adygien das karstartige Lagonaki-Massiv (großes Bild). Der westliche Kaukasus ist Refugium einer reichhaltigen Fauna. Dazu zählen allein rund 60 Säugetier- und 250 Vogelarten, viele davon endemisch, wie etwa der Kaukasische Uhu (links) und der Westkaukasische Steinbock (unten rechts und ganz links).

GOLDENE BERGE DES ALTAI

Der Altai, ein mittelasiatisches Hochgebirge im Grenzgebiet von Russland, Kasachstan, China und der Mongolei, beherbergt auf russischem Territorium ein Weltnaturerbeareal mit einer Fläche von mehr als 16 000 Quadratkilometern, das Refugium zahlreicher seltener und endemischer Tier- und Pflanzenarten ist.

Jahr der Ernennung: 1998

Der Russische Altai in Südsibirien ist Teil eines asiatischen Gebirgssystems, zu dem außerdem noch der Mongolische und der Gobi-Altai gehören. Insgesamt zählen drei räumlich getrennte Regionen des Altai-Gebietes zum Weltnaturerbe in der russischen Republik Altai: das Altai-Naturschutzgebiet samt Pufferzone um den etwa 80 Kilometer langen Teletskoje-See, das Katunski-Naturschutzgebiet samt Pufferzone um den Berg Balucha sowie die Ukok-Ruhezone.

Von der Steppe bis hinauf zur alpinen Vegetation findet sich im Altai die vollständigste Abfolge von Vegetationszonen in ganz Mittelsibirien. Die Pflanzenvielfalt ist enorm: Mehr als 2000 Gattungen wurden identifiziert, darunter allein 212 endemische Pflan-

zenarten. Die Tierwelt ist charakteristisch für die sibirische Waldfauna. Es gibt über 70 verschiedene Säugetier-, 300 Vogel-, elf Reptilien- und Amphibien- sowie über 20 Fischarten. Manche der hier heimischen Säugetiere und viele Vogelarten stehen in Russland auf der Roten Liste, wie etwa Steinadler, Kaiseradler und Schneeleopard.

Eine großartige, abgeschiedene Hochgebirgslandschaft mit klaren Bergseen wie dem Ak-Kam-See (links), in denen sich die umliegenden Berge spiegeln, ist die Region rund um den 4506 Meter hohen Belucha im Altai an der russisch-kasachischen Grenze. Teil des Welterbes ist auch das Ukok-Plateau an der Grenze zu China (großes Bild) mit Steingräbern der skythischen Pazyryk-Kultur (6.–2. Jh. v. Chr.).

Vom Aussterben bedroht

Die innerasiatischen Hochgebirge vom Altai bis zum Himalaja sind die Heimat des Schneeleoparden. Sein Bestand ist allerdings sehr dezimiert und wird auf maximal 7000 Exemplare geschätzt. Obwohl der Schneeleopard auf der Roten Liste der vom Aussterben bedrohten Tiere steht, wird er nach wie vor illegal gejagt. Für sein auffallend weiß-grau geflecktes Fell werden hohe Summen bezahlt.
Die biologische Klassifizierung des Schneeleoparden, auch Irbis genannt, ist umstritten. Einst der Gattung Panthera zugeordnet, bildet er jetzt eine eigene (Uncia uncia). Mit einer Körperlänge von 95 bis 130 Zentimetern zählt er nicht mehr zu den eigentlichen Großkatzen. Den fast ebenso langen

In den Gebirgen Innerasiens auf Pirsch: der Schneeleopard

Schwanz benötigt er als Stabilisierungsorgan für bis zu 15 Meter weite Sprünge. Durch seine Sprungkraft ist er als Jäger ohne Konkurrenz. Die Tiger, die es im Altai einst gegeben hat, sind längst ausgestorben. Wer den scheuen Einzelgänger zu Gesicht bekommen will, braucht viel Geduld. Auch die Brutpflege geht im Verborgenen vor sich. Nach einer Tragezeit von rund 100 Tagen versteckt die Mutter ihre Jungen in Felsnischen und -höhlen, bis sie etwa zwei Monate alt sind und ihr ins Revier folgen. Wer den Irbis sucht, muss die Spur seiner Beutetiere aufnehmen: Mufflons, Steinböcke, Yaks – Tiere, die seinen bevorzugten Lebensraum, kalte Höhenlagen zwischen 1800 und 6000 Metern, mit ihm teilen.

Auch im russischen Altai-Naturschutzgebiet ist der Schneeleopard zu Hause. Anders als im mongolischen Altai-Gobi-Nationalpark ist der russische Bestand mit 150 bis 200 Individuen jedoch stark gefährdet. Zum Verhängnis werden der Raubkatze, die in ihrem Hochgebirgshabitat nur in geringer Populationsdichte leben kann, sowohl ihr Fell als auch ihre Knochen, die in der traditionellen chinesischen Medizin begehrt sind.

Als Gewässer der Superlative gilt der Baikalsee. Er ist nicht nur der Süßwassersee mit der größten Wassertiefe und dem größten Wasservolumen, sondern mit einem Alter von 25 Millionen Jahren auch der älteste See der Welt.

Jahr der Ernennung: 1996

Der See mit einer Länge von fast 650 Kilometern und einer durchschnittlichen Breite von fast 50 Kilometern liegt im südlichen Sibirien nahe der Stadt Irkutsk in einem geologisch sehr aktiven Gebiet, wo es oft zu Erdbeben kommt. Am Ufer entspringen aus Erdspalten mineralische Quellen, um die herum sich Kurorte etabliert haSben.

»Reicher See« bedeutet der Name Baikalsee in der burjatischen Sprache. Und in der Tat ist die Pflanzen- und Tierwelt im und um den See sehr vielfältig. Allein im See selbst sind mehr als 1200 verschiedene Tierarten nachzuweisen. Der größte Teil der artenreichen Fauna ist endemisch, so etwa die Baikalrobbe oder der Golomjanka, ein lebend gebärender Fisch. Um die

600 Pflanzenarten wachsen an Oberfläche und Ufern.

Der Baikalsee wird von mehreren Hochgebirgen (links) wie dem Baikalgebirge, dem Stanowoj-Hochland oder dem Sajangebirge umgeben. Stille und ursprüngliche Natur bieten die Aya- (großes Bild) und die Peschanaja-Bucht (unten rechts) sowie der Lena-Nationalpark (oben rechts).

Die Baikalrobbe (Phoca sibirica) ist die einzige Robbenart, die ausschließlich im Süßwasser lebt. Ihr Hauptbeutetier ist die Baikalgroppe (unten rechts), ein nur im Baikalsee vorkommender Fisch. Eine weitere endemische Tierart ist die Baikalente (rechts).

Zu den zahlreichen Blumen, die rings um den Baikalsee blühen, zählen das Läusekraut (Pedicularias rubens), das Rosengewächs Sibbaldia altaica sowie Trollblumen (Trollius bargusinensis) und Korallenlilien (Lilium pumilum; Bildleiste von links).

ZENTRALES SICHOTE-ALIN-GEBIRGE

Im Naturschutzgebiet des Sichote-Alin-Gebirges überschneiden sich gemäßigte und subtropische Zonen auf einzigartige Weise. Auf engstem Raum ist hier Fauna und Flora höchst unterschiedlicher Ökosysteme anzutreffen.

Jahr der Ernennung: 2001

Das rund 15 000 Quadratkilometer große Naturschutzgebiet Zentral-Sichote-Alin umfasst drei Tier- und Landschaftsschutzgebiete der Bergregion ganz im Fernen Osten Russlands sowie einen Gebirgszug an der Küste des Japanischen Meers. Bereits 1979 wurde es zum Biosphärenreservat erklärt. Charakteristisch ist das Zusammentreffen von sibirischen, mandschurischen und südostasiatischen Tierarten. So haben hier Braunbär und Kragenbär, der vom Aussterben bedrohte Amur-Tiger (Sibirischer Tiger) und der nur noch mit wenigen Populationen vertretene Amur-Leopard ihren Lebensraum. Über hundert der hier vorkommenden Tier- und Pflanzenarten stehen auf nationalen oder internationalen Roten Listen.

Dichte Wälder prägen das Gebirge, das sich zwischen Ussuri und Amur im Westen und Japanischem Meer und Tatarensund im Osten erstreckt (oben). Während in den nördlichen Bereichen Taiga und ausgedehnte Feuchtgebiete vorherrschen, finden sich im Süden subtropische Laubwälder. Zahlreiche bedrohte Tierarten leben hier, wie der Amur-Tiger. Die größte Raubkatze der Welt wird fast vier Meter lang und bis zu 350 Kilogramm schwer (großes Bild). Neben Sichelhuhn und Sibirischem Reh kommt auch der Kragenbär im Sichote-Alin-Gebirge vor (Bildleiste rechts).

NATURRESERVAT WRANGEL-INSEL

Auf der gebirgigen Wrangel-Insel ganz im Nordosten Russlands sind höchst unterschiedliche und für diese nördliche Lage sehr ungewöhnliche Lebensräume und Lebewesen anzutreffen.

Jahr der Ernennung: 2004

Die weit nördlich des Polarkreises am westlichen Rand der Tschuktschen-See gelegene, rund 7500 Quadratkilometer große Wrangel-Insel – benannt übrigens nach dem russischen Admiral und Sibirienreisenden Ferdinand von Wrangel – weist eine große Vielfalt von geologischen Formationen und Lebensräumen mit jeweils unterschiedlichem Mikroklima auf. Wegen ihres gebirgigen Charakters war sie während der Eiszeit nie ganz vergletschert. Deshalb existieren hier viele Pflanzen- und Tierarten, die anderswo ausgestorben sind.

So gibt es auf der Wrangel-Insel allein mehr als 400 Arten und Unterarten von Gefäßpflanzen, doppelt so viele wie in jedem anderen Tundragebiet vergleichbarer Größe. Darunter befin-

den sich auch 23 Endemiten, die durch erst vor Kurzem erfolgte Hybridisierung entstanden sind. Auf der Insel lebt die mit bis zu 100 000 Individuen größte Population des Pazifischen Walrosses. Die Dichte der Eisbärenhöhlen ist die höchste auf der ganzen Welt. Auch Moschusochsen weiden in der arktischen Tundralandschaft. Grauwale, die von Mexiko hierher ziehen, finden in der nächsten Umgebung Nahrung. Dazu kommen rund 100 Zugvogelarten, die hier brüten, darunter auch Schneegänse. Die zahlreichen Lemminge zeigen Verhaltensweisen, die sich von denen anderer arktischer Populationen unterscheiden. Auch die Rentiere haben sich den örtlichen Umweltbedingungen angepasst.

Nicht ungewöhnlich für ihre nördliche Lage erscheint die mit Schneefeldern bzw. Wasserläufen gespickte Tundra- und Gebirgslandschaft der Wrangel-Insel (links oben und rechts unten). Umso erstaunter ist der Besucher dann über die große Vielfalt an Gräsern und Blumen.

Die Moschusochsen (großes Bild) auf der Wrangel-Insel sind keine »autochthonen« Bewohner, sondern Nachkommen ausgewilderter Exemplare. Bis vor 4000 Jahren lebten auf der Insel auch Wollhaarmammuts. Auch Eisbären sind hier heimisch – im Winter bis zu 300 Individuen, die sich in Höhlen im Inselinneren zurückziehen. Hier lässt sich gerade eine Eisbärin mit ihren beiden Jungen auf einer Eisscholle treiben (links).

VULKANE VON KAMTSCHATKA

Im Süden der 350 000 Quadratkilometer großen Halbinsel Kamtschatka im Fernen Osten Russlands sind noch 28 Vulkane aktiv. Der höchste ist der Kljutschewskaja Sopka (4750 Meter). Das Weltnaturerbe wurde inzwischen um den Naturpark Kljutschewskoi erweitert.

Jahr der Ernennung: 1996; Erweiterung: 2001

Die Halbinsel erstreckt sich auf einer Länge von 1200 Kilometern und einer maximalen Breite von 480 Kilometern zwischen Ochotskischem Meer im Westen und Pazifik und Beringsee im Osten. Zwei parallel verlaufende Gebirgsketten durchziehen die Halbinsel, den Großteil der dazwischen liegenden Senke bildet das Tal des Flusses Kamtschatka. Die bis zu 2000 Meter hohe West- oder Zentralkette wird von erloschenen Vulkanen überragt, die Ostkette geht in Vulkanplateaus über, in denen die aktiven Vulkane liegen. Ausgedehnte Sümpfe befinden sich an der Westküste, während die Ostküste vorwiegend Steilkliffs aufweist. Die tiefer gelegenen Zonen sind mit Laubwäldern bedeckt. Das Welterbeareal ist Lebensraum vieler urzeitlicher en-

demischer Pflanzen. Im Naturpark Kljutschewskoi leben große Populationen von Seelöwen, Seeottern und Braunbären, hier findet sich zudem der weltweit artenreichste Lachsbesatz.

Auf der Halbinsel Kamtschatka reihen sich die Vulkane. Viele von ihnen sind noch aktiv wie der Karymski (großes Bild und rechts) oder der Kronotski (ganz rechts).

VULKANE VON KAMTSCHATKA

Kamtschatka liegt in einer Subduktionszone, wo sich die Pazifische unter die Eurasische Platte schiebt. Deshalb sind hier – als Teil der Vulkankette des »Pazifischen Feuerrings« – zahlreiche Stratovulkane wie der Avatschinsky (unten) entstanden, die regelmäßig ausbrechen. In manchen Vulkankratern haben sich Säureseen gebildet (kleines Bild unten). Auch Fumarolen verraten vulkanische Aktivität (rechts).

Kamtschatka war aufgrund seiner geografischen Lage gegenüber von Amerika im Kalten Krieg bis 1990 Sperrgebiet – ideale Voraussetzung dafür, dass sich die Tierwelt dort relativ ungestört entwickeln konnte. Ihr spektakulärster Vertreter ist der Kamtschatka-Bär (Ursus arctos beringianus), eine Unterart des Braunbären. In Sichtweite der Vulkane kann er hier Beeren ernten und auf Lachsjagd gehen.

GÖREME-NATIONALPARK IN KAPPADOKIEN

Die bizarre Felslandschaft im Tal von Göreme in Kappadokien mit ihren Steilwänden und Felspyramiden aus Tuffstein beherbergt Hunderte von Höhlenkirchen mit Wandbildern aus byzantinischer Zeit.

Jahr der Ernennung: 1985

Im Hochland von Nevşehir in Kappadokien wurden Tuffserien vulkanischen Ursprungs, die auf älterem Gestein aufliegen, durch Erosion in unterschiedlichem Maße abgetragen. Dabei entstand eine außergewöhnliche Felslandschaft mit pilz-, säulen- und pyramidenförmigen Felsformationen. Hier suchte die christliche Bevölkerung der byzantinischen Provinzen Kleinasiens in der Zeit der arabischen Christenverfolgung Schutz und grub Wohnungen, Mönchszellen und Kapellen in den weichen Tuffstein. Seit dem 6. Jahrhundert entstanden auf diese Weise im Göreme-Tal und in dessen Umgebung ganze Höhlendörfer und unterirdische Städte. Schätzungsweise fanden in den unterirdischen Behausungen im 7. Jahrhundert, der Blütezeit

von Göreme, mehrere hunderttausend Menschen Zuflucht.
Das Welterbe umfasst sowohl die Felsendenkmäler als auch die Höhlenbauten. Zu Letzeren gehören auch viele Klöster und Kirchen, deren Bauweise zahlreiche byzantinische Stile der damaligen Zeit vereint. Die Wandbilder der Höhlenkirchen zeigen erst ab dem 9. Jahrhundert figürliche Motive.

Das Landschaftsbild von Kappadokien wird von bizarr geformtem Tuffstein bestimmt, in den zahlreiche Höhlenwohnungen und -kirchen geschlagen wurden. »Feenkamine« werden diese Felsnadeln genannt (links), die von »Hütchen« aus härterem Tuffstein geschützt werden.

ANTIKE STADT HIERAPOLIS-PAMUKKALE

Zum Welterbe zählen in Pamukkale, dem einstigen Hierapolis, neben den berühmten Kalksinterterrassen auch zahlreiche antike Bäder, Tempel und andere Monumente aus hellenistischer und römischer Zeit.

Jahr der Ernennung: 1988

Im Gebiet der heißen Quellen von Pamukkale gab es bereits frühe Siedlungen. Der Landstrich gehörte im 2. Jahrhundert v. Chr. zur römischen Provinz Asia. König Eumenes II. von Pergamon ließ hier 190 v. Chr. die Stadt Hierapolis erbauen; sie war hauptsächlich als Festungsanlage geplant. Damit ging auch die erstmalige Errichtung von Thermen einher. In der Umgebung der Bäder entstanden Wohngebäude, Tempel, ein Theater sowie andere hellenistische Bauten und einige frühchristliche Kirchen, deren Ruinen bis heute erhalten sind.

Neben den Überresten der antiken Gebäude, die hier bis in das 4. Jahrhundert errichtet wurden, hat Pamukkale vor allem ein außergewöhnliches Naturschauspiel zu bieten: In einer Höhe von etwa 100 Metern entspringen die heißen Quellen einem Felsvorsprung des Berges Çökelez und fließen ins Tal. Die Ablagerungen des sehr mineralhaltigen Wassers (Sinter) bildeten im Lauf der Zeit versteinerte Wasserfälle, Wälder aus Kalkstalaktiten sowie terrassenförmige Bassins und verwandelten Pamukkale in eine unwirklich erscheinende Welt.

Pamukkale bedeutet »Baumwollfestung« oder »Watteschloss«. Der Name beschreibt trefflich das Naturwunder, das die Sinterkalke hier aus einer heißen Quelle geschaffen haben. Das warme Thermalwasser ergießt sich von einem Kalksteinbecken ins andere und lässt zwischen den Stufen (großes Bild) bizarr wirkende Formationen entstehen. Einige antike Ruinen, wie etwa dieser hausförmige Sarkophag der Nekropole von Hierapolis (oben), stehen heute auf dem Travertinplateau nahe den versteinerten Wasserfällen von Pamukkale.

Der 250 Kilometer lange Sokotra-Archipel mit seinen vier Hauptinseln Sokotra, Abd al-Kuri, Samha und Darsa liegt isoliert vor dem Horn von Afrika. Die Inseln zeichnen sich durch große biologische Vielfalt und zahlreiche endemische Pflanzen- und Tierarten aus.

Jahr der Ernennung: 2008

Wegen des reichen Vorkommens an Weihrauch, Myrrhe und Aloe sowie seiner strategisch günstigen Lage am Ausgang des Golfs von Aden war Sokotra schon zur Zeit der ägyptischen Pharaonen ein Ziel von Seefahrern. Trotzdem blieben die Inseln bis ins späte 19. Jahrhundert in Europa weitgehend unbekannt. Die wissenschaftliche Erforschung von Sokotra setzte erst nach der politischen Öffnung des Jemen in den 1990er-Jahren ein.
Die Hauptinsel Sokotra ist 3626 Quadratkilometer groß und erhebt sich bis auf 1503 Meter Meereshöhe. Geologisch bildet Sokotra die Fortsetzung des Horns von Afrika, mit dem es jedoch seit 15 Millionen Jahren keine Landverbindung mehr hat. Diese abgesonderte Lage begünstigte die Entwicklung einer ganz eigenen Flora und Fauna, wobei Landsäugetiere fehlen. 90 Prozent der Inselreptilien kommen nur hier vor. Auch die Meereswelt ist ausgesprochen vielfältig – so gibt es in den heimischen Riffen rund 250 Korallen-, 730 Küstenfisch- und 300 Schalentierarten. Obwohl Sokotra hauptsächlich aus einem trockenen Hochplateau besteht, ist die Vegetation sehr mannigfaltig. Von den mehr als 800 Pflanzenarten wachsen mehr als ein Drittel nur auf dem Archipel. Zu diesen sogenannten Endemiten zählt die Drachenbaumart Dracaena cinnabari, die bis zu acht Meter hoch wird.

Aus dem auf Sokotra (oben: Bucht von Qalansiya) endemischen Drachenbaum Dracaena cinnabari (großes Bild) wird ein Naturharz – früher als »Drachenblut« bekannt – gewonnen, das zur Herstellung von Weihrauch und Naturheilmitteln, zur Einbalsamierung und für Firnisse verwendet wird. Eine weitere endemische Pflanzenart von Sokotra ist die Wüstenrose Adenium obesum socotranum (Bildleiste unten).

SARYARKA: STEPPE UND SEEN IN NORDKASACHSTAN

Das Weltnaturerbe umfasst die Schutzgebiete Naurzum und Korgalzhyn mit insgesamt rund 4500 Quadratkilometern sowie ein weites Areal zentralasiatischer Steppe. Die Feuchtgebiete der Naturreservate haben eine herausragende Bedeutung für zahlreiche Zugvögel, während in der Steppe bedrohte Vogelarten und die gefährdete Saigaantilope heimisch sind.

Jahr der Ernennung: 2008

Die Kasachische Schwelle (Saryarka) liegt im östlichen und nördlich-zentralen Teil von Kasachstan, meist etwa 300 bis 500 Meter über dem Meeresspiegel, im Ostteil etwa 1000 Meter. Mit 1565 Metern Höhe ist der Aksoran der höchste Gipfel der Region. Im Norden prägt Grassteppe die Landschaft, während der Süden von steiniger Halbwüste eingenommen wird.
Die Feuchtgebiete von Naurzum und Korgalzhyn sind wichtige Rastplätze für Zugvögel, die von Afrika, Europa und Südasien zu ihren Brutplätzen in West- und Ostsibirien ziehen. Viele von ihnen gehören zu den bedrohten Tierarten oder sind äußerst selten wie der Nonnenkranich, der Krauskopfpelikan und der Bindenseeadler. Insgesamt bis zu 16 Millionen Wasservögel finden in dem Gebiet des Tengissees und der anderen Seen von Korgalzhyn Nahrung; etwa 350 000 Vögel nisten jedes Jahr hier, rund 500 000 an den Seen von Naurzum. Die jahreszeitlichen, hydrologischen, chemischen und biologischen Prozesse der Feuchtgebiete, die sich durch das Zusammenspiel von Nässe und Trockenheit entwickelt haben, sind von großer wissenschaftlicher Bedeutung.
Die Steppengebiete des Weltnaturerbes bieten für mehr als die Hälfte der einheimischen Steppenpflanzen einen Rückzugsraum. Auch die seltene Saigaantilope genießt dort Schutz.

Im Frühling sorgen zahlreiche Blumen (großes Bild) für bunte Farbtupfer in den Steppengebieten der Saryarka (unten links: Iris). In der Steppe ist auch die stark gefährdete Saigaantilope mit ihrer eigenartigen rüsselartigen Nase (unten rechts) zu Hause. Die Feuchtgebiete der Region (oben) sind Rastplatz für den vom Aussterben bedrohten Nonnenkranich, auch Schnee- oder Sibirischer Kranich genannt (unten Mitte).

NATIONALPARKS NANDA DEVI UND »TAL DER BLUMEN«

Die Region um den 7816 Meter hohen Nanda Devi an der Grenze von Indien zu Nepal und China ist ein wichtiges Refugium gefährdeter Tier- und Pflanzenarten.

Jahr der Ernennung: 1988
Erweiterung: 2005

In Zeiten des Massentourismus, der auch vor den hintersten Winkeln der Welt nicht haltmacht, sind selbst im Himalaja Schutzgebiete eine Notwendigkeit, auch wenn sie wie die Hochgebirgsregion Nanda Devi für den Menschen fast unzugänglich sind. Im 1980 gegründeten Nationalpark in der Nähe von Indiens zweithöchstem Berg leben außer Schneeleoparden und Moschushirschen auch große Herden von Wildschafen (Bharal) und Ziegenantilopen (Goral).
An Nanda Devi schließt sich der Nationalpark »Tal der Blumen« an, der berühmt für seine Wiesen und endemischen Wildblumenarten ist, darunter Indischer Ahorn (Acer caesium), Dornenmohn (Meconopsis aculeata) und eine Art der Alpenscharte (Saussurea atkinsoni). Das landschaftlich abwechslungsreiche Tal beheimatet auch einige seltene Tiere, beispielsweise Kragenbären.
Das nicht allzu weit vom lebensfeindlichen Hochhimalaja entfernte Tal spielt auch in der Hindumythologie eine Rolle. Dies gilt auch für den Nanda Devi, dessen Name »Göttin der Freude« bedeutet.

Im Tal der Blumen gedeihen in vergleichsweise mildem Klima Geranien- und Mohnarten (Bildleiste unten links und rechts). Im Nanda-Devi-Nationalpark hält sich der Bharal – auch irrtümlich Blauschaf genannt, obwohl er eher eine Ziege ist – oberhalb der Baumgrenze in Höhen zwischen 3000 und 6000 Metern auf (großes Bild). Er gehört zu den Beutetieren des seltenen Schneeleoparden (oben).

KEOLADEO-NATIONALPARK

Das in einer Sumpflandschaft in Rajasthan gelegene Vogelparadies bevölkert sich vor allem nach dem Monsun, wenn sich zu den heimischen Wasservögeln viele Zugvögel, darunter seltene Arten, gesellen.

Jahr der Ernennung: 1985

Der Nationalpark ist ein Feuchtgebiet, das von Menschenhand geschaffen wurde. Die Maharadschas von Bharatpur hatten hier ehemals ihr Jagdrevier, weil sich die sumpfige Senke bei der Entenjagd als recht ergiebig erwies. Oft fielen ihnen pro Tag mehrere tausend Vögel zum Opfer.
Um die Wasserflächen für die Jagd zu vergrößern, ließen die Maharadschas im 19. Jahrhundert künstliche Kanäle anlegen und Dämme aufschütten. So entstand ein Feuchtgebiet, das für die Vogelwelt bald ein beliebtes Brutgebiet wurde, da die Umgebung ansonsten sehr trocken ist.
Heute bietet das Schutzgebiet rund 120 Vogelarten eine ständige Heimat, darunter Reihern, deren hiesige Population zu den größten der Welt zählt.

In den Wintermonaten lassen sich hier rund 240 Zugvogelarten nieder, so etwa der seltene Nonnenkranich (auch Schneekranich) oder die Sichelente. Der Sibirische Kranich, eine besondere Attraktion des Keoladeo-Nationalparks, von dem 1976 noch mehr als 100 Exemplare zum Überwintern in den Sumpf kamen, ist mittlerweile vermutlich ausgestorben.

Nur knapp 30 Quadratkilometer nimmt das künstlich geschaffene Feuchtgebiet des Keoladeo-Nationalparks (unten links) ein, dennoch ist es ein Rückzugsgebiet für viele bedrohte Tierarten. Dazu zählen der Rhesusaffe (unten rechts), aber auch der bis zu sieben Meter lange Tigerpython. Die Schlange ist ein sehr guter Schwimmer (links).

Die unterschiedlichsten Vogelarten fühlen sich im Keoladeo-Nationalpark wohl (unten, von links oben im Uhrzeigersinn): Paradieskranich (auch Jungfernkranich), Halsbandsittich (auch Alexandersittich), Bengalen- oder Hinduracke, Eisvogel, Brahmakauz, Purpurreiher, Bengalgeier und ein weiterer Eisvogel.

Eine Gruppe von Brahmakäuzen (Athene brama) sitzt dicht gedrängt auf einem Ast (links). Die von Südiran bis Indochina verbreitete Eulenart ist mit einer Körpergröße von nur etwa 20 Zentimetern bei einem Gewicht von gut 100 Gramm Beuteobjekt vieler Raubvögel und anderer Raubtiere. Der Kauz seinerseits jagt vor allem Motten, Käfer, kleine Nager und Vögel.

MANAS-WILDSCHUTZGEBIET

Das vor allem für seine Tiger und zahlreichen Elefanten bekannte Schutzgebiet liegt in Assam am Fuße des Himalaja, nahe der Grenze zu Bhutan. Seinen Namen verdankt es dem reißenden Fluss Manas.

Jahr der Ernennung: 1985

Die 1928 zum Wildschutzgebiet erklärte Kernzone des Manas-Reservats wurde 1992 durch einen Bürgerkrieg stark zerstört. Von den einst rund 2000 Elefanten überlebten nur einige Dutzend. Dank eines Wiederaufbauprogramms wurden 2006 aber wieder 700 Tiere gezählt. Auch der Bestand der mächtigen Königstiger wuchs auf rund 60 Tiere. Das seltene Panzernashorn bzw. Rhinozeros allerdings starb im Manas-Reservat aus. 2006 wurde mit der Wiederansiedlung von Tieren aus anderen Parks begonnen.
Im Grasland, das etwa 60 Prozent des Territoriums ausmacht, sind unter anderem Wildbüffel und Zwergwildschwein zu Hause, die in Assam bereits als ausgestorben galten, in Manas jedoch wiederentdeckt wur-

den. Auch die Barasinghas genannten Zackenhirsche, Bengalkatzen und Schuppentiere haben hier ein Refugium.
Grassavanne, Wald und Flusslandschaft bieten auch zahlreichen Vogelarten Lebensraum, etwa Zwergwachtel, Drongo und Nepal-Uhu. Der Park grenzt an den Royal Manas National Park in Bhutan.

Languren zählen zu den Schlankaffen. Im Manas-Wildschutzgebiet kommen sowohl der Goldlangur wie der Schopflangur (links) vor. Bedeutend ist auch die wieder wachsende Population Indischer Elefanten (großes Bild).

Sanft, stark, intelligent

Für die Hindus ist der Elefant göttlich, allerdings nur zur Hälfte. Auf seinem dickbäuchigen und vierarmigen Menschenkörper trägt der Gott Ganesha ein Elefantenhaupt. Auch in dessen »Zuständigkeit« werden Eigenschaften des Elefanten sichtbar: Ganesha wird als Schutzherr von Bildung und Gelehrsamkeit sowie als Überwinder von Hindernissen verehrt. In der Tat ist der bis zu drei Meter hohe und fünf Tonnen schwere Asiatische Elefant – mit dem Indischen Elefanten als Unterart – ein zwar sanfter, aber durchsetzungsfähiger Dickhäuter. Dessen Kraft, Geschick und Intelligenz macht sich der Mensch seit Jahrhunderten zunutze: zum Lastentransport, zum Aufräumen der Wälder, als Hochsitz für die Tigerjagd oder zur Belustigung im Zirkus.

Die hinduistische Gottheit Ganesha samt Elefantenhaupt

Mit seinem Rüssel kann der Elefant atmen, riechen, saugen, spritzen, tasten, greifen, schlagen und trompeten. Dabei agiert der Asiatische Elefant mit »spitzem« Finger geschickter als sein afrikanischer Vetter; sein Rüssel hat nur einen, der seines Verwandten zwei Finger. Mit seiner doppelgewölbten Stirn, den kleineren Ohren und kürzeren Stoßzähnen wirkt Elephas maxima außerdem weniger wild als Loxodonta africana. Beide Arten haben jedoch das gleiche sprichwörtliche »Elefantengedächtnis«: Sie vergessen nichts, im Guten wie im Schlechten.

Erwachsene Elefanten sind weitgehend unbehaart. Nur die Augen sind mit langen Wimpern bewehrt (großes Bild). Elefanten sind ausgesprochene Herdentiere und gelten als die sanften Riesen des Tierreichs (unten rechts). Auch der elefantenköpfige Gott Ganesha hat im Hinduismus als Verkörperung der Weisheit einen guten Ruf (rechts).

KAZIRANGA-NATIONALPARK

Eines der letzten von Menschen noch unberührten Gebiete im Herzen Assams ist Lebensraum für die weltweit größte Population der bedrohten Panzernashörner. Neben dieser Art genießen auch andere seltene Tiere den Schutz des 43 000 Hektar großen Parks.

Jahr der Ernennung: 1985

Der Kaziranga-Nationalpark wird vom Ungestüm des Brahmaputra geprägt. Während der Monsunzeit im Juli und August stehen zwei Drittel des Parks regelmäßig unter Wasser. Dann müssen die Tiere in höher gelegene Regionen ausweichen, auch außerhalb des Parks.

Der Schutz der Panzernashörner stand schon immer im Mittelpunkt des Interesses der lokalen Tierschützer. Bereits um die vorletzte Jahrhundertwende war ihr Bestand so sehr dezimiert worden, dass man keine Jagdlizenzen mehr ausgab und die Region 1908 als Waldreservat auswies. 1950 wurde es Wildschutzgebiet und 1974 Nationalpark. Heute wird die Zahl der Rhinozerosse auf 1500 geschätzt. Tiere aus dem Park wurden jüngst im nahe gele-

genen Manas-Wildschutzgebiet angesiedelt, um den dortigen Bestand zu erneuern.

Zahlreich sind im Park aber auch Elefanten, Büffel und verschiedene Hirscharten vertreten, ferner Gibbons, Tiger und Wildschweine sowie seltene Vögel wie Barttrappen und Graupelikane. Kragen- und Lippenbär haben hier ebenfalls ein Rückzugsgebiet.

Ein Naturparadies ist der Kaziranga-Nationalpark in Assam. Seine Hauptattraktion sind die das Grasland durchstreifenden Panzernashörner (Rhinoceros unicornis; rechts), die sich am besten vom Rücken eines Elefanten aus beobachten lassen (großes Bild).

Selten und gefährdet

Die Tiermotive in Höhlenmalereien aus der Steinzeit sind ein Beweis dafür, dass auch Nashörner die damaligen Savannen- und Graslandschaften Eurasiens bevölkert haben. Diese Zeiten sind unwiderruflich vorbei – heute gibt es nur noch fünf Arten von Rhinozerossen, darunter drei in Asien wie das Indische Panzernashorn. Und von »bevölkern« kann auch nicht mehr die Rede sein, leben doch nur mehr rund 2500 Panzernashörner auf dem indischen Subkontinent. Als »große« Bestände gelten schon solche mit weniger als hundert Tieren; sie sind auf wenige Schutzgebiete in Indien und Nepal verteilt.

Namengebendes Merkmal des bis zu vier Meter langen Panzernashorns sind die großen Hautplatten am Rumpf. Genauso wie das Java-Nashorn hat es nur ein Horn über dem Nasenbein; der lateinische Artenname »Rhinoceros unicornis« weist auf diese Besonderheit hin.

Jungtiere im Grasland der indischen Savanne

Das Nasenhorn ist auch der Hauptgrund für die Aufnahme des Rhinozerosses in die Rote Liste gefährdeter Arten. Die pulverisierte Hornsubstanz galt und gilt in der traditionellen chinesischen Medizin als Aphrodisiakum. Anfang des 20. Jahrhunderts war der Jagd auf das fast schon ausgerottete Tier zwar Einhalt geboten worden. Allerdings schränkte die Trockenlegung der Sümpfe den bevorzugten Lebensraum des Panzernashorns weiter ein.

Als Einzelgänger braucht das Panzernashorn viel Platz. Begegnungen mit Menschen können für diesen gefährlich sein, vor allem, wenn Nashornmütter ihre Kälber verteidigen wollen. Im Grunde genommen hat ein Nashorn nichts zu befürchten. Es ist groß, tonnenschwer und trotzdem flink, kann gut riechen und hören. Allerdings sieht es schlecht, sodass ein vermeintlicher Eindringling unter die Hufe geraten kann.

Das Indische Panzernashorn (Rhinoceros unicornis) existiert als Unterart schon seit etwa zehn Millionen Jahren. Sein Habitat sind Sümpfe und stehende Gewässer (rechts). Die Trockenlegung der weiten Feuchtlandschaften in Indien haben seinen Lebensraum jedoch schon im 19. Jahrhundert stark eingeschränkt.

Der König des Dschungels

Die Jagdlust indischer Maharadschas und britischer Offiziere, die Angst der einfachen Leute vor dem menschenfressenden »Räuber der Nacht« und vor allem die Beschneidung seines Lebensraums haben den Königs- oder Bengaltiger im 20. Jahrhundert an den Rand des Aussterbens gebracht. 1972 zählte man nur noch 1800 Exemplare von Panthera tigris tigris. Inzwischen hat sich der Bestand in »freier Wildbahn« dank rigoroser Schutzmaßnahmen, die auch Umsiedlungen von Dörfern einschlossen, auf etwa 4000 bis 5000 Tiere erhöht und stabilisiert.

Der einzige natürliche Feind des Bengalischen Tigers ist der Mensch.

Dabei hat die bis zu 2,80 Meter große (ohne Schwanz) und 280 Kilogramm schwere Großkatze gelernt, auch unter widrigen Umständen zu überleben – solange ihre abendlichen Streifzüge im 65 bis 200 Quadratkilometer großen Revier nicht gestört werden und für acht Kilogramm Fleisch pro Tag gesorgt ist. Sein gelb-rötliches Fell mit den graubraunen bis schwarzen Streifen macht den Tiger in Gras und Unterholz nahezu unsichtbar. Er schleicht sich an sein Opfer heran, überwältigt es blitzschnell mit einem kraftvollen Sprung und tötet es durch einen Biss in Kehle oder Nacken. Büffel und Wildschweine stehen ebenso auf der Speisekarte wie Fische und Frösche oder auch langsame Zweibeiner, je nachdem, was Grasland, Sumpf, Mangroven-, Berg- oder Tropenwald zu bieten haben.

Der Bengal- oder Königstiger fühlt sich im feuchten Sumpfland zu Hause (großes Bild). Hier gibt es eine große Vielfalt an Tieren – und damit an potenzieller Beute. Rivalen im Revier werden mit aller Härte angegangen (Bildleiste links).

Die Sundarbans im Delta von Ganges, Brahmaputra und Meghna im Golf von Bengalen sind der größte Mangrovenwald der Welt. Sowohl in Indien als auch in Bangladesch, die sich dieses einzigartige Feuchtgebiet teilen, wurde jeweils ein Areal zum Welterbe erklärt.

Jahr der Ernennung: 1987

Die Sundarbans sind ein hochkomplexes System von Flüssen und Kanälen, Inseln und Marschland. Ein Tidenhub mit bis zu 7,5 Meter Höhenunterschied verschiebt hier ständig die Grenzen von Land und Wasser. Im indischen Teil der Sundarbans, der etwas mehr als die Hälfte des 10 000 Quadratkilometer großen Feuchtgebiets ausmacht, wurde der gut 1300 Quadratkilometer große Nationalpark Sundarbans zum Welterbe bestimmt. Außer durch Mangrovenwälder zeichnet sich dieses Ökosystem in der Übergangszone von Salz- und Süßwasser durch eine reichhaltige Fauna aus. Dazu zählen Delfine, Fischotter, Pythons, Schildkröten, Bindenwarane, Krokodile, Störche, Reiher, Kormorane und Brachvögel ebenso wie Axis- und Barasinghahirsche, Rhesusaffen, Wildschweine und Bengalische Tiger.

Axishirsche (oben), kleinere Verwandte des Dam- und des Rothirsches, sind zahlreich in den Mangrovenwäldern der Sundarbans (großes Bild) anzutreffen.

MANGROVENWÄLDER DER SUNDARBANS

Drei insgesamt über 1300 Quadratkilometer große Schutzgebiete bilden die Sundarban Wildlife Sanctuaries, das Welterbe auf dem zu Bangladesch gehörenden Territorium der Sundarbans.

Jahr der Ernennung: 1997

Die Sundarbans im Grenzgebiet von Indien und Bangladesch bilden ein einheitliches, grenzüberschreitendes Ökosystem. Dass hier zwei unmittelbar aneinandergrenzende Areale derselben Landschaft jedoch als zwei separate Welterbestätten – statt als eine transnationale – ausgewiesen wurden, ist den gespannten politischen Beziehungen zwischen den beiden Ländern geschuldet.
In Bangladesch steht rund ein Viertel der auf dem Staatsgebiet liegenden Sundarbans unter Schutz: unmittelbar anschließend an das indische Welterbeareal das Sundarbans West Wildlife Sanctuary östlich des Grenzflusses Raimangal, ferner das South und das East Sanctuary. Auch hier haben heftige Regenfälle (bis zu 2800 Millimeter Jahresniederschläge) und regelmäßige Überflutungen eine Übergangszone von Brack- und Süßwasser entstehen lassen. Im Westen überwiegt das Salzwasser, weshalb hier die Tier- und Pflanzenwelt nicht so reichhaltig ist wie in den östlicheren Teilen. Hinsichtlich Fauna und Flora gilt das Gleiche wie für den indischen Teil. Neben 27 Mangrovenarten finden sich hier rund 50 Säugetier-, 300 Vogel- und 50 Reptilienarten. Das spektakulärste Tier ist der Bengalische Tiger, von dem mit 350 Exemplaren die größte zusammenhängende Population in den Sundarbans heimisch ist. Die Sundarbans sind nicht nur Heimat bedrohter Tiere und Pflanzen, sie bilden für das Landesinnere auch eine Art Schutzwall vor Tropenstürmen. Doch der Mangrovenwald ist bedroht. Klimaveränderungen, ansteigender Meeresspiegel, zunehmende Versalzung der Süßwassergebiete, Ölverschmutzungen, Wilderei und illegale Abholzungen gefährden dieses weltweit einzigartige Ökosystem.

Das Satellitenbild (unten) zeigt den östlichen Teil des Deltas mit den Sundarbans. Die Mangrovenwälder sind als dunkelgrüne Bereiche zu erkennen, die Schwebstoffeinträge der Flussarme als helle Schleier im Golf von Bengalen.

NATURSCHUTZGEBIET SINHARAJA-WALD

Tropischer Bergregenwald bestimmt das Bild dieses zwischen 500 und 1100 Meter Meereshöhe liegenden Naturparks. Das Schutzgebiet ist reich an Orchideen- und endemischen Arten.

Jahr der Ernennung: 1988

Das Waldgebiet von Sinharaja im Südwesten der Insel ist die letzte Region Sri Lankas mit ursprünglichem Regenwald. Der Name bedeutet übersetzt »Löwenkopf«.
Die Regierung bestimmte das rund 85 Quadratkilometer umfassende Gebiet zwischen Ratnapura und Matara zum Biosphärenreservat, damit es nicht, wie viele andere Wälder zuvor, der in Sri Lanka weit verbreiteten Raubrodung zum Opfer fällt. Schon zu Zeiten der britischen Kolonialverwaltung wurde hier 1875 erstmals ein Schutzgebiet eingerichtet.
Die tropischen Regenwälder der Insel wurden schon immer vom Menschen wirtschaftlich genutzt. Sie dienten als Materiallieferant für den Hausbau sowie als Quelle für allerlei Arzneien und

exotische Gewürze. Wegen des raschen Bevölkerungswachstums kann das komplexe Ökosystem weitere massive Eingriffe allerdings nicht mehr schadlos verkraften. Daher wurden Gesetze erlassen, die nur noch das Sammeln der Kittulfasern von den Blattscheiden der Brennpalmen (Caryota urens) erlauben. Trotzdem werden durch illegale Brandrodung und Edelsteinsuche schwere Schäden angerichtet.

Rund 60 Prozent der zumeist seltenen Baumarten sind endemisch, also nur auf Sri Lanka heimisch. Auch die zahlreichen Orchideenarten machen das Gebiet zu einer Schatzkammer der Natur. Im Primärregenwald leben selten gewordene Tierarten, darunter viele Insekten und Amphibien.

Ein dichter Teppich von primärem Bergregenwald bedeckt die Hügel von Sinharaja (großes Bild). Zu seiner artenreichen Fauna zählen auch Wasserlilien (unten rechts) und Fischschwanzpalmen (links).

In der Gebirgsregion zu Füßen des Mount Everest, einem beliebten Trekkinggebiet, findet sich die faszinierende Hochgebirgsflora und -fauna des Osthimalaja.

Jahr der Ernennung: 1979

Mit dem Trekking kamen im Himalaja die Probleme. Um das ökologische Gleichgewicht in Nepal und vor allem in der Region am Fuß des Mount Everest zu stabilisieren, bestimmte man das Gebiet 1976 zum Nationalpark. Der höchste Berg der Erde wird von den Nepalesen Sagarmatha, Himmelskönig, genannt. Die Tibeter bezeichnen den Riesen Chomolungma, Göttin-Mutter der Erde. Mit den drei Achttausendern Mount Everest, Lhotse und Cho Oyu sowie weiteren Sieben- und Sechstausendern ist dieses Gebiet die höchste Gebirgsregion der Erde.
Aber nicht nur die Höhe der Berge bestimmt den gewaltigen Eindruck. So imponiert der Nupse weniger durch seine stattlichen 7879 Meter als durch seine 3000 Meter hohe Südwand. Der Ngozumpa-Gletscher ist mit 20 Kilometern der längste Gletscher Nepals.
Nur für kurze Zeit sind die Südhänge der Berggiganten im Sommer schneefrei. Dann blühen in Höhen von bis zu 6000 Metern unterschiedliche Nelkenarten, Enziane und Kreuzblütler. In den noch höheren Zonen können sich nur extrem anspruchslose Bodenpilze halten. In tiefer gelegenen Regionen ge-

deihen Hochgebirgspflanzen wie Edelweiß, Zwergschwertlilien und Sträucher. Die Laub- und Nadelwälder reichen in Höhen von bis zu 4000 Metern. Etwa 30 Säugetierarten bevölkern den Nationalpark. Der Himalaja-Tahr bevorzugt die Felsregionen und ist in seinem Bestand nicht mehr gefährdet, ebenso der Moschushirsch, der gern auf dem Speisezettel des selten gewordenen Schneeleoparden steht. Außerdem haben sich mittlerweile Himalaja-Fuchs, Himalaja-Wiesel und Himalaja-Schwarzbär sowie Wolf und Kleiner Panda im Nationalpark angesiedelt. Die Lüfte beherrschen majestätische Raubvögel wie Steinadler, Bart- und Schneegeier. Dagegen gehört die Existenz des Schneemenschen Yeti wohl eher in das Reich der Fantasie.

Eine überwältigende Gebirgslandschaft genießt man im Sagarmatha-Nationalpark wie hier am Gokyo-See (links). Außer der zumeist gegangenen Südroute führt die von China aus über das Rongbuk-Tal verlaufende nördliche Route auf den 8850 Meter hohen Gipfel des Mount Everest (unten).

Land der heiligen Berge

Die hohen Gipfel des Himalaja gebieten Ehrfurcht. Dem im Khumbu-Himal ansässigen Volksstamm der Sherpas waren ihre von guten und bösen Geistern bewohnten Berge über die Zeiten hinweg heilig. Auch heute bringen ihnen die Sherpas ein Opfer dar, bevor sie es wagen, im Dienst der Fremden ihre Ruhe zu stören. Denn mit dem himmlischen Frieden, der Jahrmillionen das »Dach der Welt« umgab, ist es seit den 1950er-Jahren endgültig vorbei. 1976 wurde im Khumbu-Himal der Sagarmatha-Nationalpark ausgewiesen, um die einzigartige Natur des Mount-Everest-Gebiets vor den Auswirkungen des Bergtourismus zu schützen.
Die ersten Europäer kamen im 19. Jahrhundert, es waren zunächst Vertreter der britischen Kolonialmacht. So wurde der mit 8850 Metern höchste Berg der Erde 1865 nach dem Landvermesser George Everest benannt. Im Mai 1953 erreichten der Neuseeländer Edmund Hillary und der Sherpa Tenzing Norgay den Gipfel – über die Erstbesteigung des

Am Fuß des Mount Everest zollen Stupas mit Mantras und bunten Gebetsfahnen den Berggöttern Respekt.

Mount Everest sprach damals die ganze Welt. Heute sollte man schon alle 14 Achttausender zumindest einmal bewältigt haben, um eine Nachricht wert zu sein. Zu den meistbestiegenen Achttausendern gehört der 8201 Meter hohe Cho Oyu, den 1954 erstmals eine österreichische Expedition bezwang. Kommerziell orientierte Expeditionen werben inzwischen mit der relativ geringen Zahl von Todesopfern, die dieser Berg bislang forderte. Ein weiterer Achttausender im Nationalpark ist der 8516 Meter hohe Lhotse, der in direkter Nachbarschaft zum Everest-Massiv liegt. 1956 gelang Schweizer Alpinisten die Erstbesteigung des vierthöchsten Gipfels der Erde.

Der Mount Everest (großes Bild; links das Rongpu-Kloster an seiner Nordflanke) entstand, als vor 50 Millionen Jahren der indische Subkontinent auf die Eurasische Platte prallte. Da die tektonische Bewegung noch immer nicht abgeschlossen ist, wächst der Berg jedes Jahr weiter um rund drei Zentimeter.

Im ältesten Nationalpark Nepals mit seinen Salwäldern und ausgedehnten Elefantengrasflächen trifft man auf Panzernashörner und zahlreiche andere sonst bedrohte Tiere.

Jahr der Ernennung: 1984

Einem der Panzernashörner wird man im Chitwan-Nationalpark ganz im Süden des Landes in jedem Fall begegnen. Es leben hier noch rund 400 Exemplare. Ein erwachsenes Tier frisst durchaus zwei Zentner Gras und trinkt bis zu 100 Liter Wasser pro Tag. Aber auch etwa 200 Leoparden und 80 Tiger streifen mitunter durch das hohe Elefantengras. Alle drei Tierarten stehen unter Schutz, werden aber leider immer noch gewildert. Dennoch gelang es, die ehemals äußerst dezimierten Populationen zu vervierfachen.

Der Park verdankt seine Existenz König Mahendra, der 1962 ein Schutzgebiet für die bedrohte Art der Panzernashörner gründete. Das Reservat wurde 1973 zum Nationalpark erklärt. Zu den oft vorkommenden Wildarten zählen Sambar- und Axishirsche, Vierhornantilopen, Wildschweine, Lippenbären, Wildrinder (Gaur) sowie Rhesusaffen. Die Baumkronen werden von Languren bevölkert, in der Dämmerung gehen Mungos und Honigdachse auf die Pirsch. Nachts hört man das Heulen der Goldschakale.

In den Flüssen des Parks dösen Sumpfkrokodile und Gangesgaviale mit ihren

auffallend langen Kiefern. Trotz ihrer Länge von bis zu sieben Metern stellen sie für den Menschen aber keine Gefahr dar. Im offenen Gelände trifft man auch auf Bengalwarane.
Der Chitwan-Nationalpark ist auch ein Paradies für mehr als 400 Vogelarten. Neben Saruskranichen leben hier Purpur- und Seidenreiher, Königsfischer, Doppelhornvögel und Kormorane.

Auf dem Areal des Chitwan-Nationalparks leben noch einige hundert der seltenen Panzernashörner (großes Bild). Der Park lässt sich am besten bei einem Ausritt hoch zu Elefant (links) mit einem lokalen Führer erkunden.

Den seltenen und vom Aussterben bedrohten Bengalischen Tiger (großes Bild) bekommen Besucher im Chitwan-Nationalpark tagsüber nur selten zu Gesicht, da er nachtaktiv und recht scheu ist. Dafür trifft man nahe dem Fluss Nayarani Elefanten, Wasserbüffel und Axishirsche, die sich oft im Schilf verstecken und dann nur schwer auszumachen sind (Bildleiste rechts).

UVS-NUUR-BECKEN

Die als grenzüberschreitendes Weltnaturerbe ausgezeichnete Region umfasst zwölf Schutzgebiete im Nordwesten der Mongolei und in der zu Russland gehörenden Republik Tuwa.

Jahr der Ernennung: 2003

Das rund 10 000 Quadratkilometer große Uvs-Nuur-Becken ist ein von Gebirgen umgebenes abflussloses Becken, an dessen tiefster Stelle sich der namengebende Salzsee Uvs Nuur befindet. Die Region zeichnet sich dadurch aus, dass hier dicht gedrängt alle Landschafts- und Vegetationszonen Zentralasiens anzutreffen sind: Feuchtgebiete, Wüsten, diverse Step-

penformationen, unterschiedliche Waldtypen, Flüsse, Süßwasserseen, alpine Lebensräume und ewige Schneefelder. Auch bizarr und oft kissenförmig verwitterte Berge, Klippen und Felsen aus Granit gehören zum Erscheinungsbild des Beckens.

Die grasbestandenen Gebiete werden seit Jahrtausenden von Nomaden genutzt, die in Jurten leben. Wegen seiner ökologischen Konstanz wird das Uvs-Nuur-Gebiet auch für Messungen zur weltweiten Klimaerwärmung genutzt. In den unterschiedlichen Ökosystemen gibt es zahlreiche endemische Pflanzen und wirbellose Tiere. Unter den Wirbeltieren zählen Springmäuse, Ziesel, Zwerghamster und Murmeltiere zu den häufigsten Vertretern. Besonders die im Westen gelegenen gebirgigen Regionen bieten gefährdeten Arten Schutz, wie dem Asiatischen Steinbock, dem Tigeriltis, dem Argali und dem Schneeleoparden, der mongolischen Wüstenrennmaus und der Polarkatze. Der Salzsee Uvs Nuur wie auch der Süßwassersee Tere Khol sind Lebensräume für Seevögel und Seehunde. Im Frühjahr und Herbst dienen sie Zugvögeln als Durchgangsstation.

Im Uvs-Nuur-Becken ziehen Nomaden mit ihren Tieren von Ort zu Ort (unten links) und leben dabei in Jurten (links). Die Region bietet bedrohten Tierarten wie dem Argali, einem Wildschaf mit riesigen Hörnern, Zuflucht (unten rechts).

An den westlichen Ausläufern des Welterbeareals erstrecken sich eindrucksvolle Hochebenen wie hier bei den Charchira-Bergen im Mongolischen Altai (großes Bild) oder die Täler des Kargy und des Mogen-Buren in Tuwa (Bildleiste rechts).

Das zweihöckrige Trampeltier (unten links) ist immer noch ein wichtiges Haustier der Menschen im Uvs-Nuur-Becken. Die jahrhundertealte Tradition der Viehzucht mit saisonalen Wanderungen von Schaf-, Ziegen-, Rinder- und Pferdeherden hat aus der Steppe eine Kulturlandschaft geformt.

Der 1545 Meter hohe heilige Ostberg nördlich der Stadt Tai'an in der Provinz Shandong wurde in der chinesischen Mythologie mit den Kräften des Himmels in Verbindung gebracht. Seit dem 2. Jahrhundert v. Chr. wurden ihm kaiserliche Himmelsopfer dargebracht.

Jahr der Ernennung: 1987

Das Taishan-Massiv ist die in einem Umkreis von 1000 Kilometern am höchsten aufragende Bergregion. Mit steilen Felswänden und Gebirgsbächen bietet es eine imposante Erscheinung. Wegen der Lage in Richtung Sonnenaufgang galt das Felsmassiv als Herr des Lebens – und des Todes.
Der erste chinesische Kaiser, Qin Shihuangdi, bestieg es denn auch auf seiner ersten Inspektionsreise nach der Einigung des Reichs. Zuvor hatte schon Konfuzius befunden, von hier aus sehe man, wie klein doch die Welt sei. Zahllose weitere Berühmtheiten folgten und ließen mehr als 1000 Inschriften in die Felsen meißeln.
Fast 100 Tempel säumten einst den Pfad zum Gipfel, von denen jedoch nur 22 die Zeiten überdauert haben. Chi-

nas über 2500-jährige Tradition der Naturverehrung erlebte hier den Gipfel der Prunkentfaltung. So politisch bedeutsam und aufwendig war der Kultus, dass er seit der Zeitenwende nur viermal vollzogen wurde. Zum vorletzten Mal geschah dies im Jahr 725, als Kaiser Xuanzong an diesem Ort weilte. Davon zeugt eine 13 Meter hohe vergoldete Felsinschrift.

Der Taishan mit seinen vielen Felsinschriften (links) gilt als einer der fünf heiligen Berge des Taoismus. Vor dem berühmten Felswandgedicht des Tang-Kaisers Li Longji macht ein Mönch Tai-Chi-Übungen (unten links). Der Berg und die zahlreichen Pagoden, die den Weg zum 1542 Meter hohen Gipfel säumen, sind oft von Nebel umwölkt (rechts unten und ganz unten).

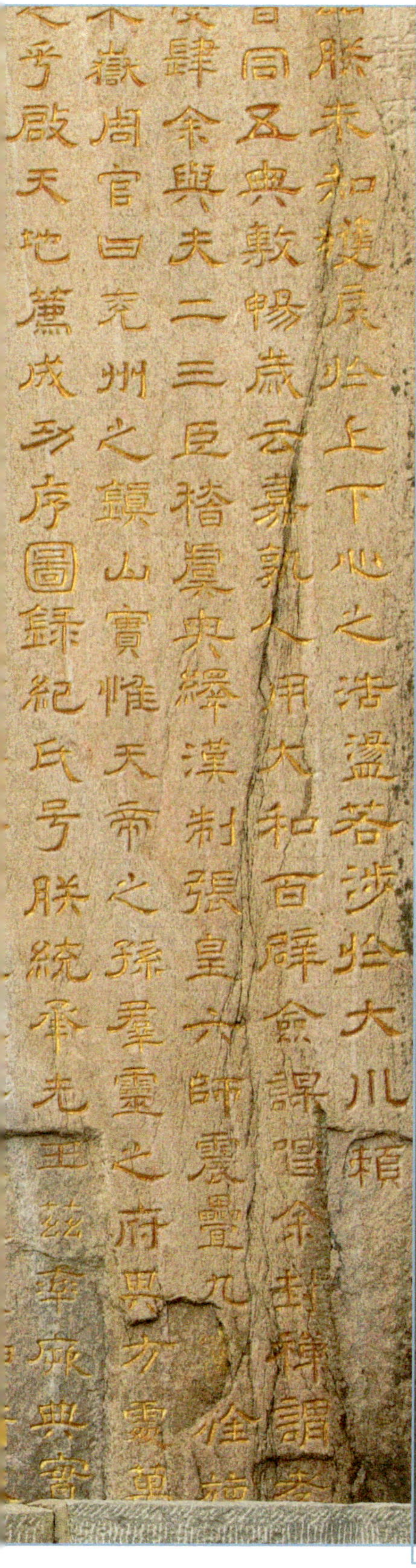

GEBIRGSLANDSCHAFT HUANGSHAN

Im Süden der Volksrepublik China liegt die Stadt Huangshan, zu deren Verwaltungsgebiet auch das berühmte Huangshan-Gebirge gehört. Felsen scheinen in Wolkenmeeren zu schwimmen, als habe die Natur eine Fantasielandschaft hervorgezaubert.

Jahr der Ernennung: 1990

Nicht weniger als 77 zwischen 1000 und 1849 Meter hohe Gipfel erheben sich dicht gedrängt in der nur etwa 150 Quadratkilometer umfassenden Gebirgsregion von Huangshan (Gelber Berg) in der Provinz Anhui. An rund 250 Tagen im Jahr ziehen durch die tiefen Täler Nebelschwaden, die so dicht sind, dass die Landschaft von oben betrachtet als Meer erscheint, auf dem die Gipfel schwimmen. Zahlreiche Pavillons zur Betrachtung der dem chinesischen Landschaftsideal fast perfekt entsprechenden Gebirgsszenerie sind im Lauf der Zeit entstanden. Die Huangshan-Ästhetik, welche die klassische Gelehrtenkultur Chinas stark beeinflusste, wird durch die hier wachsenden uralten Kiefern vervollkommnet.

Das Huangshan-Gebirge ist eine der berühmtesten Bergregionen Chinas. Mit seinen bizarr geformten Felsen und knorrigen Kiefern (unten) entspricht es dem chinesischen Landschaftsideal. Zu seinen Bergen gehören der Gipfel der himmlischen Hauptstadt (links) und der Lotosgipfel, zu dem die Hundert-Stufen-zu-den-Wolken-Treppe emporführt (ganz links).

Der subtropische Primärwald der Berglandschaft ist nicht nur ein Paradies für seltene Tiere und Pflanzen, sondern hat wegen der steilen Felsen und kristallklaren Flüsse auch besonderen ästhetischen Reiz.

Jahr der Ernennung: 1999

An der höchsten Stelle des Berglands Wuyi im äußersten Nordwesten der chinesischen Provinz Fujian hat sich ein subtropisches Waldbiotop erhalten. Nahezu 2500 höhere Pflanzenarten sowie rund 5000 Insekten- und 475 Wirbeltierarten wurden hier gezählt. Für alle stellt der Wuyishan im dicht besiedelten China ein wichtiges Rückzugsgebiet dar.

Da die Durchschnittshöhe im Wuyishan lediglich bei 350 Meter über dem Meeresspiegel liegt, herrschen hier auch im Winter relativ milde Temperaturen. Zur biologischen Bedeutung des Schutzgebiets kommt der Reiz einer höchst imposanten Landschaft hinzu. Dies ist vor allem den 36 steilen Felsgipfeln zu danken, die beiderseits des Jiuquxi, des Flusses der neun Windun-

gen, in den Himmel ragen. Mit einem Boot kann man diesen Flussabschnitt erkunden.
An verschiedenen Stellen gibt es landschaftliche Kuriositäten zu bestaunen: So findet sich hier eine hohe muschelförmige Grotte, von deren oberem Rand das Wasser einer Quelle herunterfließt. An anderer Stelle gibt am Ende einer tunnelförmigen Höhle ein senkrechter Felsriss von nur einem halben Meter Breite und rund 100 Meter Höhe den Blick auf einen filigran erscheinenden Streifen Himmel frei.
An diesen Ort zogen sich schon in frühen Zeiten chinesische Gelehrte zurück. Ganz in der Nähe ist die archäologische Ausgrabungsstätte der einstigen Verwaltungshauptstadt Chengcun zu besichtigen.

In die abgelegene Berglandschaft Wuyi (großes Bild) zogen sich einst Literaten und Gelehrte zurück. Sie ist zu rund 95 Prozent mit Wald bedeckt und gilt als Paradies für Vögel und Schlangen. Der Fluss Jiuquxi entspringt im Westteil der Region und schlängelt sich rund 60 Kilometer durch das Gebirge (links).

Mehr als 3000 überwachsene Quarzsandsteintürme drängen sich in den beiden Teilen des Naturparks. Hier findet sich auch die höchste natürliche Brücke der Erde.

Jahr der Ernennung: 1992

Die Gipfel, die sich auf die zwei Gebiete Zhangjiajie und Tianzishan sowie entlang der Ufer des Jinbianxi verteilen, wurden aus einer 500 Meter starken Sedimentschicht durch die Kräfte der Erosion geformt. Die Täler zwischen ihnen sind so schmal, dass dort keinerlei Landwirtschaft möglich war. Daher blieb diese Region in der Provinz Hunan im Südosten Chinas weithin unbesiedelt. Nahezu alle auffälligeren Felsen tragen heute blumige Namen. Das ganze Areal ist dicht bewachsen und von Wasserläufen durchzogen. Rund 3000 Pflanzenarten wurden hier gezählt.

Zu den besonderen Attraktionen dieses Parks gehören zwei natürliche Brücken. Die eine, 26 Meter lang, spannt sich in etwa 100 Meter Höhe über den Talgrund; die spektakulärere Brücke ist sogar 40 Meter lang und schwingt sich in etwa 350 Meter Höhe über das Tal. Außerdem sind hier zahlreiche unterirdische Wunder zu bestaunen, etwa der fantastische Stalagmitenwald in einer 12 000 Quadratmeter großen Kaverne der nahe gelegenen Huanglong Dong, der Höhle des gelben Drachen.

Das zerklüftete Felslabyrinth des Nationalparks Wulingyuan (unten links und unten rechts) lag vor 100 Millionen Jahren noch unter dem Meer. In der Jura- und Kreidezeit hob sich das Gelände, und es entstanden durch Erosion bizarre Felsformationen. Im Park befindet sich neben Seen, Wasserfällen und Tropfsteinhöhlen die höchste Naturbrücke der Erde (rechts).

LANDSCHAFTSPARK JIUZHAIGOU-TAL

Über drei Hochtäler im Nordwesten der Provinz Sichuan verteilen sich hier Naturwunder in einzigartiger Fülle – mit bunten Teichen, reißenden Katarakten, seltenen Tieren und üppiger Vegetation.

Jahr der Ernennung: 1992

Von 2000 Meter Höhe aus ziehen sich drei y-förmig ineinander übergehende, dicht bewaldete Täler hinauf, überragt von bis zu 4700 Meter hohen schneebedeckten Gipfeln. Der karstige Untergrund reichert versickerndes Wasser mit Kalziumsalz an, das in Form großer Kalksinterterrassen wieder zutage tritt. Die Tuffdämme, über die die Katarakte schießen, sind von kleinen Bäumen bewachsen. Der größte Wasserfall stürzt fast 80 Meter tief hinab. Mehrere Seen leuchten in verschiedenen Farben, von Gelb über Giftgrün bis Blau.

Mit seinen einsamen Seitentälern ist Jiuzhaigou auch ein Refugium für seltene Pflanzen- und Tierarten, etwa für Riesenpandas und Goldhaaraffen sowie zahlreiche Vögel.

Der Name Jiuzhaigou bedeutet Tal der neun Dörfer, in Anlehnung an die neun tibetischen Dörfer auf dem 60 000 Hektar großen Areal. Die rund 120 Seen schimmern je nach Jahreszeit in unterschiedlichen Farben (unten). Aus den Seen ergießen sich Wasserfälle (oben), die in weitere Wasserbecken stürzen und wiederum neue Seen bilden.

LANDSCHAFTSPARK HUANGLONG

Neben einer beeindruckenden Gebirgs- und Gletscherlandschaft erwartet den Besucher des Geschichts- und Landschaftsparks Huanglong eine fast vier Kilometer lange Abfolge von Kalksinterterrassen, die sich durch ein bewaldetes Hochtal ziehen.

Jahr der Ernennung: 1992

Das von etwa 3000 Meter Meereshöhe bis zum Schneegipfel des 5588 Meter hohen Xuebaoding ansteigende ehemalige Gletschertal im autonomen Bezirk Ngawa in der Provinz Sichuan ist auch bekannt als Rückzugsgebiet des Riesenpandas. Am Grund eines dicht bewaldeten Seitentals haben sich hier gelbe Kalksinterterrassen herausgebildet. Das Wasser in den Becken schillert aufgrund der darin siedelnden Algen und Bakterien in den mannigfaltigsten Farben. Dabei weisen direkt aneinandergrenzende Becken oft ganz unterschiedliche Farbtöne auf, und durch die Reflexe von Laub, Himmel oder Wolken ergeben sich faszinierende Farbspiele. In manchen Teichen wachsen auch kleine Bäume.

Die Hauptattraktion des Naturparks ist eine rund zweieinhalb Kilometer lange und 100 Meter breite stark abschüssige gelbe Travertinfläche, die mit einem nur wenige Zentimeter tiefen Rinnsal bedeckt ist. Diesem mit einem gelben Drachen (chinesisch: Huanglong) assoziierten Phänomen verdankt die Welterbestätte auch ihren Namen.

Die terrassenartigen Pools im Huanglong-Tal (großes Bild) entstanden während der Eiszeit, als die Region noch unter einem Gletscher lag. Durch den hohen Mineraliengehalt fraß das Gletscherwasser Wannen und Höhlen in den weichen Kalkfelsen, in dem sich heute Wasser sammelt. Es ergießt sich in zahlreichen Wasserfällen von einem Becken ins andere (oben).

PANDA-NATURRESERVAT IN SICHUAN

In den Pandareservaten von Sichuan leben mit rund 900 Tieren 30 Prozent des noch verbliebenen Wildbestands des Großen Pandas. Das Gebiet gehört außerdem zu den pflanzenreichsten Zonen der Erde außerhalb der Tropen.

Jahr der Ernennung: 2006

Das Sichuan Giant Panda Sanctuary im südlichen zentralen China liegt in den Bergen Qionglai und Jiajin. Es umfasst neben sieben bereits bestehenden Naturreservaten neun sogenannte Scenic Parks, die auch Besuchern offenstehen. Das Schutzgebiet beheimatet fast ein Drittel der Wildpopulation des Großen Pandas und ist damit das bedeutendste Schutz- und Zuchtgebiet für diese bedrohte Tierart. Daneben wachsen hier 5000 bis 6000 Arten von Blütenpflanzen in mehr als 1000 Gattungen – rund ein Fünftel der Gattungen kommen nur in China vor.
Auch hinsichtlich der Heilpflanzen der traditionellen chinesischen Volksmedizin ist das Gebiet eine wahre Fundgrube. Der große Pflanzenreichtum erklärt sich unter anderem durch die enorme landschaftliche Vielfalt. Der Höhenunterschied vom tiefsten zum höchsten Punkt beträgt rund 5700 Meter. 542 Wirbeltierarten hat man bisher in dieser Region nachgewiesen, darunter 109 Säugetierarten – rund ein Fünftel aller chinesischen Arten. Zu den gefährdeten Arten zählen hier der Schneeleopard, der Kleine Panda und der Nebelparder.

Bambus ist eine charakteristische Pflanze Südchinas und Ernährungsgrundlage für den Großen Panda (großes Bild und ganz oben). Als 1975 Bambus großflächig abstarb, verhungerten 140 Bären. Inzwischen ist die Zahl der wild lebenden Großen Pandas im Reservat wieder angestiegen. Dort lebt auch der rötliche Kleine Panda, der übrigens nicht direkt verwandt mit dem Großen Panda ist (oben).

NATIONALPARK SANQINGSHAN

Der Nationalpark Sanqingshan im südöstlichen China fasziniert durch seine außergewöhnliche landschaftliche Schönheit, die geprägt ist von üppigen Wäldern, zahlreichen Wasserfällen und fantastisch geformten Felsformationen.

Jahr der Ernennung: 2008

Der Nationalpark Sanqingshan in der chinesischen Provinz Jiangxi befindet sich im Westen der Huyaiyu-Bergkette. Die Region wurde bereits im Jahr 1988 zu einer staatlichen Hauptsehenswürdigkeit erklärt. Das knapp 230 Quadratkilometer große Areal liegt auf einer durchschnittlichen Meereshöhe von 1000 bis 1800 Metern, wichtigster Gipfel ist der 1817 Meter hohe Huyaiyu. Wegen des Höhenunterschieds umfasst der Nationalpark sowohl subtropische als auch maritim beeinflusste Gebiete mit Regen- und Nadelwäldern, die sich über ein Areal von 145 Quadratkilometern erstrecken. Die üppigen Wälder sind Heimat von mehr als 300 Tier- und 1000 Pflanzenarten. Zwischen Gipfeln und Schluchten finden sich zahlreiche Seen, Quellen und bis zu 60 Meter hohe Wasserfälle.

Zu den Hauptattraktionen zählen die einzigartigen Granitformationen der Huyaiyu-Kette: Viele der insgesamt 48 Felsspitzen und 89 Säulen erinnern in ihrer Gestalt an Menschen oder Tiere. Wolkenfelder und Nebelschwaden verstärken die Wirkung und sorgen für ein ständig wechselndes Landschaftsbild und ungewöhnliche Lichteffekte wie den sogenannten weißen Regenbogen. Aufgrund seines hohen Alters von bis zu 1,6 Milliarden Jahren ist das Gebirge ein begehrtes Forschungsobjekt für Geologen.

Berge mit scharfkantigen Felsen, an denen sich horizontal wachsende Bäume festklammern (unten), und Wasserfälle mit vielfältigen Lichteffekten (oben) bilden im Nationalpark Sanqingshan ein fast irreal anmutendes Landschaftspanorama.

BERGLANDSCHAFT EMEISHAN

Der Ruf des größten der vier heiligen Berge des chinesischen Buddhismus geht auf das 2. Jahrhundert zurück. Zum Welterbe gehört auch die größte Buddhafigur der Welt.

Jahr der Ernennung: 1996

Schroffe Felsen, tiefe Klüfte, Gebirgsbäche, Katarakte, Grotten, steil emporragende Gipfel, dichte Wälder mit teilweise über 1000 Jahre alten Bäumen: Der über 3000 Meter hohe heilige Berg Emeishan (»Augenbrauenberg«) bot seit jeher den perfekten Rahmen für alle, die der Welt entsagen wollten. Seit der Östlichen Han-Zeit (25–220) war der Emeishan am südwestlichen Rand des Roten Beckens in Sichuan eine von Eremiten geschätzte Zufluchtsstätte. Bald wurden hier die ersten buddhistischen Tempel und Klöster Chinas errichtet. Der Legende nach soll an diesem Ort Samantabhadra, Bodhisattwa des Gesetzes und Schutzheiliger des Bergs, gelehrt haben. An ihn erinnert eine über acht Meter hohe Statue in einem Bergtempel. Im Lauf der Zeit sind hier mehr als 200 Klöster und Einsiedeleien entstanden, der Pilgerstrom wuchs unaufhörlich. Unter den 20 erhaltenen Heiligtümern (viele fielen der Kulturrevolution zum Opfer), die sich teils eng an die Felsen schmiegen, teils auf Gipfeln und Graten erbaut wurden, gehen manche bis auf die Sui-Zeit (581–618) zurück. Die heute noch erhaltenen Ge-

bäude stammen jedoch überwiegend aus dem 17. Jahrhundert.
Zu den Pilgerattraktionen der Region gehört die 71 Meter große sitzende Buddhastatue im 35 Kilometer entfernten Leshan am Zusammenfluss von Minjiang, Dadu und Qingyi. Sie wurde im 8. Jahrhundert von buddhistischen Mönchen aus einer Felswand herausgemeißelt.

Auf dem Weg zum Gipfel des Emeishan passiert man auf 710 Meter Meereshöhe den Qingyin-Ge-Pavillon, das Haus des reinen Klangs (großes Bild). Der Name des heiligen Emeishan (links) bedeutet »Berg der hoch geschwungenen Augenbraue«. Auf dem 3077 Meter hohen Goldenen Gipfel steht ein von Mönchen bewohnter Tempel.

DREI PARALLEL VERLAUFENDE FLÜSSE

In Nordwest-Yunnan verlaufen die drei Flüsse Jangtse, Mekong und Salween auf einer Länge von rund 170 Kilometern weitgehend parallel zueinander. In diesem Gebiet finden sich fast alle Landschaftsformen und Ökosysteme der Nordhalbkugel und eine riesige Artenvielfalt.

Jahr der Ernennung: 2003

Geologisch gesehen ist das als Sanjiang Bingliu bekannte Gebiet außergewöhnlich vielfältig. So findet man hier beispielsweise magmatische Gesteine, Kalk mit Karsterscheinungen, verwitterte Granite und Sandsteine. Die drei Flüsse bilden stellenweise extrem steile, bis zu 3000 Meter tiefe Schluchten. Umgeben sind sie von 118 Bergen mit einer Höhe von über 5000 Metern. Der höchste unter ihnen ist der Kawagebo (6740 Meter) mit dem Gletscher Mingyongqia, der bis auf 2700 Meter herabreicht. Die teilweise extreme Steilheit steht in Zusammenhang mit der jüngeren geologischen Geschichte. Vor etwa 50 Millionen Jahren stießen hier die Indische und die Eurasische Platte zusammen. So faltet sich das Himalajagebirge bis heute auf.

Der Nationalpark liegt an der biogeografischen Grenze zwischen der paläarktischen und orientalischen Region und weist Merkmale der gemäßigten und tropischen Zone auf. Während der Eiszeit diente das Gebiet als Korridor für viele Pflanzen- und Tierarten, die vor der drohenden Vergletscherung nach Süden auswichen. Es verzeichnet die höchste Artenvielfalt Chinas.

Der Jangtse (unten links) hat in den Bergen Yunnans eine 15 Kilometer lange spektakuläre Schlucht in den Stein gegraben. Die sogenannte Tigersprungschlucht (unten rechts) gilt als einer der tiefsten Cañons der Welt (links). Ein Staudammprojekt droht das Weltnaturerbe zu zerstören.

KARSTLANDSCHAFTEN IN SÜDCHINA

Die Karstformationen von Südchina erstrecken sich über ein rund 500 000 Quadratkilometer großes Gebiet. Stellvertretend hierfür wurden einige Abschnitte als Welterbe ausgezeichnet, die mit ihren bizarren Formen eine der spektakulärsten Ausprägungen tropischer und subtropischer Karstlandschaften darstellen.

Jahr der Ernennung: 2007

Im tropischen Südchina sind durch Kohlensäurereaktionen ausgeprägte Verwitterungsformen entstanden, die man als Karst bezeichnet. Hier führte die intensive Verwitterung zu fantastischen Formen – etwa Kegelkarst, Turmkarst und Steinwälder. Das Welterbe umfasst mehrere, insgesamt rund 1000 Quadratkilometer große Areale mit entsprechend benannten Formationen in Shilin bei Kunming, Libo bei Guiyang und Wulong bei Chongqing. Der Shilin-Karst in Yunnan besteht aus Steinwäldern mit tiefen scharfen Karren. Der Libo-Karst von Guizhou illustriert vor allem den Übergang vom Kegel- zum Turmkarst. Im Wulong-Karst in Chongqing dominieren Dolinen mit tiefen Schluchten, Höhlen und brückenartigen Strukturen. Besonders in Höhlen kann man beobachten, wie die Kohlensäureverwitterung auch in umgekehrter Richtung ablaufen kann und sich gelöster Kalk in Tropfsteinen und Sinterterrassen ablagert.

Vor 270 Millionen Jahren entstand in der Nähe der heutigen Stadt Kunming aus einem flachen Meer ein Karstgebirge, der Shilin-Karst (»Steinwald«). Die Felsformationen gleichen oft Tieren oder Menschen (großes Bild; rechts oben) und haben Namen wie »Vögel füttern ihre Jungen« oder »Ein Phönix putzt sich«. Von einer Aussichtspagode aus (rechts) kann man das Areal überblicken.

VULKANINSEL JEJUDO UND LAVATUNNEL

Drei Stätten und Landschaften auf der südkoreanischen Insel Jejudo gehören zum Weltnaturerbe. An ihnen werden wichtige Phänomene der erdgeschichtlichen Entwicklung sichtbar.

Jahr der Ernennung: 2007

Die Insel Jejudo vor der Südküste Koreas ist ein untermeerischer Schildvulkan auf einer Kontinentalplatte, entstanden über einem Hotspot – einer »Schwachstelle« in der Erdkruste, die aus dem Erdinneren heraus von aufsteigendem Magma aufgeschmolzen wird. Den größten Teil des Weltnaturerbes, insgesamt 18848 Hektar, macht das Naturschutzgebiet um den Hallasan aus, den mit 1950 Metern höchsten Berg Südkoreas; es umfasst die Region in 800 bis 1300 Meter Höhe. Dazu gehören ein Krater mit einem 1,6 Hektar großen See, ein Trachytdom, Wasserfälle und Kliffs aus Basaltsäulen. Die Vegetation mit vielen endogenen Pflanzen reicht vom gemäßigten sommergrünen Eichen- bis zum subalpinen immergrünen Nadelwald. Der Welterbeteil Geomunoreum umfasst fünf Lavatunnel. Sie sind entstanden, als die oberste Schicht flüssiger Lava abkühlte, dabei fester wurde und schließlich als festes Dach über einem Bereich erstarrte, in dem die heiße Lava weiterfloss. Als der Nachschub versiegte, blieb eine Hohlform übrig. Der längste Lavatunnel, Manjang, misst 7,4 Kilometer, der kürzeste 110 Meter. Typisch für Geomunoreum sind bunte Kalkablagerungen unter dem Dach und unzählige Tropfsteine. Der 182 Meter hohe Tuffkegel Songsan Ilchulbong am Ostende von Jejudo ist bei einem Vulkanausbruch auf flachem Meeresboden entstanden. Erosion durch Wind und Wasser hat die Sedimentschichten freigelegt.

Ein erloschener Vulkan ist der Hallasan, die höchste Erhebung von Jejudo (großes Bild). Sehr porös mutet der Yongduam-Felsen (kleines Bild unten) an, das Relikt eines Vulkanausbruchs. Die Lavakanalröhren (oben) sind bereits vor 100 000 bis 300 000 Jahren entstanden.

Die Ökosysteme auf der Halbinsel Shiretoko und im sie umgebenden Meer sind aufgrund klimatischer Besonderheiten außerordentlich nährstoff- und artenreich.

Jahr der Ernennung: 2005

Kalter Wind aus Sibirien lässt das Meer nirgends so weit südlich auf der Nordhalbkugel wie vor der Küste Shiretokos im Nordosten von Hokkaido zufrieren. Unter der Eisschicht entwickeln sich große Mengen an Phytoplankton, das am Anfang einer langen Nahrungskette steht. Es ist Nahrungsgrundlage von Krill und anderen winzigen Wassertierchen. Von diesen ernähren sich Schalentiere und kleine Fische, die wiederum von größeren Fischen, Meeressäugern wie Robben und Seelöwen sowie Seeadlern gefressen werden. Zum Laichen schwimmen Lachse und Forellen die Flüsse ins Landesinnere hinauf. Sie sind Nahrung für Braunbären sowie für die vom Aussterben bedrohten Riesenfischuhus und Riesenseeadler. Für die enorme Produktivität des marinen Ökosystems ist neben anderem auch der unterschiedliche Salzgehalt der Wasserschichten verantwortlich. Diese vermischen sich kaum, weil ins Ochotskische Meer keine großen Flüsse münden. Vor der Küste von Shiretoko wurden insgesamt 223 Fischarten, darunter zehn Lachsarten, sowie 28 Meeressäuger gezählt.

Besonderen Schutzes bedarf der bis auf eine opulente Mähne nahezu haarlose gelb-braune Steller'sche Seelöwe. Die Tiere leben, wie alle Seelöwen, in Haremsfamilien und halten sich tagsüber in Küstennähe auf. Sie sind verhältnismäßig ortstreu und kehren jedes Jahr zur Fortpflanzung an ihren Geburtsort nach Shiretoko zurück. Wie bei allen Ohrenrobben ist auch bei den Steller'schen Seelöwen der Gewichtsunterschied zwischen Männchen und Weibchen beträchtlich. Bullen wiegen bis zu 1100 Kilogramm, Kühe dagegen weniger als 300. Seit 1960 ist der Tierbestand um zwei Drittel zurückgegangen, da es immer weniger Fischgründe gibt, die den großen Nahrungsbedarf dieser Seelöwen stillen können.

Über die steilen Klippen von Shiretoko stürzen Wasserfälle ins Meer (links). Im Winter sind die Seen rings um den Vulkan Rausu mit Eis bedeckt (großes Bild). In der verschneiten Landschaft trifft man auch auf Japanische Sikahirsche (unten rechts).

Der Riesenseeadler (unten links), der Riesenfischuhu und der Hokkaido-Braunbär (senkrechte Bildleiste) fressen Lachse, die im Sommer flussaufwärts ziehen. Besonders leicht lassen sich Fische erbeuten, die vom Laichen schon geschwächt sind.

Die Gewässer um und auf Shiretoko sind ein Refugium für zahlreiche in ihrem Bestand gefährdete Vogelarten wie die Kragenente (links). Auch machen auf der Halbinsel Zugvögel Station. Der als aggressiv geltende Steller'sche Seelöwe (unten Mitte) hat seinen Namen von dem deutschen Naturforscher Georg Wilhelm Steller (1709–1746), der unter anderem die sibirische Halbinsel Kamtschatka erforschte.

BUCHENWALD VON SHIRAKAMI-SANCHI

Einer der letzten zusammenhängenden Siebold-Buchen-Urwälder Ostasiens ist ein Symbol für die Bewahrung des natürlichen Lebensraums im dicht besiedelten Japan. Das Weltnaturerbe Shirakami-Sanchi umfasst rund 170 Quadratkilometer.

Jahr der Ernennung: 1993

Fast ganz Japan bedeckten einst Urwälder mit der Siebold-Buche als vorherrschender Baumart. Nachdem die meisten Wälder durch Holzeinschlag stark dezimiert worden waren, konnten in den 1980er-Jahren nach langwierigen Auseinandersetzungen die von der Rodung verschonten Bestände im Norden der Insel Honshu unter Naturschutz gestellt werden; die Kernzone des Shirakami-Sanchi umfasst rund 100 Quadratkilometer.

Der größte Buchenprimärwald Ostasiens ist ein wichtiges Rückzugsgebiet für die weltweit nördlichste Affenpopulation, den Asiatischen Schwarzbären, den zu den Ziegenartigen gehörenden Japanischen Serau sowie für 87 Vogelarten, darunter den auf der Roten Liste stehenden Schwarzspecht.

Im Wald von Shirakami gedeihen außerdem über 500 Pflanzenarten, darunter auch seltene Orchideen. Die bis zu 1243 Meter hohe Berglandschaft, in der 15 Flüsse entspringen, ist sehr unwegsam, sodass sich früher höchstens einmal Kräutersammler in diese Region verirrten. Vom Menschen nahezu unberührt ist dagegen der zum Welterbe zählende Teil des Urwaldes.

Über die Schattentor-Wasserfälle stürzt das Wasser des Anmongawa ins Meya-Tal (unten links). Manche Buchen sind mehr als 200 Jahre alt (unten rechts). In Shirakama-Sanchi leben auch der bis zu 100 Kilogramm schwere Japanische Serau und der Rotgesichtsmakak, die am nördlichsten lebende Affenart (Bildleiste links).

ZEDERNWALD VON YAKUSHIMA

Japanische Zedern mit einem Alter von bis zu 3000 Jahren sind der botanische Schatz eines immergrünen Urwaldes auf der Insel Yakushima. Deshalb wurde das Innere der Insel als Weltnaturerbe deklariert.

Jahr der Ernennung: 1993

Die Granitinsel 60 Kilometer vor der Südspitze von Kyushu ragt bis zu 1935 Meter über dem Meeresspiegel auf. Jahresniederschläge von bis zu 10 000 Millimeter pro Quadratmeter und verschiedene Klimazonen, die von der subtropischen Küste bis zur alpinen Bergregion reichen, lassen hier etwa 1900 Pflanzenarten gedeihen. In der mittleren, warm-gemäßigten Zone wächst ein unwegsamer Primärwald mit uralten Japanischen Zedern oder Sicheltannen (Cryptomeria japonica). Der nur entfernt mit der Libanonzeder verwandte, zu den Zypressengewächsen gehörende Nadelbaum wird bis zu 40 Meter hoch und liefert ein traditionell beliebtes japanisches Bauholz. Bis in die 1960er-Jahre hinein spielte daher auf Yakushima die Forstwirtschaft

eine wichtige ökonomische Rolle. Dann wurde ein Drittel der Insel zum Nationalpark erklärt. Der wichtigste Grund hierfür war die große Zahl eindrucksvoller Baumriesen. Das berühmteste Exemplar, die Jomon-Zeder, wurde erst 1966 entdeckt. In Brusthöhe hat ihr Stamm einen Umfang von 16 Metern; ihr Alter wird auf etwa 3000 Jahre geschätzt.

Herzstück des Nationalparks ist der nahezu unberührte, von Moosen und Flechten durchzogene Feuchtwald Jomonsugi mit seinen imposanten Japanischen Zedern, die als heilige Bäume verehrt werden (Yakusugi). Hier steht auch die vermutlich 3000 Jahre alte Jomon-Zeder (ganz unten Mitte).

WILDRESERVAT THUNG YAI – HUAI KHA KHAENG

Die beiden Naturschutzgebiete Thung Yai und Huai Kha Khaeng im Westen Thailands bilden mit einer Gesamtfläche von 6100 Quadratkilometern eines der größten Wildreservate Südostasiens.

Jahr der Ernennung: 1991

Im 250 bis 1800 Meter hohen, von Flüssen und Bächen durchzogenen Bergland an der Grenze zu Myanmar (Birma) wechseln sich savannenartige Hochflächen (Thung Yai) mit dichten, vor allem mit Bambus, aber auch mit Tropenhölzern wie Teak bestandenen Wäldern ab. Es gibt kaum eine auf dem südostasiatischen Festland heimische Pflanzenart, die in dieser Region nicht vertreten ist. Die Fauna repräsentieren rund 120 Säugetier-, 400 Vogel-, mehr als 100 Süßwasserfisch-, fast 50 Amphibien- und etwa 100 Reptilienarten.
Beide Schutzgebiete wurden bewusst nicht zu Nationalparks erklärt, da man sie in diesem Fall für Besucher hätte öffnen müssen, wie dies etwa bei den Nationalparks südlich und östlich des

Sri-Nakharin-Stausees der Fall ist. Thung Yai und Huai Kha Khaeng dürfen deshalb nur mit Sondererlaubnis betreten werden. Daher haben unter den wachsamen Augen von Wildhütern auch große Säugetiere wie Tiger, Leoparden, Nebelparder, Elefanten, Bären und Tapire die Chance, nahezu unbehelligt vom Menschen zu überleben. Allerdings darf hier in begrenztem Umfang Tropenholz geschlagen werden.

In den Grasländern und immergrünen Wäldern (links) leben so verschiedene Tierarten wie Gaur (ein Wildrind), Schabrackentapir, Asiatischer Wasserbüffel (oben von links nach rechts), Ährenträgerpfau, Nebelparder, Schweinshirsch und der Nördliche Schweinsaffe (unten von links nach rechts).

WALDGEBIET DONG PHAYAYEN – KHAO YAI

Der über 6000 Quadratkilometer große Tropenwald von Dong Phayayen – Khao Yai ist ein ökologisch wertvolles Rückzugsgebiet für gefährdete Säugetiere, Vögel und Reptilien.

Jahr der Ernennung: 2005

Das Waldgebiet in der rauen Hügel- und Berglandschaft zwischen 100 und 1350 Meter Meereshöhe erstreckt sich im Süden des Khorat-Plateaus bis zur Grenze zu Kambodscha. Es besteht aus den vier Nationalparks Khao Yai, Thap Lan, Pang Sida und Ta Phraya sowie dem Wildreservat Dong Yai. Mehrere Vegetationszonen, vom Regenwald bis zum Busch- und Grasland, bieten Lebensraum für 800 Tierarten. Die Niederschlagsmenge pro Jahr schwankt zwischen 3000 Millimetern im Westen (Khao Yai National Park) und 1000 Millimetern im Osten (Ta-Phraya-Nationalpark). Am meisten regnet es während der Monsunzeit, die von Mai bis Oktober anhält. In der langen Trockenzeit ab November bleibt es in den immergrünen Wäldern ausreichend feucht, weiter östlich gedeiht ein offener Trockenwald. In Pang Sida gibt es ausgedehnte Bambuswälder.

Im Gebiet von Dong Phayayen – Khao Yai leben fast 400 Vogelarten, darunter vom Aussterben bedrohte Kupfertauben, Seidenpirole, Ährenträgerpfaue und Maskenrallen. Zu den weltweit gefährdeten Säugetieren ge-

hören wilde Indische Elefanten – die größten Bestände mit rund 200 Tieren hat Khao Yai – und diverse Raubkatzenarten. Hierzu zählen die Bengalkatze, der Nebelparder, der Tiger und die mit ihm verwandte, aber nur hauskatzengroße Marmorkatze und die Asiatische Goldkatze; Letztere ist wegen der Rodung des Regenwaldes anderswo so gut wie ausgestorben. Das Waldgebiet ist ferner Zufluchtsstätte für den Bärenmakak und den Kappengibbon, ferner für den Malaienbär, den Rothund und die Großfleck-Zibetkatze; Letztere vertreibt ihre Feinde mit übel riechendem Sekret. Lebensraum finden hier außerdem die Wildrinderarten Banteng, Serau und Gaur, der Haarnasenotter sowie über 200 Reptilien- und Amphibienarten.

Trotz Nutzung und Rodung durch den Menschen sind im Gebiet von Dong Phayayen – Khao Yai noch große Flächen Primärwald erhalten (großes Bild; links). Von den vier Nationalparks ist Khao Yai (unten: Hängebrücke und Urwaldriese mit Luftwurzeln) am besten erschlossen.

WALDGEBIET DONG PHAYAYEN – KHAO YAI

Der Regenwald – hier der Wasserfall Nam Tok Haeo Suwat im Khao Yai National Park – ist Refugium für rund 800 Tierarten im Schutzgebiet. Neben Säugetierarten (waagrechte Bildleiste von links nach rechts: Muntjak, Tiger und Gaur; links unten: Bärenmakak) finden sich hier auch zahlreiche Vögel, Reptilien und Insekten (senkrechte Bildleiste von oben nach unten: Leguan, Kopfhornschröter, Doppelhornvogel und Netzphyton).

Die bizarr geformte Insellandschaft im Golf von Tonking im Norden Vietnams besteht aus rund 2000 Eilanden und Kalkfelsen. Wind, Wetter und Gezeiten haben dort ein anmutiges Gesamtkunstwerk der Natur entstehen lassen.

Jahr der Ernennung: 1994; Erweiterung: 2000

Die bis zu 100 Meter aus dem Wasser ragenden, meist dicht bewachsenen Karstfelsen erinnern an chinesische Landschaftsbilder. Die Felsen und Berge zeichnen sich durch große Formenvielfalt aus: Das Spektrum reicht von Pyramiden mit breiter Basis über hoch gewölbte »Elefantenrücken« bis zu schlanken Felsnadeln. Die Menschen haben in der Insellandschaft weniger ein Naturphänomen gesehen als ein mythisches Schauspiel: Ein aus den Bergen (oder aus dem Himmel) »herabgestiegener Drache« (Ha Long) soll das Naturwunder geschaffen haben, als er mit den Schlägen seines mächtigen Schwanzes ein feindliches Invasionsheer vernichtete – oder vielleicht hat ihn auch nur seine Wut getrieben, weil er gestört wurde? In die so ent-

standenen Furchen und Schluchten schwappte das Wasser, das der Drache verdrängte, als er ins Meer tauchte. Die geologische »Wahrheit« ist nüchterner: Nach der letzten Eiszeit hat sich die zum südwestchinesischen Kalksteinplateau gehörende Küstenlandschaft gesenkt und wurde vom Wasser überflutet. Die Erosion formte aus dem Gestein bizarre Kegel.

In der Bucht von Halong herrscht reger Schiffsverkehr (großes Bild). Fast jedes der ungezählten Eilande hat einen eigenen Namen (links). Viele Grotten und Tropfsteinhöhlen sind nur bei Ebbe zugänglich (unten rechts).

NATIONALPARK PHONG NHA – KE BANG

Das Kernstück dieses Nationalparks ist ein geologisch sehr vielfältiges tropisches Karstgebiet, das älteste seiner Art in Asien. Über eine Distanz von 65 Kilometern erstrecken sich hier Höhlen und unterirdische Flüsse.

Jahr der Ernennung: 2003

Namengebend für das zum großen Teil von tropischem Regenwald bedeckte Schutzgebiet in der Provinz Minh Hoa im nördlichen Zentralvietnam ist die Phong-Nha-Höhle, die größte und wohl schönste des Landes. Der Name bedeutet »Höhle der Zähne« und spielt auf die zahlreichen Tropfsteinformationen an. Das Volk der Cham, das im 1. Jahrtausend Zentralvietnam beherrschte, errichtete in einigen Höhlen buddhistische Heiligtümer, deren Reste noch heute zu sehen sind. Aufschlussreich sind die Höhlen aber vor allem in geomorphologischer Hinsicht, offenbaren sie doch über 400 Millionen Jahre Erdgeschichte.
Nach bisherigem Forschungsstand gibt es im Nationalpark 14 endemische Pflanzenarten. Fast 600 Tierarten ha-

ben hier ihr Refugium. Unter den 113 Säugetierarten befinden sich auch viele bedrohte Arten, vor allem Affen. Erst in den 1990er-Jahren entdeckt wurden die Vu-Quang-Antilope, auch Saola oder Vietnamesisches Waldrind genannt (Pseudoryx nghetinhensis), und der Riesenmuntjak (Megamuntiacus vuquangensis); die nur im Dschungel Süd- und Südostasiens vorkommenden Muntjaks gehören zu den Hirschen.

Die 1996 erstmals fotografierte Vu-Quang-Antilope (großes und kleines Bild unten links) wird bis zu 1,80 Meter lang und 100 Kilogramm schwer. Auf dem Son (links) gelangt man zur Phong-Nha-Höhle (unten Mitte). Auch Primaten wie dieser Kleideraffe finden hier Lebensraum (unten rechts).

Der Kinabalu-Park liegt in der malaysischen Provinz Sabah, am nördlichen Ende der Insel Borneo. Bekannt ist er vor allem für seine sehr alte Vegetation und für den höchsten Berg Südostasiens.

Jahr der Ernennung: 2000

Imposanter Mittelpunkt des Parks ist der Mount Kinabalu – mit 4095 Metern der höchste Berg zwischen Himalaja und Neuguinea. Er zeichnet sich durch eine hoch differenzierte Vegetation aus, die sich in den diversen Zonen bis zur oberen kargen Felsregion ständig verändert. Im Tiefland erstreckt sich tropischer Regenwald mit mehr als 1200 wilden Orchideenarten und vielen Rhododendronbäumen. Das Farbspektrum der Blüten reicht von Tiefrot über Blassrosa bis Weiß. In den oberen Höhenlagen folgen Bergwälder mit 40 verschiedenen Eichenarten, deren Astwerk mit Moosen und Farnen bewachsen ist, Wälder mit Koniferen sowie nahe der Gipfelregion eine alpine Wiesen- und Buschzone mit verkrüppelter Zwergvegetation.

Vom schroffen Felsmassiv des Mount Kinabalu auf Borneo, der den gleichnamigen Park überragt, bietet sich ein faszinierender Rundblick über das umgebende Berg- und Tiefland mit seinen so unterschiedlichen Habitaten.

Die Regenwälder Südostasiens – höchst komplexe Ökosysteme, die sich in Millionen von Jahren entwickelt haben – gehören zu den artenreichsten Lebensräumen der Welt (großes Bild). Allein im Kinabalu-Park findet man eine fast so vielfältige Pflanzenwelt wie in ganz Europa. Dazu gehören Orchideen (links; senkrechte Bildleiste 1. und 4. Bild von oben), Pilze, Ingwer- und Kannenpflanzen (2., 3. und 5. Bild von oben).

GUNUNG-MULU-NATIONALPARK

Im spektakulären Bergmassiv des Gunung-Mulu-Nationalparks in der malaysischen Provinz Sarawak auf Borneo befindet sich der größte Höhlenkomplex der Erde.

Jahr der Ernennung: 2000

Vor rund 30 Millionen Jahren begann die Entstehung dieser zerklüfteten Landschaft: Damals bildete – zu Sand und Sediment zermahlenes – Eruptivgestein den noch vom Meer überfluteten Boden. Korallen und andere Meerestiere bauten über Millionen von Jahren Kalkstein auf. Durch Auffaltung und Senkung des Meeresspiegels entstand vor etwa fünf Millionen Jahren das Bergmassiv, das extrem reinen Kalkstein wie etwa am Gunung Api (1750 Meter) direkt neben Sandstein aufweist. Letzteren findet man auf dem höchsten Gipfel, dem Gunung Mulu (2377 Meter), nach dem der Park benannt ist. In Jahrmillionen wuschen Flüsse das riesige Höhlensystem aus, das von zahlreichen Fledermäusen und Insektenarten bewohnt ist.

Teil einer beeindruckenden tropischen Karstlandschaft ist der Gunung-Mulu-Nationalpark mit seinen scharfkantigen Kalksteinformationen (Bildleiste links) und dem riesigen Höhlenkomplex (unten von links die Wind, Lang's und Clearwater Cave). Im Park fließt der Melinau durch die gleichnamige Schlucht (Bildleiste ganz links).

PUERTO PRINCESA SUBTERRANEAN RIVER NATIONAL PARK

Die Hauptattraktion dieses Nationalparks mit seiner tropischen Karstlandschaft ist der längste schiffbare unterirdische Fluss der Erde.

Jahr der Ernennung: 1999

Der Nationalpark befindet sich rund 80 Kilometer nordwestlich von Puerto Princesa, der Hauptstadt der Insel Palawan. Mit am eindrucksvollsten sind die Kalksteinformationen der St. Paul Mountain Range. Der 1027 Meter hohe Mount St. Paul ist der höchste Gipfel in einem von Norden nach Süden verlaufenden Kamm abgerundeter Kalksteinberge.

Die Flora und Fauna auf Palawan unterscheidet sich deutlich von den übrigen Inseln der Philippinen. Sie ist am ehesten mit der Naturlandschaft Borneos vergleichbar. Die verschiedenen Böden brachten drei Waldtypen hervor. Die Hartholzwälder des Tieflands gelten als die reichste Baumflora in ganz Asien. Die Karstböden sind weniger dicht bewaldet, und die Küstenwälder gehen in Seegrasflächen, in der Ulugan Bay in ausgedehnte Mangrovensümpfe über. In den vorgelagerten Korallenriffs sind Seeschildkröten und in den Höhlen zahlreiche Fledermäuse heimisch. Zur endogenen Tierwelt zählen diverse Stinktier-, Stachelschwein- und Spitzmausarten. Von der in dieser Region besonders vielfältigen Vogelwelt seien hier nur

Eisvögel, Eulen und Seeadler genannt. Die landschaftliche Hauptattraktion ist ein unterirdischer Fluss, der sich über eine Länge von rund acht Kilometern erstreckt – mehr als vier Kilometer davon sind schiffbar – und dabei einen Höhlenkomplex von gigantischen Ausmaßen geschaffen hat. Die bis zu 60 Meter hohen »Kathedralen« – aber auch kleinere Tropfsteinhöhlen – sind voller riesiger, bizarr gestalteter Stalaktiten und Stalagmiten. Die Höhle endet in einer großen Grotte mit einfallendem Tageslicht.

Die verkarstete Kalksteinlandschaft des Nationalparks (unten) wird durch einen unterirdischen Fluss unterquert, der etwa zwei Kilometer südwestlich des Mount St. Paul entspringt und dann – nachdem er fast den ganzen Weg unterirdisch zurückgelegt hat – bei der St. Paul's Bay wieder zutage tritt. In vielen Höhlen finden Zwergfledermäuse (Pipistrellus pipistrellus) eine ideale Herberge (links).

TUBBATAHA REEF MARINE PARK

Der Meeres-Nationalpark mitten in der Sulusee besteht aus zwei ringförmigen Atollen, die für ihre ausgedehnten Korallenriffe und eine faszinierende Unterwasserwelt berühmt sind.

Jahr der Ernennung: 1993

Rund 180 Kilometer vor der Südküste der Insel Palawan bilden zwei kleine Atolle den Mittelpunkt dieses Meeresparks. Die schwer zu erreichenden Atolle ragen lediglich rund einen Meter aus dem Wasser und bieten einer großen Vielfalt von Lebewesen fast ungestörten Lebensraum. So leben hier etwa die selten gewordenen Karett- und die Suppenschildkröten, aber auch diverse Schwalben- und Tölpelarten sowie zahlreiche Korallen, die mit mehr als 40 Arten – darunter Baum- und Lochkorallen – vertreten sind.

Das größere Nordriff, auch »Vogelinsel« genannt, bildet ein etwa 16 Kilometer langes und rund 4,5 Kilometer breites Oval, das eine Lagune aus Korallensand umschließt und auf

diese Weise einen ideal geschützten Nistplatz für Vögel bildet.
Das südliche Atoll ist kleiner und durch einen rund acht Kilometer breiten Meeresarm vom Nordriff getrennt. Es hat mit etwa 380 Fischarten aus mindestens 40 Familien die vielfältigere Unterwasserwelt. Dazu gehören neben Riffhaien auch Adlerrochen und Mantas.

Zur Unterwasserwelt des Meeresparks gehören Geistermuränen (unten links), Riesenhusare (großes Bild), Echte Clownfische (kleines Bild unten links) und Schwämme (kleines Bild unten rechts). Vom Spaceshuttle Endeavour fällt der Blick auf ein über dem Areal der Welterbestätte abziehendes Gewitter (links).

TROPISCHE REGENWÄLDER VON SUMATRA

Drei zu einem Weltnaturerbe zusammengefasste Nationalparks beherbergen einen der letzten größeren zusammenhängenden Regenwaldabschnitte der Erde.

Jahr der Ernennung: 2004

Dieses Weltnaturerbe umfasst die Nationalparks Gunung Leuser im Norden, Kerinci Seblat im Zentrum und Bukit Barisan Selatan weiter im Süden von Sumatra. In dem Areal gedeihen schätzungsweise 10 000 Pflanzenarten, darunter 17 endemische Gattungen. Unter den Blütenpflanzen findet man hier mehr als 50 Prozent der auf Sumatra vorkommenden Arten. Berühmt sind die Populationen der größten Blume der Welt (Rafflesia arnoldii) und der Blume mit dem höchsten Blütenstand der Welt, des Titanenwurzes (Amorphophallus titanum). Die ebenfalls enorm vielfältige Tierwelt wurde bisher nur zum Teil wissenschaftlich erfasst. Entdeckt wurden bislang allein 580 Vogelarten; darunter 21 Endemiten. Die spektakulärsten

dort heimischen Tierarten sind Orang-Utan, Tiger, Nashorn, Elefant, Serau, Tapir und Nebelparder.
Dieser hohen Biodiversität entspricht eine Fülle von geologischen Formationen und Lebensräumen. Neben tropischem Regenwald gehören dazu hohe Berge von betörender Schönheit, Bergwälder, Bergseen, Vulkane, Fumarolen, Wasserfälle, Höhlen und Feuchtgebiete.

Der Regenwald des Gunung-Leuser-Nationalparks (rechts, unten Mitte) ist ein Refugium für bedrohte Tierarten, darunter den Orang-Utan (unten links und rechts). Bei diesen »Waldmenschen« (so die wörtliche Übersetzung von »Orang-Utan«) sorgt das Weibchen für die Aufzucht der Jungtiere. Ein »Orang Utan Rehabilitation Center« kümmert sich um die Auswilderung gefangen gehaltener Tiere.

TROPISCHE REGENWÄLDER VON SUMATRA

Charakteristisch für die tropischen Regenwälder auf Sumatra (unten: Kerinci-Seblat-Nationalpark) ist ihr Aufbau in mehreren »Etagen«. Die Kronen der bis zu 70 Meter hohen Baumgiganten ragen wie Inseln aus dem Blättermeer. In der darunterliegenden Etage wachsen 15 bis 50 Meter hohe Bäume: Hier leben rund zwei Drittel aller Tier- und Pflanzenarten; bis zum Boden dringt kaum Licht durch.

Der 3805 Meter hohe Gunung Kerinci (links) im gleichnamigen Nationalpark – ein aktiver Schichtvulkan – ist die höchste Erhebung Sumatras. Typisch für solche – wegen ihres Aufbaus aus abwechselnden Schichten von Lava und Lockermassen so bezeichneten – Vulkane ist ihre steile, spitzkeglige Form.

DIE SÜDOSTASIATISCHE PFLANZENWELT

Bedrohte Giganten

Wegen der unterschiedlichen Lebensräume und der klimatischen Bedingungen konnte sich auf dem indischen Subkontinent und in Südostasien eine unglaublich vielfältige Vegetation entwickeln. Dieser Artenreichtum setzte vor 15 Millionen Jahren ein, als das heutige Indien an die Südküste Asiens stieß und sich Afrika Europa annäherte, sodass eine afrikanisch-eurasisch-indische Landbrücke mit Korridoren im Nordwesten und Nordosten entstand, auf denen Säugetiere wie Elefant, Löwe, Gazelle oder Schakal aus Afrika bis auf den indischen Subkontinent gelangten. Beispiellos ist auch der ungeheure, teils endemische Pflanzenreichtum in diesem Teil der Welt, wo das überwiegend feuchtwarme Klima zu einer Fülle an Formen, Farben und Größen geführt hat. Neben Hartholzbäumen wie Teak, Palmen und Bambus gedeihen hier Farne, Orchideen oder auch seltene fleischfressende Pflanzen wie die Kannenpflanze.

Die unangenehm nach Aas riechende Rafflesia arnoldii gilt als die größte Blume der Welt.

Noch ist Südostasien also hinsichtlich seiner Pflanzenwelt eine Region der Superlative, in der man sowohl die größte als auch die höchste Blume der Welt findet. Trotzdem besteht die Gefahr, dass viele endemische Pflanzen wie etwa die Schirmblattpalme (Johannesteijsmannia lanceolata) in absehbarer Zeit aussterben. Denn wegen der zunehmenden Landnahme wurden in der Vergangenheit riesige Waldgebiete abgeholzt – eine Entwicklung, der man mit besonderen Schutzzonen wie der Welterbestätte »Tropische Regenwälder von Sumatra« entgegenzuwirken versucht.

Mit ihren fünf roten Blütenblättern erreicht die nur alle drei bis vier Jahre blühende Riesenrafflesie (Rafflesia arnoldii) einen Durchmesser von bis zu einem Meter. Bei Berührung stirbt sie rasch ab. Der in unregelmäßigen Abständen blühende Titanenwurz (Amorphophallus titanum; Bildleiste links) ist die Pflanze mit dem höchsten (drei Meter) Blütenstand der Welt.

UJUNG-KULON-NATIONALPARK

Ujung Kulon war der erste Nationalpark Indonesiens. Seine Bedeutung gründet vor allem auf dem letzten Bestand an Tieflandregenwald und auf einer kleinen Population des sehr seltenen Java-Nashorns.

Jahr der Ernennung: 1991

Java ist die kleinste, aber bedeutendste der Großen Sundainseln im Malaiischen Archipel. Der Nationalpark umfasst im Südwesten Javas die Halbinsel Ujung Kulon sowie die Inseln Krakatau, Panaitan und Peucang in der Sundastraße. Geschützt werden somit die Tieflandregenwälder Javas, die Korallenriffe der Küstenzone und Flora und Fauna der Vulkaninsel Anak Krakatau.

Das am meisten gefährdete Tier im Regenwald ist das Javanische Nashorn. Wilderer haben den Bestand auf 25 Exemplare dezimiert; mittlerweile soll sich die Population wieder auf 60 Tiere erhöht haben. Häufiger kommt das scheue Javanische Wildrind vor. Daneben gibt es in diesem Nationalpark Hirsche, Affen, Leoparden, Leistenkrokodile und Nashornvögel.

Drei der weltweit fünf Nashornarten sind in Asien heimisch: neben dem Java-Nashorn (unten links) das Sumatra- und das Panzernashorn. Die bis zu 30 Meter hohen Banyanfeigen wachsen auf beliebigen Wirtsbäumen, senden Luftwurzeln aus und erdrücken dann den Wirt (unten rechts). 1883 wurde Krakatau bei einem Vulkanausbruch zerstört. Inzwischen ist hier die Insel Anak Krakatau entstanden (rechts).

KOMODO-NATIONALPARK

Der Nationalpark ist das Schutzgebiet des Komodowarans, der nur noch hier vorkommt und im Regenwald und der Savanne ideale Voraussetzungen für die Jagd auf Wildschweine oder Hirsche findet.

Jahr der Ernennung: 1991

Der Nationalpark reicht über die – zu den Kleinen Sundainseln gehörende – rund 35 Kilometer lange und 25 Kilometer breite Insel Komodo weit hinaus und schließt im Wesentlichen die kleineren Nachbarinseln Padar, Rinca und Gili Motang sowie die Westküste von Flores mit ein. Die üppige Flora wird bestimmt von tropischem Monsunregenwald, von Grasland und Savanne. An manchen Orten gibt es auch Mangrovenwälder.

Hauptattraktion ist der Komodowaran (Varanus komodoensis) – die größte Echsenart der Welt. Als tagaktiver Bodenbewohner lebt er vor allem von Säugetieren wie Wildschweinen oder Hirschen, größeren Vögeln, Giftschlangen und Schildkröten. Die Parkverwaltung schätzt den Bestand die-

ser rund drei Meter langen »Drachen« im Schutzgebiet auf etwa 6000 Exemplare; auf der Insel selbst sollen noch ungefähr 3000 oder deutlich weniger Tiere leben. In Begleitung von Wildhütern kann man sie besichtigen. Fütterungen haben manche der Großechsen bereits zu trägen Müßiggängern gemacht. Ihre Gefährlichkeit sollte man allerdings nicht unterschätzen.

Mit seiner langen, tief gespaltenen Zunge kann der Komodowaran (unten) feinste Duftstoffe auf- und über ein im Gaumen sitzendes Geruchsorgan wahrnehmen. Aas wittert er über eine Entfernung von bis zu fünf Kilometern hinweg. Die Jungtiere müssen sich auf Bäume zurückziehen, um nicht von Artgenossen gefressen zu werden. Unter Schutz stehen auch die Gewässer rings um Komodo (rechts).

Das Naturschutzgebiet umfasst inzwischen auch die den Küsten vorgelagerten Korallenriffe. Zur faszinierend artenreichen Welt dort gehören Neonsternschnecken (Nembrotha kubaryana, großes Bild) ebenso wie (oben von links) Imperator-Kaiserfische (Pomacanthus imperator), Krötenfische (Antennarius commersonii) und Rotfeuerfische (Pterois volitans).

Das größte Schutzgebiet Südostasiens in Irian Jaya, dem indonesischen Teil von Neuguinea, vereint unterschiedlichste Landschaftsformen mit einer artenreichen Fauna und Flora.

Jahr der Ernennung: 1999

Das Areal dieses einzigartigen Nationalparks hat eine komplexe geologische Struktur und dadurch eine Artenvielfalt, die ihresgleichen sucht. Grob lässt sich das Gebiet in das sumpfige Tiefland und die Hochgebirgsregion unterteilen. Die zentrale Bergregion entstand durch die Aktivitäten zweier zusammenstoßender Kontinentalplatten. Die Gebirgsbildung ist bis heute noch nicht abgeschlossen. Die vergletscherten Gipfel des Gebirgszugs ragen bis knapp 5000 Meter hoch auf. Das Tiefland ist eine schlammige Ebene mit weitgehend unberührten Wäldern, durch die sich zahllose Wasserläufe schlängeln.

Die Vegetation des Tieflandes besteht aus einfachen Kräuterkulturen am Strand und schon recht komplexen

Kaum anderswo in Indonesien gibt es eine solche Artenvielfalt mit einem so reichen Vorkommen endemischer Tierarten. Die Papua-Weichschildkröte (großes Bild) lebt in Flüssen und ernährt sich von kleinen Fischen und Krebstieren. Nach einem deutschen Biologen ist das Matschie-Baumkänguru benannt (links).

Ökosystemen des immergrünen Mischwaldes landeinwärts. Noch weiter im Landesinneren befindet sich in Höhen von 600 bis 1500 Metern die artenreichste Flora Neuguineas. Hier wachsen allein ungefähr 1200 Baumarten. Bis in 4100 Meter Höhe stehen noch geschlossene Wälder, aber mit deutlich weniger Pflanzenarten. Oberhalb der Baumgrenze können nur noch niedrige Büsche, Moose, Gräser und Flechten gedeihen.
Von den Vogelarten sind viele endemisch, darunter auch diverse farbenprächtige Paradiesvögel, die durch Überjagung erheblich dezimiert wurden. Einige Arten von Beuteltieren, Baumkängurus und eierlegenden Säugern wie der Ameisenigel sind außerhalb des australischen Festlandes nur hier zu finden. Weitgehend unerforscht sind etwa 150 Amphibien- und Reptilienarten, darunter bedrohte Flussschildkröten, seltene Eidechsen, Pythons und zwei Krokodilarten. In den Gewässern tummeln sich wohl über 100 Arten von Süßwasserfischen. Insgesamt umfasst das Gebiet dieses riesigen Nationalparks eine Fläche von rund 25 000 Quadratkilometern.

Als »Arche Noah der südlichen Hemisphäre« wird die auf halbem Weg zwischen Tasmanien und der Antarktis liegende Macquarie-Insel bezeichnet. Hier fühlen sich auch die Südlichen See-Elefanten wohl.

»China Walls« nennt man die Abbruchkanten im australischen Mungo-Nationalpark, der Teil der Welterbestätte Willandra Lakes ist. Erosion schuf diese Felsformationen, an deren Rückseite sich Sanddünen ablagern.

AUSTRALIEN

Der Kakadu National Park bietet nicht nur abwechslungsreiche Landschaften, sondern auch eindrucksvolle Aborigines-Felsmalereien.

Jahr der Ernennung: 1981
Erweiterungen: 1987, 1992

Der etwa 250 Kilometer östlich von Darwin gelegene Nationalpark, dessen heute rund 20000 Quadratkilometer großes Areal mehrfach erweitert wurde, umfasst fünf unterschiedliche Landschaftszonen. Im Gezeitenbereich der Flüsse haben sich Mangroven mit ihren Stelzwurzeln im Schlamm verankert und schützen das Hinterland vor der zerstörerischen Wirkung des Wellenschlags. Die küstennahen Gebiete verwandeln sich in der Regenzeit in einen bunten Teppich aus Lotosblumen, Seerosen und Schwimmfarnen. Seltene Wasservögel wie Brolgakraniche, Jesusvögel, Weißwangenreiher, Indische Großstörche und Schlangenhalsvögel sind hier ebenso heimisch wie das bis zu sechs Meter lange Leistenkrokodil. Das sich anschließende Hügelland mit seiner abwechslungsreichen Vegetation aus offenen tropischen Wäldern, Savannen und Grasebenen erstreckt sich über den größten Teil des Parks und ist Rückzugsgebiet für bedrohte Tierarten wie Dingos und Wallabys. Im Arnhem Escarpment, einer 500 Kilometer langen Steilklippe, die den Park von Südwesten nach Nordosten durchzieht, sowie auf den Sandsteinplateaus

von Arnhem Land leben einige seltenere Känguruarten.
International bekannt wurde der Nationalpark Mitte des 20. Jahrhunderts, als man bei Grabungen mindestens 30 000 Jahre alte Steinwerkzeuge fand. Zahlreiche Felsmalereien geben Aufschluss über Jagdgewohnheiten, Mythen und Brauchtum hier lebender Aborigines-Stämme.

Durch den Kakadu National Park schlängelt sich der South Alligator River mit seinem fein geäderten Netz von Zuflüssen (links). Das Leisten- oder Salzwasserkrokodil ist mit bis zu sechs Meter Länge das größte lebende Reptil und eine der aggressivsten Panzerechsen (großes Bild). Während der Regenzeit dringen die in Mangrovensümpfen beheimateten Tiere weit ins Landesinnere vor.

PURNULULU NATIONAL PARK

Der Purnululu National Park bei Halls Creek im nördlichen Teil des Bundestaates Western Australia zeichnet sich durch außergewöhnliche Kegelbergformationen aus. Sie entstanden durch die Verwitterung von Sandstein. »Purnululu« bedeutet in der Sprache der hier lebenden Kija-Aborigines denn auch nichts anderes als Sandstein.

Jahr der Ernennung: 2003

Mittelpunkt des Purnululu National Park ist die Bungle Bungle Range, die sich aus Sandsteinen aus dem Devon (Alter: rund 370 Millionen Jahre) zusammensetzt. In den vergangenen 20 Millionen Jahren entstanden durch die abtragende Wirkung des Wassers bienenkorbartige Felsformationen, die waagrecht gebändert sind. Die dunkleren Streifen sind charakteristisch für weichere Gesteine, die Wasser hindurchtreten lassen. Dadurch wachsen an der Oberfläche blaugrüne, für die dunkle Färbung verantwortliche Algen. Härtere dazwischenliegende Schichten weisen eine orangefarbene Tönung auf, die durch Eisen und Mangan zustande kommt. Die Farbtöne ändern sich im Lauf der Jahreszeiten. Zwischen den kegelförmigen Felsen liegen

Schluchten mit Wasserläufen und Pools, die von großen Schirmpalmen (Livistona australis) gesäumt werden. Das Purnululu-Gebiet wird seit Jahrtausenden von Aborigines bewohnt, die hier zahlreiche Felsbilder und Begräbnisstätten hinterlassen haben. Die auffälligsten Tiere des Parks sind rund 130 Vogelarten, darunter bunte Bienenfresser und Wellensittiche.

Die eigenwillige Felslandschaft im Purnululu National Park besteht aus Hunderten von Kegeln, Kuppeln und Pyramiden aus Sandstein, die bienenkorbartig bis zu 300 Meter hoch aus dem sie umgebenden Grasland aufragen. Erst 1982 wurde sie von einem Filmteam »entdeckt« und so populär, dass zu ihrem Schutz ein Nationalpark eingerichtet wurde.

SHARK BAY

Artenreiche Seegraswiesen und Stromatolithenkolonien sowie die größte Population von Gabelschwanzseekühen der Welt sind die herausragenden Kennzeichen dieses Schutzgebiets.

Jahr der Ernennung: 1991

Der Naturpark Shark Bay, ein Küstenabschnitt mit Steilklippen, Lagunen und Sanddünen etwa 800 Kilometer nördlich von Perth, ist die Heimat vieler bedrohter Meeres- und Landtiere. Besonders eindrucksvoll sind die bis zu knapp 5000 Quadratkilometer großen Seegraswiesen, die zu den artenreichsten der Welt gehören. Vor allem für kleine Fische, Krabben und Krebse dienen diese Wiesen als Refugium. Darüber hinaus fördern sie das Wachstum von Stromatolithen (Algenkalke): Diese seit über 3,5 Milliarden Jahren existierenden Kleinstorganismen bilden in dem stark salzhaltigen und seichten Lagunenwasser blumenkohlartige Kalkknollen, die an manchen Stellen bei Ebbe über den Wasserspiegel hinausragen.

Im Sommer lassen sich in der Shark Bay Buckelwale bei der Paarung, Meeresschildkröten bei der Eiablage und Gabelschwanzseekühe (Dugongs) bei der Aufzucht ihrer Jungen beobachten. Diese Meeressäuger, die bereits als ausgestorben galten, sind hier noch mit rund 10 000 Tieren vertreten. Die Inseln und Steilklippen sind das Revier einiger seltener Seevögel. Australtölpel, Fisch- und Seeadler sowie Elsterscharben fischen in den nahrungsreichen Gewässern. Die vorgelagerten Inseln und das Gebiet rund um Cape Peron sind der Lebensraum der Shark-Bay-Maus, die einst weite Teile Australiens bewohnte. Populärste Botschafter des Naturparks sind die Delfine in der Bucht von Monkey Mia, die dort von Rangern gefüttert werden.

Aus der Luft betrachtet wirken die artenreichen Seegraswiesen (unten links im seichten Gewässer des Denham Sound) wie dunkle Klumpen. Ebenfalls zur Shark Bay gehört der François-Peron-Nationalpark (unten Mitte). Im Schutzgebiet sind die charakteristischen Stromatolithenkolonien (unten rechts) und Fische wie der teils mit Algen bewachsene giftige Steinfisch (links) anzutreffen.

NATIONALPARK ULURU – KATA TJUTA

Die spektakulären geologischen Formationen des Uluru und der Kata Tjuta ragen als Inselberge mitten im Zentrum des Fünften Kontinents auf. Je nach Tageszeit schimmern sie in unterschiedlichen Rottönen.

Jahr der Ernennung: 1987; Erweiterung: 1994

Inmitten einer ausgedehnten kargen Trockensavanne liegt »das rote Herz Australiens«, der Nationalpark Uluru – Kata Tjuta. Mit dem felsigen Inselberg Uluru (»schattiger Platz«, früher Ayers Rock genannt) und den 36 Felskuppen der Kata Tjuta (»viele Köpfe«, einst als The Olgas bekannt) weist er die bekanntesten Naturwunder Australiens auf. Ihre Entwicklungsgeschichte, die vor 570 Millionen Jahren begann, ist eng mit der Entstehung des australischen Festlands verbunden. Das äußerst widerstandsfähige Gestein der Felsen verwitterte im Gegensatz zu den sie umgebenden Gesteinsmassen nur langsam, und so ragen sie heute als gewaltige versteinerte Zeugen des Erdaltertums aus der Ebene empor.

Der Uluru ist ein mythischer Ort der Aborigines, mit Felsbildern und heiligen Stätten. Er gilt als ein Treffpunkt der Vorfahren, als diese auf ihren Wanderungen in der Traumzeit das Land und alles Lebendige schufen. Auch bei den Kata Tjuta gibt es Felsbilder. Trotz der trockenen, unwirtlichen Umgebung leben die Anangu-Aborigines hier seit Tausenden Jahren.

Während der Uluru (links, unten) ein einzelner Inselberg mit einem Umfang von etwa zehn Kilometern ist, bestehen die Kata Tjuta aus 36 kleineren rundlichen Felskuppen (ganz unten). Die Auszeichnung als Welterbe bezieht sich explizit auch auf die mythologische Bedeutung der Felsformationen für die Aborigines.

Taub, blind und nackt geboren

Die Entwicklungsgeschichte der australischen Beuteltiere reicht bis zu 150 Millionen Jahre zurück, als Australien durch das Auseinanderbrechen des Urkontinents Gondwana isoliert wurde. Deshalb konnten sich hier die Beuteltiere anders als in Asien und Südamerika ohne Konkurrenz zu den plazentalen Säugetieren ungestört entwickeln. Am bekanntesten sind wohl der Koala und das Riesenkänguru. Daneben entstanden insgesamt rund 250 weitere Arten, die die unterschiedlichsten ökologischen Nischen besetzten und fast alle denkbaren Lebensformen entwickelten: Es gibt Fleisch- und Pflanzenfresser, Baum- und Bodenbewohner, Gräber, Gleitflieger, gepanzerte und weichhäutige Formen.

Allen gemeinsam ist das Fortpflanzungsmuster: Im Gegensatz zu den plazentalen Säugetieren, deren Embryonen stets von einer Plazenta ernährt werden

Das Rote Riesenkänguru ist mit einer Scheitelhöhe von fast zwei Metern das größte existierende Beuteltier.

und fertig entwickelt zur Welt kommen, werden Beuteltiere fast immer als völlig hilflose Embryonen geboren, die so lange im Beutel der Mutter heranwachsen, bis sie außerhalb dieses Schutzraumes überleben können. Die Größenunterschiede sind erheblich – von wenigen Zentimetern Körperlänge bei den Beutelmäusen bis zu 1,70 Meter beim Grauen und Roten Riesenkänguru. Zu dieser vielfältigen Unterklasse gehören auch kletternde Baumkängurus, Wallabys, Hasen- und Rattenkängurus sowie die Filander.

Dank ihrer ungewöhnlich starken Hinterbeine können Riesenkängurus (unten; Bildleiste rechts: Jungtier im Beutel) bis zu knapp zehn Meter lange und drei Meter hohe Sprünge machen. Baumkängurus (Bildleiste ganz links) sind deutlich kleiner. Auch Wallabys (Bildleiste Mitte) gehören zu den kleineren Känguruarten.

WET TROPICS VON QUEENSLAND

Der rund 450 Kilometer lange Küstenstreifen zwischen Townsville und Cooktown im australischen Bundesstaat Queensland ist eines der ausgedehntesten und artenreichsten Regenwaldgebiete des Landes. Das Welterbeareal mit einer Fläche von knapp 9000 Quadratkilometern umfasst rund 20 Nationalparks sowie weitere Schutzgebiete.

Jahr der Ernennung: 1988

Tropischer Regenwald bedeckte einst fast lückenlos den gesamten australischen Kontinent. Heute sind es nur noch Teile der Gebirgsrücken der Great Dividing Range, der Senken des Great Escarpment und der Küstenregion von Queensland, wo im Gegensatz zu anderen Regionen Australiens das tropische Klima über Jahrmillionen stabil geblieben ist. So konnte sich ungestört eine artenreiche Tier- und Pflanzenwelt entwickeln. Die über 800 verschiedenen Baumarten bilden einen in mehreren »Stockwerken« aufgebauten Wald. Unter dem fast lichtundurchlässigen Kronendach der bis zu 50 Meter hohen Baumriesen wachsen über 350 verschiedene höhere Pflanzen, vor allem Farne, Orchideen, Moose und Flechten.

Auch die Tierwelt ist äußerst vielfältig. Der Wet Tropics National Park weist die reichste Fauna des ganzen Kontinents auf: Etwa ein Drittel aller australischen Beuteltier- und Reptilienarten sowie zwei Drittel aller Fledermaus- und Schmetterlingsarten sind in dem vergleichsweise kleinen Gebiet heimisch, das ja nur einen geringen Bruchteil der gesamten Kontinentalfläche einnimmt. Typische Vertreter sind der Kurzkopfgleitbeutler, das Leistenkrokodil sowie der Ulyssesfalter und der Schwarzschopf-Wippflöter. Zu den seltenen Tierarten gehören die Grüne Baumpython, die Boyds-Winkelkopfagame, das Lumholtz-Baumkänguru, das Moschusrattenkänguru, der Zahnkatzenvogel sowie der Helmkasuar.

Im Regenwald des Wet Tropics National Park beeindrucken bis zu 20 Meter hohe Baumfarne (großes Bild oben) sowie Kletterpalmen, eine Rattanart (unten rechts). Das von mehreren Flüssen durchzogene Gebiet ist ein Biotop verschiedenster Arten (links). Das geschützte Areal umfasst auch die Milla Milla Falls im zum Nationalpark gehörenden Atherton Tableland (großes Bild ganz unten).

GONDWANA-REGENWÄLDER AUSTRALIENS

Die bislang als »Regenwälder der Ostküste« geführte, 2007 in »Gondwana-Regenwälder Australiens« umbenannte Welterbestätte umfasst im Wesentlichen 15 Nationalparks und diverse weitere Schutzzonen in Queensland und New South Wales.

Jahr der Ernennung: 1986; Erweiterung: 1994

Die hier zusammengefassten UNESCO-Schutzzonen befinden sich im Übergangsbereich vom feucht-tropischen zum warm-gemäßigten Klimagürtel, sodass sich auf relativ kleinem Raum eine abwechslungsreiche Vegetation entfalten kann. Im Süden wächst warm-gemäßigter Wald mit Südbuchen. Auf den Hochplateaus erstrecken sich Hochmoore mit Surenbäumen und Eukalyptusarten. Weiter nördlicher und auf den Vulkanplateaus dominiert subtropischer Regenwald mit Würgefeigenbäumen, Orchideen und Farnen. In Höhenlagen bis zu 1500 Meter ist subalpiner Wald mit Eukalyptusbäumen anzutreffen.
Als Welterbe wurden 1986 die Nationalparks Border Ranges, Mount Warning, Night Cap, Washpool, Gibraltar

Range, New England, Dorrigo, Werrikimbe und Barrington Tops benannt. 1994 kamen die Nationalparks Springbrook, Lamington, Mount Chinghee, Mount Barney (teilweise), Main Range und Mount Mistake (teilweise) hinzu. Berühmt sind die Barrington Tops und die Border Ranges wegen ihres enormen Vogelreichtums. Seidenlaubenvögel und Blauwangenloris, Königssittiche und Kookaburras kann man hier relativ häufig, die seltenen Schwarzleierschwänze nur mehr gelegentlich beobachten. Der neue Name der Welterbestätte verweist auf den einstigen Großkontinent der Südhalbkugel, Gondwana, der gegen Ende des erdgeschichtlichen Mittelalters (Mesozoikum) vollständig in die heute bekannten Kontinente zerfiel.

Gemäßigter Regenwald in den Talsohlen kennzeichnet den Barrington Tops National Park (unten links, großes Bild oben). In der Dandahra-Schlucht des Gibraltar Range National Park ergießt sich ein Wasserfall über eine Felsstufe (ganz unten). Zu den Regenwaldbewohnern zählen auch farbenprächtige Papageienvögel wie diese Blauwangen- oder Regenbogenloris (Trichoglossus haemotodus).

GREATER BLUE MOUNTAINS

Vor den Toren Sydneys erstreckt sich eine bis heute nur zum Teil erschlossene Urlandschaft. Die Blue Mountains haben sich vor ungefähr einer Million Jahren im Pliozän aufgewölbt und gehören zum Massiv der Great Dividing Range.

Jahr der Ernennung: 2000

Die überaus reizvolle Landschaft der Blue Mountains ist ein lebendiges Labor aus zerklüfteten Sandsteinformationen, Höhlen und komplexen Ökosystemen. Trotz ihrer geringen Höhe zwischen 600 und 1000 Metern sind die Berge schroff, mit vielen Tälern und Cañons, von denen manche noch nie ein Mensch betreten hat. Einzigartig ist der Reichtum an Eukalyptusarten, seltenen oder bedrohten Pflanzen. In den dichten Wäldern gedeihen rund 150 endemische Pflanzenarten, darunter die erst 1994 entdeckte Wollemikiefer. Diese gilt als lebendes Fossil, dessen Wurzeln mindestens 90 Millionen Jahre zurückreichen. Höhlenmalereien und Felszeichnungen legen Zeugnis ab von einer frühen Besiedlung der Region durch Aborigines.

Die Blue Mountains sind ein weltweit einzigartiges Beispiel für die dynamische Interaktion zwischen extremen klimatischen Bedingungen, angepassten Eukalyptusarten, nährstoffarmen Böden und Feuer. Ihr Name ist auf ein optisches Phänomen zurückzuführen: Im Dunst der von den Bäumen ausströmenden ätherischen Öle erscheinen die Eukalyptuswälder bläulich.

Die Greater Blue Mountains faszinieren mit imposanten Schluchten und Wasserfällen (großes Bild: Wentworth Falls; kleines Bild unten: Katoomba Falls). Die rund 300 Meter hoch über dem Jamieson Valley aufragenden »Three Sisters« sind die bekannteste Felsformation in den Greater Blue Mountains (links).

Das australische Symboltier

Koalas (Phascolarctos cinereus) werden knapp über 80 Zentimeter groß, haben ein silbergraues, wolliges Fell und eine Greifhand mit nadelspitzen Krallen. Sie wirken zwar putzig wie Teddybären, sind auch friedfertig und werden oft sehr zutraulich – übertriebene Zärtlichkeitsbekundungen sollte man jedoch mit Blick auf die scharfen Krallen der Koalas unterlassen.

Koalas sind Pflanzenfresser und ernähren sich ausschließlich von ganz bestimmten Eukalyptusarten. Deshalb lassen sich die Tiere auch außerhalb Australiens kaum halten. Ein erwachsener Koala benötigt pro Tag zwischen 600 und 1250 Gramm Blätter. Diese sind zwar sehr wasserreich (bis zu 67 Prozent), weshalb Koalas vermutlich niemals trinken, aber bekömmlich ist diese Blattkost nicht. Zunächst sind die Blätter sehr schwer zu verdauen. Dazu hat der Koala mit 2,5 Metern den längsten Blinddarm

Der Koala ist ein Beuteltier, das sich ausschließlich von den Blättern bestimmter Eukalyptusarten ernährt.

unter allen Säugern. Symbiotische Kleinstlebewesen im Blinddarm schließen dort die Zellulose auf. Und dann enthalten vor allem junge Blätter Blausäureverbindungen, die ausgesprochen giftig wirken. Koalas fressen deshalb gerne bestimmte Erden, um diese Gifte unschädlich zu machen.

Früher waren die weichen, dauerhaften Felle der Koalas sehr begehrt, sodass ihre Population durch Jagd stark dezimiert worden ist. Mittlerweile hat man die Tiere aber unter strengsten Schutz gestellt, und es gibt wieder rund 80 000 frei lebende Koalas.

Den größten Teil seines Lebens verbringt der Koala auf Bäumen. Seine mit scharfen Krallen versehene Greifhand mit zwei Daumen und drei Fingern eignet sich gut zum Klettern. Trotz des dichten Fells verträgt er auch stärkste Sonnenbestrahlung, da er eine Drüse besitzt, deren Sekret sich wie eine Schutzschicht auf dem ganzen Körper verteilt.

Die größte Sandinsel der Welt, die zum Teil noch mit ursprünglichem Tieflandregenwald bedeckt ist, bietet Lebensraum für seltene Vögel und Frösche.

Jahr der Ernennung: 1992

Die Oberfläche dieser rund 120 Kilometer langen Insel am Südende des Great Barrier Reef ist seit mehr als 140 000 Jahren in Bewegung. Die bis zu 250 Meter hohen Sicheldünen – angetrieben durch die beständig wehenden Südostpassate – wandern jedes Jahr eine Strecke von bis zu drei Metern nach Nordwesten. Schon bald nach der Entdeckung der Insel 1836 begannen die Einwanderer die artenreichen tropischen Regenwälder zu plündern. Neben dem Queenslandkauri, der Araukarie, dem Tallow- und dem Blackbutt-Eukalyptus wurde besonders häufig der bis zu 70 Meter hohe Satinay geschlagen. Heute werden nur noch kleine Gebiete im Inneren der Insel von Regenwald bedeckt. Die übrige Landschaft ist abwechslungsreich und bietet über 240 Vogelarten ein Refugium. In den Mangroven an der Küste lebt der Mangrovenhonigesser; der Erdsittich kommt in den küstennahen Heidegebieten vor. In den tropischen Wäldern sucht der rot-grüne Königssittich nach Nektar; die Schwarzbrustwachtel schließlich ist in den feuchten Moorgebieten beheimatet. Viele Zugvögel machen hier halt.

Bis auf einige Gesteinsformen vulkanischer Herkunft besteht Fraser Island fast nur aus Sand, so auch die »Cathedrals« genannten Sandklippen an der Ostküste (kleines Bild unten). Aus der Vogelperspektive lassen sich die Dimensionen der bis zu 250 Meter hohen Sicheldünen nur erahnen (rechts). Auf diesem Terrain fühlt sich auch der auf einem Papierrindenbaum lauernde Goulds-Waran wohl, eine der 20 Waranarten auf dem Fünften Kontinent (großes Bild).

Das Great Barrier Reef erstreckt sich entlang der Nordostküste Australiens etwa vom 10. bis zum 24. Grad südlicher Breite. Seit rund 8000 Jahren bauen Steinkorallenpolypen an diesem größten natürlichen »Bauwerk« der Erde mit seiner einzigartigen Unterwasserwelt.

Jahr der Ernennung: 1981

Über eine Länge von gut 2000 Kilometern folgt das Riff, das sich aus rund 2500 Einzelriffen und 500 Koralleninseln zusammensetzt, in einem Abstand von 15 bis 200 Kilometern zum Festland der nordöstlichen Küstenlinie Australiens. Seine »Baumeister« sind Steinkorallenpolypen, die in Gemeinschaft mit blaugrünen Algen leben. Die bereits schwimmfähigen Polypenlarven schlüpfen im Frühling, nisten sich auf dem Riff nahe der Wasseroberfläche ein, bilden ihr Skelett aus und schließen sich mit Artgenossen zu einer Kolonie zusammen. Nach einiger Zeit sterben sie ab, und ihre Kalkröhren werden zu feinem Sand zermahlen. Die Algen »verbacken« den Sand zu einer weiteren Riffschicht, auf der sich im Jahr darauf neue Jungpolypen

ansiedeln können. So sind im Lauf der Jahrtausende die Riffe und Inseln gewachsen. Im Gewässer rund um das Riff leben rund 1500 Fischarten. Dazu gehören etwa der farbenprächtige exotische Gauklerfisch, der Riffbarsch, der Papageifisch oder der Stachelrochen. Außerdem sind hier Hunderte und Tausende von Vogel-, Korallen- und Weichtierarten heimisch.

Schemenhaft zeichnen sich auf der Satellitenaufnahme von Princess Charlotte Bay und Cape Melville (großes Bild) die Strukturen des Great Barrier Reef ab. Das längste lebende Korallenriff der Erde reicht vom südlichen Wendekreis bis vor die Mündung des Fly River (Neuguinea). Das Riff ist das Habitat einer farbenprächtigen Fauna und Flora (unten links). Darunter tummeln sich auch Haie (rechts).

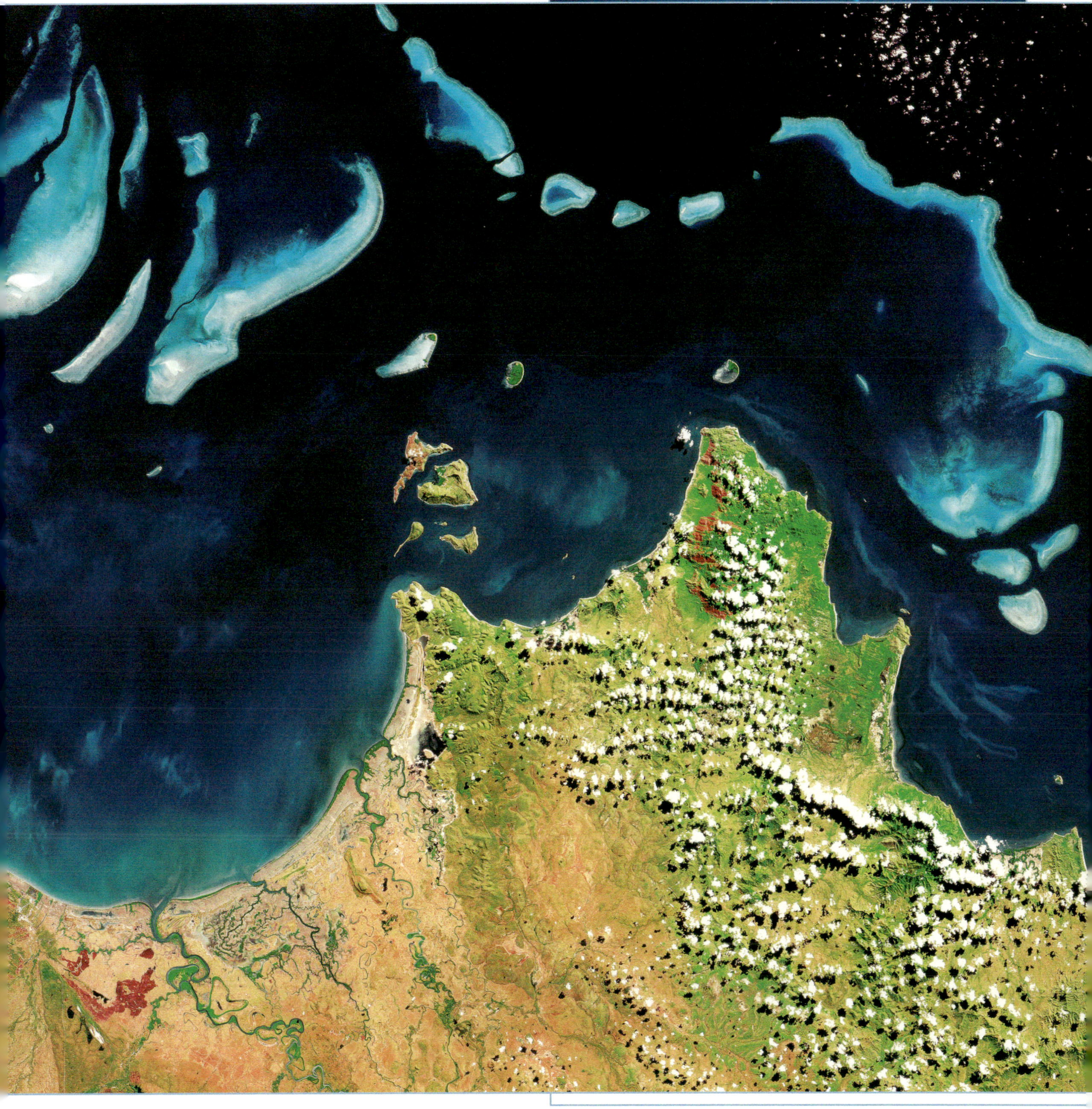

Einer der schönsten Abschnitte des Great Barrier Reef befindet sich vor den Whitsunday-Inseln. Im kristallklaren Wasser begehen die verschiedensten Arten von Meeresbewohnern wie Fische, Korallen, Seesterne ein Fest der Farben und Formen, das Taucher und Touristen in Glasbodenbooten begeistert. Schöpfer dieses einzigartigen Werks ist der Steinkorallenpolyp.

SEENGEBIET VON WILLANDRA

Die vor etwa 15 000 Jahren rasch verlandete Willandra-Seenregion im südwestlichen New South Wales ist sowohl für Geologen als auch für Paläoanthropologen von Interesse. An den Ufern der einstigen Seen fand man 40 000 Jahre alte Siedlungsspuren und versteinerte Überreste von Menschen.

Jahr der Ernennung: 1981

Am einstigen Ufer des bis vor rund 24 000 Jahren noch Wasser führenden, zur Willandra-Seenregion gehörenden Lake Mungo wurden 1968 in einer »Chinesische Mauer« genannten Sicheldüne aufsehenerregende frühgeschichtliche Funde gemacht. Neben 18 000 Jahre alten Steinwerkzeugen fand man dort rund 35 000 bis 45 000 Jahre alte menschliche Skelette – die ältesten jemals in Australien gefundenen Spuren des Homo sapiens sapiens, des neuzeitlichen Menschen. Auf eine weitere wissenschaftliche Sensation stieß man bei der Untersuchung einer 30 000 Jahre alten Feuerstelle. In den Überresten fand man Beweise dafür, dass sich das Erdmagnetfeld über einen Zeitraum von 2500 Jahren um 120 Grad nach Südosten verlagert hat. In die Grassteppen rund um die Willandra-Seenregion haben sich seltene Tiere zurückgezogen wie der Emu – mit einer Größe von bis zu 1,75 Meter der größte australische Laufvogel. Tausende von Papageien und Wellensittichen bevölkern die Wasserlöcher, und urzeitlich aussehende Warane – eine der größten Echsenarten der Erde – wärmen sich in der Mittagssonne.

Zur rund 2400 Quadratkilometer großen Willandra-Seenregion gehört auch der Mungo-Nationalpark (unten). Im Lehmboden der Region fand man jahrtausendealte menschliche Fußspuren (rechts).

RIVERSLEIGH UND NARACOORTE

Riversleigh im Nordwesten von Queensland und Naracoorte im Südosten von South Australia gehören zu den spektakulärsten und bedeutendsten Fossilienfundorten der Erde.

Jahr der Ernennung: 1994

In der Victoria-Karsthöhle bei Naracoorte wurden in mühevoller Kleinarbeit die Knochen von Lungenfischen, Reptilien, Kloaken-, Beutel- und Säugetieren ausgegraben, zusammengesetzt und anschließend rekonstruiert. Unter den Fundstücken befanden sich auch Schnabeligel und Schnabeltier – sogenannte Brückentiere, die die Weiterentwicklung von den Reptilien zu den Säugetieren belegen. Viele Fragen zur Entwicklung der Beuteltierarten konnten durch die Rekonstruktion von Skeletten bereits ausgestorbener Arten wie des mit Greifhänden ausgestatteten Beutellöwen oder des bis zu drei Meter großen Kurzgesicht-Riesenkängurus geklärt werden.

Die Funde der Fossilienstätten von Riversleigh – im Boodjamulla (Lawn Hill) National Park gelegen – haben viel zum Verständnis der vor etwa 45 bis 50 Millionen Jahren beginnenden Kontinentalverschiebung beigetragen. Man fand Knochen von über 100 Tierarten aus der Zeit, als Australien noch Teil des Superkontinents Gondwana war, sowie Beweise für die Zuwanderung südostasiatischer Tiere über eine damals existierende Landbrücke.

Die Victoria-Höhle bei Naracoorte ist eine prähistorische Schatzkammer. Knochenfunde (rechts) ermöglichten eine Rekonstruktion des ausgestorbenen Beutellöwen Thylacoleo carnifex (unten).

Mit ihren kühl-gemäßigten Regenwäldern und der einzigartigen Fauna gelten die Nationalparks des westlichen Tasmanien als eines der weltweit letzten Ökosysteme, die noch weitgehend unberührt sind.

Jahr der Ernennung: 1982; Erweiterung: 1989

Fünf Nationalparks – Cradle Mountain – Lake St. Clair, Franklin – Lower Gordon Wild Rivers, Southwest, Walls of Jerusalem und Hartz Mountains – sowie weitere Schutzzonen bilden das zwischen dem Cradle Mountain und dem Südwestkap Tasmaniens gelegene Areal dieser Welterbestätte. Tiefe Schluchten, steile Bergspitzen, abgeschliffene Hochebenen, tobende Wasserfälle und trogförmige Seen sind typisch für diese durch Gletscher geformte Landschaft. In den höheren Lagen erstrecken sich Moore und Heiden, in den Niederungen ausgedehnte Feuchtgebiete. Obwohl der kühlgemäßigte Regenwald durch intensiven Holzeinschlag stark abgenommen hat, sind noch Reste dieser großartigen Mischwälder mit zahlreichen sub-

arktischen und australischen Baumarten erhalten.
In der vielgestaltigen Landschaft ist eine einzigartige Tierwelt zu Hause, darunter auch zahlreiche endemische Arten. 27 Säugetier-, 150 Vogel-, elf Reptilien-, sechs Amphibien- und 15 Süßwasserfischarten kommen in den Schutzgebieten vor. Hier leben der gefährdete Orangebauchsittich, der Beutelteufel und die Pedra-Branca-Echse, die nur noch auf Tasmanien heimisch sind. Auch Bennett-Wallaby, Riesenbeutelmarder, Schnabeltier und Kurzschnabeligel sind anzutreffen.
Archäologische Funde wie Felsmalereien und Steinwerkzeuge und Überreste von Kanus belegen die erste menschliche Besiedlung der Insel vor über 30 000 Jahren.

Steile Felsen und alpine Vegetation prägen den Walls of Jerusalem National Park (links). Im Franklin – Lower Gordon Wild Rivers National Park dominiert Regenwald (Mitte unten: am Bird River). Hier wächst auch die an eine Palme erinnernde endemische Richea pandanifolia (Mitte oben). 1424 Meter hoch ragt der Mount Anne im Southwest National Park auf (rechts). Nur in Tasmanien lebt der Beutelteufel (oben).

TASMANISCHE WILDNIS
CRADLE MOUNTAIN – LAKE ST. CLAIR NATIONAL PARK

Der Cradle Mountain – Lake St. Clair National Park gehört zu den eindrucksvollsten Landschaften Tasmaniens. Im Hintergrund des Lake Windermere erkennt man den aus Dolerit bestehenden Barn Bluff (großes Bild). 1545 Meter hoch ist der Cradle Mountain. Zu den Tierarten, die im Nationalpark vorkommen, gehören Bennett-Wallaby und Riesenbeutelmarder. Am Artists Pool unterhalb des Cradle Mountain gedeihen stattliche Exemplare der Kleinen Sumpfzypresse (Bildleiste von oben).

Die Inselgruppe etwa 600 Kilometer östlich von Port Macquarie verdankt den Welterbestatus ihrer spektakulären Topografie und ihrer teils endemischen Fauna und Flora.

Jahr der Ernennung: 1982

Vor etwa sieben Millionen Jahren erhob sich vor der Ostküste des australischen Kontinents in der Tasmanischen See ein mächtiger, bis zu 2000 Meter hoher Schildvulkan aus dem Meer. Durch die erodierende Kraft von Regen, Wind und Wellenschlag sind von dem einstigen Riesen heute nur noch – als letzte Reste – die 28 Eilande der Lord-Howe-Inselgruppe erhalten.

Aufgrund der isolierten geografischen Lage hat sich hier eine ganz eigenständige Pflanzen- und Tierwelt entwickelt. Die sehr dichten Nebelwälder mit ihren etwa 220 Pflanzenarten, von denen rund ein Drittel ausschließlich hier vorkommt, wurden zum Lebensraum vieler bedrohter Vogelarten. Hier kann man den Keilschwanz-Sturmtaucher, den an Steilhängen brütenden Kermadec-Sturmvogel, den auffällig gefärbten Weißbauch-Meerläufer und das flugunfähige Lord-Howe-Waldhuhn beobachten. Vor der Südwestküste der Lord-Howe-Insel bilden Steinkorallen und Kalk-Rotalgen ein fantastisches Riff. Im Wasser zwischen den Riffstöcken leben zahlreiche exotische Fische wie der bunte Gaukler, der Papagei- und der Säbelfisch.

Lord Howe Island (großes Bild: Blick auf den Mount Lidgebird) ist die größte Insel der gleichnamigen Inselgruppe. Vor ihrer Südwestküste wächst das südlichste Korallenriff der Erde (unten rechts). Hier gibt es eine artenreiche Fauna, vor allem viele Vogelarten, und Flora, so die Mountain Rose (Bildleiste Mitte), den Weißkopfnoddi und die Waldralle (Bildleiste links und rechts).

MACQUARIE ISLAND

Diese kleine subantarktische Insel – Lebensraum einer vielfältigen Fauna – ist der höchste Kamm des unter Wasser liegenden, durch das Aufeinandertreffen von Indisch-Australischer und Pazifischer Platte entstandenen Macquarie-Rückens.

Jahr der Ernennung: 1997

Die nur etwa 35 Kilometer lange und rund fünf Kilometer breite Insel Macquarie liegt rund 1500 Kilometer südöstlich von Tasmanien sowie etwa 1300 Kilometer nördlich der Antarktis. Sie ist ein Paradies für See-Elefanten, Pelzrobben und zahlreiche Vogelarten. Königs- und Kaiserpinguine bilden im Winter und im Frühjahr riesige Brutkolonien. Auch Sturmvögel und verschiedene Albatrosarten brüten hier. Einziges Zeichen menschlicher Gegenwart ist eine Forschungsstation.
Für die Geologie hat Macquarie Island durch seine Lage in einer Subduktionszone größte Bedeutung, ist es doch der weltweit einzige Ort, an dem Gesteine des sonst mehrere Kilometer unter der Erdoberfläche liegenden Erdmantels zutage treten.

See-Elefanten (großes Bild) und diverse Pinguinarten wie Eselspinguine und Haubenpinguine (Bildleiste von links) sowie Königspinguine (links) sind allgegenwärtig auf Macquarie Island im Südpazifik.

HEARD UND MCDONALD ISLANDS

Die einzigen subantarktischen Inseln mit vulkanischer Aktivität gestatten Einblicke in die dynamischen Prozesse im Erdinneren. Ihr Ökosystem blieb bis heute von äußeren Einflüssen weitgehend verschont.

Jahr der Ernennung: 1997

Die Inseln liegen etwa 4000 Kilometer südöstlich von Perth und rund 1500 Kilometer nördlich vom antarktischen Kontinent. Auf Heard befindet sich mit dem 2745 Meter hohen aktiven Vulkan Mawson Peak (»Big Ben«) der höchste Berg Australiens. Auch auf McDonald kam es seit 1992 zu Eruptionen. Gletscher und Eisflächen bedecken etwa 80 Prozent der Inselfläche, das unwirtliche Klima erlaubt nur eine spärliche Vegetation von Gräsern und Algen. Bis heute wurden hier 42 Moosarten registriert. Viele niederen Pflanzen, Algen und Moose wurden noch gar nicht bestimmt. Auch wurden die Inseln von unliebsamen »Einwanderern« wie Katzen, Ratten und Hasen verschont, sodass hier Pinguine, Meeressäuger und Seevögel unter sich bleiben.

Die Inseln sind in geologischer (als »Fenster zur Erdgeschichte«) und ökologischer (ungestörte Entwicklung von Fauna und Flora) Hinsicht von Bedeutung. Hier leben Goldschopfpinguine (großes Bild), Antarktische Seebären (rechts), See-Elefanten und Königspinguine (Bildleiste unten). Die alten Schutzhütten bei Atlas Cove auf der Insel Heard sind die Zeugen einstiger Forschungsstationen (Bildleiste oben).

Rennell ist das größte aus dem Wasser gehobene Korallenatoll der Erde. Zum Welterbe zählt das südliche Drittel der Insel mit dem Lake Tegano.

Jahr der Ernennung: 1998

Rennell Island ist die südlichste Insel der Salomonen-Inselgruppe, East Rennell nimmt das südliche Drittel des Eilandes ein. Das geschützte, bis zu 1000 Meter hoch ansteigende Gelände umfasst rund 37000 Hektar, zu denen noch das maritime Gebiet bis drei Seemeilen vor der Küste hinzukommt. Das Klima ist mit durchschnittlich 4000 Millimeter Niederschlag im Jahr typisch für die Tropen. Knapp 18 Prozent der Gesamtfläche der Insel nimmt der Lake Tegano ein – einst eine Lagune des Atolls. Dieser Brackwassersee mit seinen zerklüfteten Kalksteininseln ist mit 150 Quadratkilometern der größte der pazifischen Inselwelt. Wegen der geografischen Abgeschiedenheit hat sich auf East Rennell eine eigenständige Flora und Fauna entwickelt, die weder durch menschliche Eingriffe noch durch »Einwanderung« fremder Tierarten wie Ratten oder Landschlangen beeinträchtigt wurde. So findet man auf dem 85 Kilometer langen und 15 Kilometer breiten Atoll die im Verhältnis zur Fläche weltweit höchste Dichte endemischer Tier- und Pflanzenarten vor. Die unberührten Wälder bieten Lebensraum für viele seltene Pflanzen, darun-

ter verschiedene Orchideen und Schraubenbaumgewächse. Nur hier lebt der Rennell-Flughund – eine von insgesamt elf Fledermausarten. Gut 40 Vogelarten brüten auf dem Atoll, darunter vier endemische Arten und neun endemische Unterarten. Außerdem gibt es zwei Seeschlangenarten: Laticauda crockeri – eine von zwei (neben Hydrophis semperi) Seeschlangenarten, die im Süßwasser vorkommen (Laticauda crockeri nur hier im Lake Tegano) – sowie die gestreifte Seeschlange Laticauda colubrina, die bis zu 1,80 Meter lang und 1,3 Kilogramm schwer werden kann. Weiterhin wurden fünf Gecko-, vier Skink- und drei Landschlangenarten sowie 27 Landschnecken- und über 700 verschiedene Insektenarten registriert.

Als erster Europäer entdeckte 1568 der Spanier Álvaro de Mendaña de Neyra die Inselwelt der Salomonen, zu denen Rennell Island gehört (großes Bild: Kanggava Bay). Unter Wasser zeigt sich eine enorme Artenvielfalt mit Anemonenfischen, Garnelen, Leoparden-Drückerfischen und Krabben (Bildleiste von oben), Rotfeuerfischen (links) sowie Riffhaien (links unten).

TONGARIRO NATIONAL PARK

Der älteste Nationalpark Neuseelands (1887) im Zentrum der Nordinsel geht auf ein Geschenk der Maori an die neuseeländische Regierung zurück. Auf rund 750 Quadratkilometer Fläche umfasst er drei aktive Vulkansysteme.

Jahr der Ernennung: 1990; Erweiterung: 1993

Die Geschichte dieser Vulkanlandschaft begann vor rund zwei Millionen Jahren, als die Indisch-Australische und die Pazifische Platte miteinander kollidierten. Durch den enormen Widerstand der Platten wurde viel Reibungswärme frei. Diese führte zum Aufschmelzen des umgebenden Gesteins. Es entstand heißes Magma, und über den Reibungspunkten der Platten setzte starker Vulkanismus ein. Die drei Feuerspucker Tongariro, Ngauruhoe und Ruapehu bezeugen mit ihrer Aktivität noch heute diesen erdgeschichtlichen Vorgang; dazwischen hat sich das gewaltigste Lavaplateau der Welt herausgebildet. Die Vegetation ist sehr vielfältig. Im Tieflandregenwald wachsen Rimu-, Matai- und Miro-Bäume. Daran schließt sich das Inaka-Buschland mit Tussock-

gras an, und in den Asche- und Lavawüsten höherer Lagen gedeihen Pilze, Flechten und Moose. Das Hochplateau ist vegetationslos. Eine Besonderheit der Fauna sind die Vögel: Es gibt hier mehr als 50 Vogelarten, darunter seltene endemische wie Streifenkiwi, Saumschnabelente, Kaka, Doppelbandregenpfeifer und Maorifalke; häufiger kommen Makomako, Tui, Neuseelandkuckuckskauz, Weißkopfnoddi, Springsittich, Fächerschwanz und Langbeinschnäpper vor. Im Nationalpark leben auch die beiden einzigen in Neuseeland endemischen Säugetierarten, die Kurz- und die Langschwänzige Neuseelandfledermaus.

Bei der ersten Ernennung zur Welterbestätte ging es 1990 vor allem um die Würdigung des Nationalparks als geologisch bedeutsamer Naturlandschaft. Bei der Erweiterung 1993 wurde Tongariro dann als erste Welterbestätte zugleich als Natur- *und* als Kulturlandschaft ausgezeichnet. Mit dieser Entscheidung betonte die UNESCO die kulturelle und spirituelle Bedeutung der Berge im Herzen des Nationalparks für die hier ansässigen Maori.

Perfekt geformte Vulkanberge sind die Hauptattraktion des Tongariro National Park (großes Bild: Gipfel des Ngauruhoe mit Tongariro im Hintergrund). Zu den weiteren Naturschönheiten des Parks zählen Wasserfälle wie die Taranaki Falls oder die Mahuia Rapids Cascades (Bildleiste links und Mitte). Die Parklandschaft (Bildleiste rechts) wurde in Jahrmillionen durch Lavafluss geformt.

TONGARIRO NATIONAL PARK

Für die Maori sind die neuseeländischen Vulkane (unten: Ngauruhoe, Bildleiste rechts: Ruapehu) heilige Orte, als Ruhestätten ihrer Ahnen oder Orte mythischer Begebenheiten. Sie sind aber auch Schauplatz elementarer Naturgewalten, wenn es – wie erst im Jahr 2007 am 2797 Meter hohen Ruapehu geschehen – zu gewaltigen Eruptionen kommt oder ein Kratersee birst und eine Schlammlawine ins Tal abgeht.

Kiwi & Co.

Neuseeland entstand vor rund 100 Millionen Jahren durch eine tektonisch bedingte Auffaltung an der unruhigen Grenze zweier Kontinentalplatten. Diese geologische Entwicklungsgeschichte bescherte dem Land eine ganze Reihe endemischer Tierarten. Ein Großteil der Insekten und ein Viertel aller Vogelarten kommen nirgendwo sonst auf der Welt vor. Da Neuseeland so früh von allen anderen Landmassen isoliert wurde, fehlten lange Zeit Landsäugetiere. Ohne natürliche Feinde verloren viele Vogelarten die Fähigkeit zu fliegen. Als dann die Siedler Ratten, Hunde, Marder sowie Füchse einführten und das natürliche Habitat – Busch- und Waldland – vieler Laufvögel in Weiden umwandelten, brachte dies die Tiere in Gefahr.

Der Bestand des Kiwis – ein nachtaktiver Laufvogel aus der Familie der Schnepfenstrauße (Apterygidae) – wird heute auf rund 50 000 Exemplare geschätzt. Der zur Familie der Rallenvögel (Rallidae) gehörende Takahe (Porphyrio mantelli) ist sehr viel seltener. Er galt als ausgestorben, ehe ihn ein Spaziergänger

Im Kiwi House and Native Bird Park Otorohanga wird Neuseelands Nationalvogel gehegt und gepflegt.

1945 im Fiordland National Park entdeckte. Das beste Beispiel für die akute Bedrohung – und intensive Rettungsversuche – ist der Kakapo (Strigops habroptilus) oder Eulenpapagei: Bis 1974 galt der scheue Vogel als ausgestorben, dann fand man einige Exemplare auf Stewart Island. Im Jahr 2005 zählte man bereits wieder 86 Tiere. Längst ausgestorben ist dagegen der Moa (Dinornis maximus), ein ebenfalls flugunfähiger Riesenvogel, der von den Maori gejagt wurde.

Der Kiwi, das Wappentier Neuseelands, ist ein nachtaktives Tier, das sich tagsüber in dunklen, von Dickicht verborgenen Höhlen versteckt (unten). Kea, Takahe und Kakapo (Bildleiste von links) sind drei weitere für Neuseeland typische Vogelarten.

TE WAHIPOUNAMU – DER SÜDWESTEN NEUSEELANDS

An der Südwestküste der Südinsel Neuseelands sind in vier Nationalparks imposante Berglandschaften mit zahlreichen archaischen Pflanzen- und Tierarten zu bewundern.

Jahr der Ernennung: 1990

Te Wahipounamu (Maori: »Ort des Jadesteins«) ist mit rund 26 000 Quadratkilometer Fläche eines der größten Naturschutzgebiete der Welt. Es umfasst die Areale der Nationalparks Westland, Mount Aspiring, Mount Cook und Fiordland.

Fiordland ist das größte der vier Schutzgebiete und erstreckt sich über weite Teile der Südwestküste Neuseelands. Seinen Namen verdankt es den Küstenfjorden, die in bis zu 400 Meter tiefe Unterwassertäler auslaufen. In dieser von Gletschern gebildeten Landschaft fallen pro Jahr bis zu 10 000 Millimeter Niederschlag – ideale Voraussetzungen für das Gedeihen subtropischen Regenwalds. Hier existieren noch viele Pflanzen- und Tierarten, die bereits vor Millionen von Jahren in Gondwana, dem einstigen Großkontinent der Südhalbkugel, heimisch waren. Bäume werden hier oft von gigantischen Flechtenteppichen und Schlingpflanzen überwuchert, im Unterholz gedeihen unzählige Farnarten. Eine einzigartige Vogelwelt lebt in dem scheinbar undurchdringlichen Dickicht. Im glasklaren Wasser der Fjorde schwimmen neben Delfinen auch

Das letzte Licht eines langen Sommertages liegt auf den Gipfeln von Mount Cook und Mount Tasman, deren vergletscherte Spitzen sich hier im Lake Matheson (bei Fox im Westland National Park) spiegeln (großes Bild). Auf vielen Pfaden ist man in diesem Park noch weitgehend allein unterwegs (rechts: Weg zum Lake Wombat).

Ohrenrobben sowie die nur hier heimischen Dickschnabelpinguine.
Im Zentrum der Southern Alps erhebt sich der 3754 Meter hohe Mount Cook, der höchste Berg Neuseelands. Die Höhenlagen der Gebirgslandschaft werden von Gletschern beherrscht, vor allem am 3498 Meter hohen Mount Tasman. Die malerischen Seen zu Füßen des Mount Cook, Lake Tekapo und Lake Pukaki, sind sehr fischreich. Im Frühsommer erblühen ihre Uferlandschaften in ungeahnter Pracht.
Die Nationalparks Westland und Mount Aspiring sind ebenfalls fantastische Glaziallandschaften. Die langen Zungen des Fox- und des Franz-Josef-Gletschers im Westland National Park wälzen sich durch die trogförmigen Täler bis in Küstennähe hinab.

TE WAHIPOUNAMU – DER SÜDWESTEN NEUSEELANDS MOUNT ASPIRING NATIONAL PARK

Der Mount Aspiring National Park grenzt im Norden an den mächtigen Haast River, der bei der gleichnamigen Ortschaft in die Tasmanische See mündet. Im Süden reicht er bis an den Fiordland National Park heran. Hier finden Tourengeher meist anspruchsvolle Routen vor wie den Roaring Billy Falls Walk (Bildleiste ganz links) oder den grandiosen Routeburn Track (alle übrigen Abbildungen).

Im Mount Cook National Park gibt es 19 über 3000 Meter hohe Gipfel, die zu allen Tages- und Jahreszeiten eindrucksvolle Bergpanoramen bilden (Bildleiste unten rechts). Der Mount Cook selbst, mit 3754 Metern höchster Berg der Southern Alps (links), heißt bei den Maori »Aoraki« (»Wolkendurchstoßer«). Vom Osten her ist er über eine 60 Kilometer lange Stichstraße zugänglich, die am Lake Pukaki (unten links) entlangführt.

TE WAHIPOUNAMU – DER SÜDWESTEN NEUSEELANDS FIORDLAND NATIONAL PARK

Der mit rund 12 500 Quadratkilometern größte Nationalpark Neuseelands gilt als der schönste des Landes: mit kristallklaren Flüssen und stillen Seen (unten links: Lake Te Anau), majestätischen Fjorden wie dem in die Tasmanische See mündenden Milford Sound (unten rechts) und vielen Naturschönheiten am Wegrand (oben von links: Gänseblümchen, Farntrieb, Moos, Farnwedel).

SUBANTARKTISCHE INSELN NEUSEELANDS

Diese fünf Inselgruppen im Südpazifik stellen ein einzigartiges Ökosystem dar. Hier, wo antarktische und subtropische Meeresströmungen aufeinandertreffen, hat sich eine vielfältige – und häufig endemische – Tier- und Pflanzenwelt entwickelt.

Jahr der Ernennung: 1998

Die Inselgruppen Auckland, Campbell, Antipoden, Snares und Bounty liegen südlich und östlich der Küste Neuseelands und sind heute unbewohnt. Bis auf die niedrigen Felsen der Bounty-Inseln werden die Eilande von Moorflächen bedeckt. Die Campbell- und Auckland-Inseln weisen mit ihren sehr tiefen Fjorden Zeichen einer ausgedehnten früheren Vergletscherung auf. Mit Ausnahme der Bounty-Inseln verfügen die Inselgruppen über die reichste Flora aller subantarktischen Eilande. Von den mehr als 250 Arten sind 35 endemisch, weitere 30 gelten als sehr selten. Auf den Auckland-Inseln finden sich die südlichsten Wälder mit großen Beständen an Baumfarnen.
120 Vogelarten sind bekannt, darunter 40 Seevögel, von denen fünf nur hier

brüten. Zehn der 24 Albatrosarten, darunter der Südliche Königsalbatros, haben hier ihre Heimat, ebenso vier Pinguinarten, von denen zwei endemisch sind. Zudem bieten die Inseln den seltenen Neuseeländischen Seelöwen und großen Kolonien der Neuseeländischen Pelzrobbe Lebensraum. Mehrere Insekten-, Schnecken- und Spinnenarten kommen nur hier vor.

Königsalbatrosse (großes Bild: auf den Campbell-Inseln) suchen nur zum Brüten die Küsten von Inseln auf. Meistens bleiben sie auf dem Wasser oder in der Luft – anders als die Riesensturmvögel (links unten: auf den Auckland-Inseln), die sich auch an Land zu Hause fühlen. Auch Gelbaugen- (links) und Snares-Insel-Pinguine (unten rechts) sind auf den subantarktischen Inseln heimisch.

SÜDSEEINSEL HENDERSON ISLAND

Die zehn Kilometer lange und fünf Kilometer breite und damit größte Insel des zu Großbritannien gehörenden Pitcairn-Archipels in der Südsee ist weitgehend unberührt geblieben.

Jahr der Ernennung: 1988

Bis ins 18. Jahrhundert blieb die abgelegene Insel von menschlicher Einflussnahme weitgehend verschont. Auf diese Weise haben sich Flora und Fauna auf dem hoch gelegenen Atoll mit seinen steil abfallenden Küsten weitgehend ungestört erhalten können: Im dichten Buschwald entdeckte man elf Pflanzenarten, die nur auf Henderson Island vorkommen. Mehr als 20 See- und Landvogelarten sowie viele Insekten- und Schneckenarten sind ebenfalls nur hier zu finden.

Ungefähr 30 Meter ragt das tafelbergartige Henderson Island aus dem Meer heraus. Es ist Pflanzenparadies (rechts) und Heimat seltener Vögel wie der Feenseeschwalbe (großes Bild) und der Noddy Seeschwalbe (kleines Bild).

Nur mehr wenige hundert Exemplare gibt es weltweit von den Berggorillas. Rund die Hälfte lebt im Virunga-Nationalpark im Nordosten der Demokratischen Republik Kongo.

Abendrot umfängt das Tassili-N'Ajjer-Hochplateau in Algerien. Die Kräfte der Erosion haben hier eine einzigartige Landschaft aus Sanddünen und fantastischen Felsformationen geschaffen.

AFRIKA

In der zerklüfteten Landschaft des Hoggar-Gebirges haben sich zahlreiche prähistorische Felszeichnungen erhalten – unschätzbare Monumente aus der Frühzeit der menschlichen Entwicklungsgeschichte. Die schluchtenreiche, von bizarren Felsformationen gekennzeichnete Wüstenregion ist Lebensraum einer seltenen Tier- und Pflanzenwelt.

Jahr der Ernennung: 1982

In einer der unwirtlichsten Gegenden der Sahara nahe den Grenzen zu Libyen und Niger erstreckt sich das Tassili-N'Ajjer-Hochplateau über eine Fläche, die ungefähr der Größe Englands entspricht. In dieser grandiosen Felslandschaft wurde 1933 eine große Zahl von Höhlenmalereien entdeckt.
Mehr als 15 000 Felszeichnungen und -gravierungen wurden bislang erfasst. Die Motive stammen aus unterschiedlichen Phasen seit etwa 6000 v. Chr. Sie dokumentieren entscheidende Etappen menschlicher Kulturentwicklung zu einer Zeit, als das heutige Wüstengebiet noch ein tropisch-feuchtes Klima aufwies. Auf den im Schutz der Klüfte und Höhlen dargestellten Felsmalereien machen die Menschen Jagd auf Herden von Elefanten, Giraf-

fen und Büffeln. Auch scheinen sie Viehzucht betrieben zu haben, denn auf den Abbildungen lassen die Hirten in der Savanne ihre Herden grasen. Zur spärlichen Vegetation des Hochplateaus gehören die endemische Saharazypresse und die Saharamyrte, zur Tierwelt der gefährdete Mähnenspringer sowie die Dorkasgazelle, der Wüstenluchs und die Sandkatze.

Die Gebirgskette gleicht einer Mondlandschaft (rechts unten); ihr Erscheinungsbild hat auch Erosion geprägt. Wie riesige Stalagmiten ragen Felsen aus dem Sand (links und rechts ganz unten). Dank der wasserspeichernden Eigenschaften des Sandsteins können Pflanzen dennoch gedeihen (links ganz unten). Mit Kamelen lässt sich die bizarre Landschaft erkunden (links unten).

TASSILI N'AJJER MENSCHENDARSTELLUNGEN

Bei den dargestellen Jagd- und Kultszenen lassen sich unterschiedliche Stile und Phasen ausmachen. Die ältesten Motive sind noch wenig realistisch und sehr schematisch (unten Mitte). In den Szenen der nachfolgenden Zeit beherrschen Vitalität, Bewegung und Eleganz die Bilder (rechts oben und unten). Oft präsentieren sich die Menschen mit Kleidung und Körperschmuck (großes Bild; Bildleiste rechts).

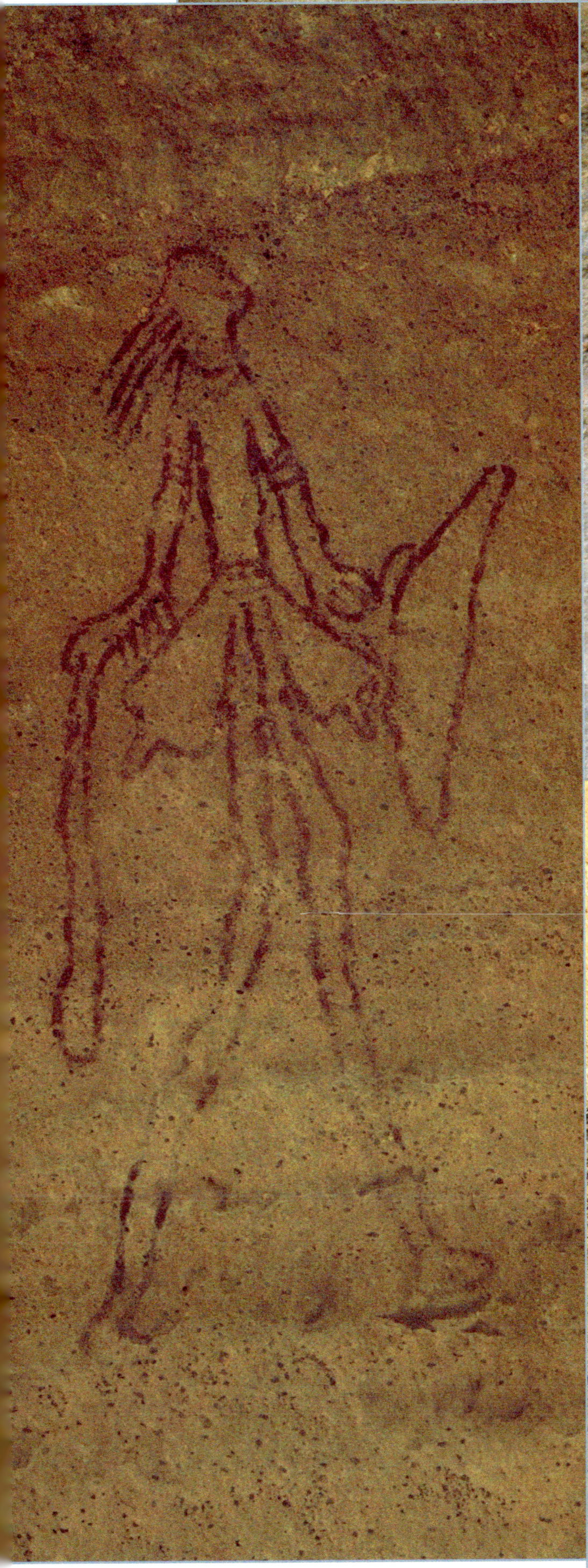

ICHKEUL-NATIONALPARK

Der gut 100 Quadratkilometer große Nationalpark umfasst den Lac d'Ichkeul samt Zuflusssystem sowie das Massiv des 511 Meter hohen Djebel Ichkeul. Er ist eines der wichtigsten Feuchtgebiete Nordafrikas und Lebensraum zahlreicher Vogelarten, Wasserbüffel und Sumpfpflanzen.

Jahr der Ernennung: 1980

Die Region um den knapp 100 Quadratkilometer großen fischreichen Ichkeul-See rund 25 Kilometer südwestlich von Bizerta wird von Bächen aus dem Mogod-Bergland gespeist und ist über den Oued Tindja mit der Lagune von Bizerta verbunden. Der See besteht sowohl aus Süß- als auch aus Salzwasser. In den extrem trockenen Sommermonaten steigt der Salzwassergehalt, bei starken Regenfällen nimmt der Süßwasseranteil zu.
In der fruchtbaren Sumpfoase wachsen unter anderem verschiedene Binsenarten, Sumpf- und Schwertlilien, Schilfrohr und Seerosen. Tunesiens größte Säugetiere, Wasserbüffel mit einem Gewicht von bis zu 1200 Kilogramm, sowie fast 200 Vogelarten, vorwiegend Wasservögel wie Enten und Blesshühner, haben im Schutzgebiet ihr Refugium. Im Winter ist es das Quartier Hunderttausender von Zugvögeln aus Europa. Nirgendwo sonst in Nordafrika gibt es so viele Graugänse. Das Areal beherbergt auch Fossilienfundstätten von Hominiden, Primaten und ausgestorbenen Großsäugern.

Die dichte Vegetation an den Ufern des Ichkeul-Sees steckt voller Leben. Zu ihren Bewohnern gehören Pfeif- (großes Bild), Moor- (links unten) und Weißkopfruderente (rechts oben) sowie Gartengrasmücke (rechts) und Blesshuhn (links oben).

Im Wadi Al-Hitan (»Tal der Wale«) wurden Fossilien gefunden, die von inzwischen ausgestorbenen Vorfahren unserer Wale stammen, den Urwalen oder Archaeoceti.

Jahr der Ernennung: 2005

Das Wadi Al-Hitan rund 250 Kilometer westlich von Kairo liegt in einer außergewöhnlichen Landschaft mit Sanddünen und kissenförmigen Felsformationen, die durch Windabtragung entstanden sind. Die Hauptattraktion in diesem Trockental sind aber rund 380 gut erhaltene Walfossilien.
Die frühesten Vorfahren der Wale vor rund 60 Millionen Jahren waren Landbewohner, lebten aber schon in Ufernähe. Diese Mesonychiden standen den heutigen Huftieren am nächsten, fraßen aber Fleisch und waren äußerlich den heutigen Fischottern ähnlich. Aus ihnen gingen die Formen hervor, deren Reste man im Tal der Wale gefunden hat. Zeuglodon isis beispielsweise lebte vor 45 bis 38 Millionen Jahren. Das bis über 20 Meter lange Tier jagte im Wasser und kehrte wohl nur zur Fortpflanzung auf das Festland zurück. Bei ihm bildeten sich bereits die Hinterbeine zurück, und anstelle der Vorderbeine hatte es fünffingrige Flossen.
Die versteinerten Reste der Wale sind in Sandstein, Schiefer, Mergel und Kalk eingeschlossen. Die Gesteine entstanden am Grund des Urmeeres Tethys, das nach Süden einst über die Küste des heutigen Mittelmeeres hinausreichte. Die ältesten Gesteinsschichten im Tal der Wale zählen etwa 40 Millionen Jahre und enthalten zahlreiche Wal- und Seekuhskelette, Haifischzähne, Schildkröten und Krokodile. Auch in den jüngeren Schichten sind noch versteinerte Wale zu finden. Die Gesteinsformation Qasr El-Sagha aus dem Eozän enthält neben Walskeletten noch viele andere Meereslebewesen, darunter Haie, Knochenfische und Wasserschlangen, ferner Pflanzen wie Seegräser und Mangrovenbäume. Sie verraten uns, wie das Ökosystem ausgesehen hat, in dem sich die Wale bewegten. Bei einigen Urwalen blieb sogar der Mageninhalt erhalten.

Das Wadi Al-Hitan (unten rechts) ist eine bedeutende paläontologische Fundstätte. Eingebettet im Wüstensand liegen hier zahlreiche Walfossilien (großes Bild).

NATIONALPARK BANC D'ARGUIN

Das Reservat an der mauretanischen Atlantikküste zählt mit einer Fläche von rund 12 000 Quadratkilometern – davon die Hälfte mariner Bereich – zu den größten Brutgebieten Westafrikas. Hier verbringen auch viele Zugvogelarten aus Europa und Asien den Winter.

Jahr der Ernennung: 1989

Vor allem Wasservögel halten sich in den ruhigen, nährstoffreichen Küstenabschnitten dieses auf halbem Wege zwischen Nouakchott und Nouadhibou im Übergangsbereich von Sahara und Atlantik gelegenen Nationalparks auf. Sie bevölkern die Mangrovensümpfe, die Sanddünen am Ufer, das flache Wasser oder die kleinen sandigen, der Küste vorgelagerten Inseln, die sich um die Hauptinsel Tidra gruppieren. Rund 100 Vogelarten brüten und überwintern hier regelmäßig. Die Anzahl der Brutvogelpaare schwankt zwischen 25 000 und 40 000. Unter anderem bevölkern Flamingos, Pelikane, Reiher und Kormorane sowie verschiedene Seeschildkrötenarten und Delfine die fischreichen Uferregionen und Gewässer.

Wo die Sahara an den Atlantik grenzt, präsentiert sich im Parc National Banc d'Arguin eine einzigartige Übergangszone aus Sanddünen und -bänken, Schlick, Watt, Riffen, Halbinseln und Inseln (großes Bild, Bildleiste links) – ein ideales Habitat auch für Robben und Pelikane (links unten).

FELSEN VON BANDIAGARA – LAND DER DOGON

Östlich von Mopti erstreckt sich ein rund 150 Kilometer langes Felsmassiv. Es ist der Siedlungsraum der Dogon, die für ihre Lehmbauten und Masken berühmt sind.

Jahr der Ernennung: 1989

Das Welterbe umfasst einen Teil des Felsmassivs samt Hochfläche, Steilabfall (Falaise) und darunterliegender Ebene mit rund 250 traditionellen Dogon-Dörfern sowie der Gemeinde Songo als Exklave. In der Weltsicht der Dogon sind alle Elemente des Universums durch ein dichtes Netz von symbolischen Beziehungen miteinander verbunden. So ist auch die Bauweise ihrer Wohnhäuser, Kultbauten und Versammlungsplätze durch religiös-mythologische Anschauungen geprägt. Eine Hausfassade, das Dorf, der Garten, das Feld oder eine Totendecke weisen daher Muster von ähnlicher Struktur auf. Das Dorf ist in anthropomorpher, den mythischen Urahnen der Dogon nachempfundener Form angelegt, und die Architektur der Lehmbauten spiegelt den Dualismus von Mann und Frau wider.
Am spektakulärsten sind die an den steilen Felsabhängen errichteten Dörfer der Dogon. In mehreren Etagen stapeln sich hier aus Lehm errichtete Kastenhäuser und Speicherbauten mit Kegeldächern. Männer und Frauen verfügen jeweils über eigene Speicher, in denen Hirse, aber auch Schmuck ge-

lagert werden kann. Dazwischen ragen die tempelartigen, mit Rundtürmen ausgestatteten Binu-Heiligtümer auf und die Toguna, die Versammlungsstätten der alten Männer mit ihren Dächern aus Hirsestroh.
Eng mit dem Mythos verknüpft ist auch das Maskenwesen der Dogon, das eine zentrale Rolle im gesellschaftlichen Leben spielt. Es gibt rund

100 verschiedene Typen von Masken, die anlässlich von Festen und Riten angelegt werden.

Wie Vogelnester kleben die Lehmkastenhäuser der Dogon an den Felsüberhängen des Bandiagara-Felsmassivs. Viele von ihnen können nur per Leiter erreicht werden. Selbst Friedhöfe wurden hier hineingebaut.

Auch auf dem Gebiet der Felsmalerei geben die Dogon Zeugnis von ihrem kunsthandwerklichen Talent. Diese Malereien stammen aus einer Höhle in der Nähe von Songo, in der die Dogon dreimal jährlich eine Beschneidungszeremonie abhalten.

Für die Gemälde werden rote, weiße und schwarze Farbpigmente mit Fingern aufgetragen. Die dargestellten Motive repräsentieren mythische Ahnenfiguren, Masken, Waffen, Tiere, aber auch Alltagsgegenstände und kosmologische und historische Ereignisse.

NATURPARKS AÏR UND TÉNÉRÉ

Das Aïr-Hochgebirge und die Ténéré-Sandwüste bieten großartige Landschaftseindrücke, für Sahara und Sahel typische Fauna und Flora sowie einzigartige prähistorische Felsmalereien.

Jahr der Ernennung: 1991

Knapp 80 000 Quadratkilometer umfasst dieses größte Naturreservat Afrikas. Das Aïr-Bergland im Nordwesten von Niger erstreckt sich über 400 Kilometer von Norden nach Süden. Es ist eine kristalline, im Mittel 700 Meter hohe Rumpffläche vulkanischen Ursprungs, mit einer Serie steil aufragender einzelner Massive, die durch sandgefüllte Täler (Koris) voneinander getrennt sind und im Mont Gréboun mit 2310 Metern die maximale Höhe erreichen. In der östlich anschließenden Ténéré-Wüste gehen flache Kies- und Sandebenen im Zentralteil in ein Dünenmeer über. Oft fällt hier jahrelang kein Regen, und es herrschen extreme Temperaturunterschiede.
Am feuchteren Südwestabhang des Aïr gibt es Grasprärien. In den Grundwasser speichernden Koris wachsen Palmen und Akaziengestrüpp, in den Gebirgsregionen wilde Ölbäume und Zypressen. Hier leben Aïr-Mufflon, Wildesel und Wüstenfuchs. Im Nordteil des Gebirges schufen prähistorische Menschen großartige Felsbilder. Die ältesten Malereien und Gravierungen aus der neolithischen Rinderhirtenperiode verweisen auf ein zu dieser

Zeit noch feuchteres Savannenklima. Im frühen Quartär war die Ténéré-Wüste teils ein flaches Binnenmeer. Aus diesem Erdzeitalter stammen viele der Fossilienfunde (Saurier, Schildkröten, Krokodile, ausgestorbene Fischarten). Felszeichnungen und Pfeilspitzenfunde belegen die Existenz einer blühenden Jäger- und Hirtenkultur in der Zeit um 7000 bis 3000 v. Chr.

Eines der imposantesten Landschaftserlebnisse im Naturreservat bietet der Übergangsbereich von Aïr und Ténéré, wo Felsformationen und Sandwüste aneinanderstoßen und einen faszinierenden Kontrast bilden (links und großes Bild).

NATIONALPARK »W«

Das große länderübergreifende Naturreservat Westafrikas, in dem noch die typische Fauna der Savanne heimisch ist, verdankt seinen Namen den Mäandern des Niger an seiner Nordgrenze, die die Form eines »W« bilden.

Jahr der Ernennung: 1996

Etwa 150 Kilometer südlich von Niamey befindet sich im Grenzgebiet der drei Länder Niger, Burkina Faso und Benin der Eingang zum mehr als 10 000 Quadratkilometer großen Nationalpark. Zum Welterbe zählt jedoch nur ein Abschnitt des in Niger gelegenen Teils (rund 2200 Quadratkilometer).

Der Park befindet sich am rechten Ufer des Niger in einer Übergangszone und hat Anteil sowohl an der Savanne sudanesischen Typs als auch an den Waldgebieten der Sudan-Guinea-Zone mit ihren Galeriewäldern. An der östlichen Parkgrenze nahe am Niger hat der Fluss Mékrou im Sandstein eine tiefe Schlucht gegraben. In der Regenzeit verwandelt er sich in ein tosendes Wildwasser, während in der Trockenzeit Seerosen in den verbliebenen Wasserresten wachsen.

In der üppigen Ufervegetation des Mékrou und anderer Zuflüsse des Niger leben Paviane und Grüne Meerkatzen. In der Trockensavanne und den Galeriewäldern entlang der Wasserläufe sind Flusspferde und Kaffernbüffel sowie große Elefantenherden heimisch. Weitere Vertreter der rund 70 Säugetier- und 450 Vogelarten im Park sind Löwen, Geparden, Hyänen, Schakale, Antilopen, Warzenschweine, Ibisse, Störche und Reiher. Im Niger tummeln sich diverse Reptilienarten, darunter auch das Nilkrokodil.

Primatenarten wie der Anubispavian (oben) und die Grüne Meerkatze (unten) bevölkern den Nationalpark »W«.

VOGELSCHUTZGEBIET DJOUDJ

Im alten Deltagebiet des Flusses Senegal zwischen dem Zufluss Gorom und dem Hauptstrom konzentriert sich eine in Westafrika einzigartige Population von Vögeln.

Jahr der Ernennung: 1981

Das rund 160 Quadratkilometer große Naturreservat ganz im Norden Senegals, etwa 60 Kilometer nordöstlich von St. Louis an der Grenze zu Mauretanien, ist eines der größten Vogelschutzgebiete der Welt. Je nach Jahreszeit halten sich hier zahlreiche einheimische Vögel, aber auch viele Zugvögel aus Europa und Nordasien auf. Bis zu drei Millionen Zugvögel beziehen nach anstrengender Überquerung der Sahara an den nahrungsreichen Gewässern ihr Winterquartier.

Wenn in der Trockenzeit die Nebenarme im Mündungsgebiet austrocknen, werden die Vögel von den wenigen verbliebenen Wasserstellen, dem ganzjährig Wasser führenden Gorom und den Buchten des Djoudj-Sees angezogen. Rund 1,5 Millionen Wasser- und Watvögel wie Flamingos, Kormorane, Kraniche, Löffler, Reiher, Störche, Uferschnepfen, Witwenpfeifgänse, Wasserläufer, Arabische Trappen und andere seltene Vogelarten bevölkern die weitläufige Wasserlandschaft dieses einzigartigen Vogelparadieses. Ein Schauspiel besonderer Art bietet immer wieder die mit rund 10 000 Exemplaren größte Pelikankolonie Westafrikas.

Das Schutzgebiet beherbergt aber nicht nur gefiederte Bewohner. Auch Schildkröten, Krokodile, Warzenschweine, Schakale und Gazellen sind hier anzutreffen.

Vögel, wohin man blickt, im Nationalpark Djoudj: Kormorane, Witwenpfeifgänse (oben) und Pelikane (großes Bild).

Eines der größten Tier- und Naturreservate Westafrikas ist das letzte regionale Refugium für Savannentiere wie Löwen und Antilopen, deren Lebensraum einst bis zur Küste reichte.

Jahr der Ernennung: 1981

Ein Großteil des knapp 10 000 Quadratkilometer großen Nationalparks im Südosten Senegals liegt im Übergangsbereich von der Trockensavanne zur feuchten Guinea-Waldzone. Er wird im Süden vom Oberlauf des Gambia und dem Staatsgebiet Guineas begrenzt, im Norden geht er in die ostsenegalesische Trockensavanne über.

Die drei großen Flüsse des Gambia-Systems, neben dem Gambia selbst der Koulountou im Westen und der Niokolo-Koba im Nordosten, entwässern das Gebiet in endlosen Mäandern mit schwachem Gefälle. Während der Regenzeit sind weite Areale des Parks mit Morast und Schlamm bedeckt. Entlang der Flussläufe verdichtet sich die Baumsavanne zur üppigen Gehölzflora der Galeriewälder mit rund 200 Baum- und Straucharten.

Die vielfältigen Lebensräume bieten zahlreichen Tieren eine Heimat. Hier leben rund 80 Säugetierarten, darunter Elefanten (allerdings nur noch eine winzige Population), Flusspferde, Giraffen, Kaffernbüffel, Gazellen, Elandantilopen, Leoparden, Geparden, Schakale, Hyänen, Schimpansen, Pa-

viane, Klippschliefer und Mangusten. Eine Hauptattraktion ist eine der größten Löwenpopulationen Afrikas. Hinzu kommen rund 330 Vogel-, 35 Reptilien-, 20 Amphibien- und 60 Fischarten.

Wegen eines geplanten Staudammprojekts und Wilderei wurde der Park 2007 in die Rote Liste des gefährdeten Welterbes aufgenommen.

Typische Galeriewälder säumen den Gambia-Fluss, der auf einer Länge von rund 200 Kilometern durch den Nationalpark fließt (links). In dem Schutzgebiet, das aus ganz unterrschiedlichen Habitaten besteht, leben auch zahlreiche Savannentiere wie diese Afrikanischen Wildhunde, die in Rudeln von sieben bis acht Erwachsenen und einigen Jungtieren leben (großes Bild).

Im Wasser und zu Lande

Das Flusspferd ist ein echtes Schwergewicht und gehört zu den größten Landtieren der Erde. In der Regel hält es sich nur nachts an Land auf, um seine Weideplätze aufzusuchen. Gras in gewaltigen Mengen bildet die hauptsächliche Nahrung dieses Giganten, der ebenfalls reichlich produzierte Kot dient der Reviermarkierung. Die Tage verbringt Hippopotamus amphibius im Wasser, um die empfindliche, haarlose Haut vor der sengenden Sonne zu schützen. Dabei werden ruhig fließende, flache Gewässer bevorzugt. Denn der Paarhufer, der trotz seines Namens nicht mit dem Pferd, sondern mit dem Schwein verwandt ist, kann nicht gut schwimmen. Er trottet auf dem Grund dahin, in Ruhephasen taucht er ab. Dann sind nur noch Ohren, Augen und die – verschließbaren – Nasenlöcher zu sehen.

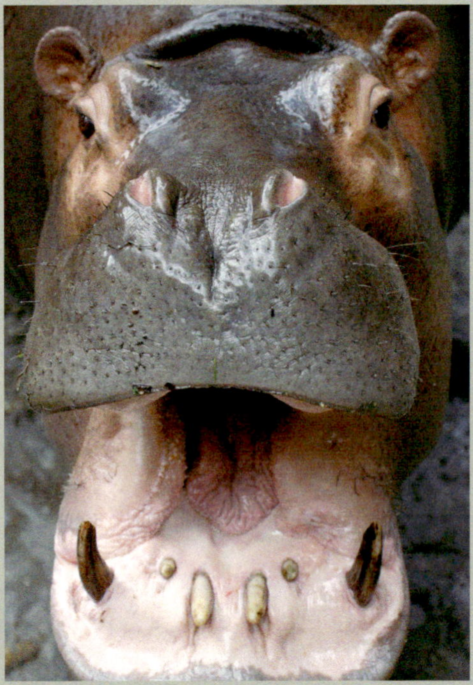

Mit seinen mächtigen Hauern zermalmt das Flusspferd bis zu einem Zentner Gras pro Tag.

Ausgewachsene Flusspferde haben keine natürlichen Feinde. Nur der Mensch wird ihnen gefährlich. Seit Jahrhunderten wird das Flusspferd bejagt, nicht zuletzt wegen des Elfenbeins der riesigen Hauer, und so zählt es inzwischen zu den gefährdeten Arten. Am Nil, der dem Tier den populären Namen Nilpferd gab, ist es längst ausgerottet. Größere Populationen gibt es nur noch in Schutzgebieten wie dem wasserreichen Nationalpark Niokolo-Koba.

Nur Nase, Augen, Ohren und ein Teil des Rückens ragen bei diesem Flusspferd aus dem Wasser. Obwohl kein richtig guter Schwimmer, fühlt es sich an ruhig fließenden Gewässern am wohlsten. Heute gibt es Flusspferde nur noch in Afrika südlich der Sahara. Auf ihre frühere Verbreitung auch in nördlicheren Gefilden weisen die umgangssprachliche Bezeichnung Nilpferd und ihre Erwähnung in der Bibel, etwa im Buch Hiob, hin.

Das größte und artenreichste Wildreservat der Elfenbeinküste befindet sich im Nordosten des Landes in der Übergangszone von der Savanne zum Regenwald und umfasst unterschiedliche Habitate.

Jahr der Ernennung: 1983

Seinen Namen verdankt der Park dem Comoé. Der 100 bis 200 Meter breite Fluss, der den rund 11 500 Quadratkilometer großen Park in Nord-Süd-Richtung auf einer Länge von 230 Kilometern durchfließt und auch in Trockenzeiten genügend Wasser führt, wird von dichten Galeriewäldern gesäumt. In Wassernähe leben Flusspferde, Krokodile und zahlreiche Vogelarten. In der Savanne sind Kaffernbüffel, Warzenschweine, Affen – insgesamt gibt es hier elf Arten – und Antilopen heimisch. Die Wälder im Südteil des Parks sind das Revier der Elefanten. Auch Raubtiere wie Löwen, Leoparden und Hyänen streifen hier umher, ihr Bestand ist aber nur noch gering. Durch Wilderer und Überweidung ist auch dieses Welterbe bedroht.

Ein ideales Habitat für eine artenreiche Fauna – im Bild Leopard, Kobantilope, Bärenstummelaffe (unten) und Büttikofer-Epaulettenflughund (Bildleiste links) – bieten die Fluss- und Savannenlandschaften entlang des oberen Comoé.

Das Naturreservat umfasst einen größeren Teil der in Afrika verbliebenen tropischen Regenwälder, die sich einst über das Areal der Staaten Ghana, Elfenbeinküste, Liberia und Sierra Leone erstreckten.

Jahr der Ernennung: 1982

Die dichte tropische Vegetation des rund 3300 Quadratkilometer großen Reservats im Südwesten der Elfenbeinküste ist geprägt von zahlreichen endemischen Arten und über 50 Meter hohen Urwaldriesen, die mit ihrem Dach aus Blattwerk und Lianen kaum Sonnenlicht zum Boden durchdringen lassen. Man unterscheidet nach Bodenbeschaffenheit und vorkommenden Ebenholzgewächsen zwei Waldtypen: Im nördlichen und südöstlichen Teil dominieren nährstoffärmere (Diospyros-manii-Wälder), im Südwesten feuchtere Böden (Diospyros-spp.-Wälder). Hier leben neben vielen Vogelarten auch Waldelefanten, Zwergflusspferde, Leoparden, Antilopen und Büffel sowie mehr als zehn Affenarten, darunter auch Schimpansen.

Typisch für den dicht bewachsenen Primärwald des Taï-Nationalparks mit über 1300 Pflanzenarten sind quer über Wasserläufen liegende Baumstämme, Lianen, Mangrovengewächse mit Stelz- und Brettwurzeln und Baumfarngewächse. Der tropische Regenwald ist auch Lebensraum für zahlreiche Reptilien wie das Lappenchamäleon (links Mitte) oder die Grüne Buschviper (unten Mitte).

Die Riesen des Dschungels

Der Waldelefant stellt eine eigene Art in der Familie der Elefanten dar. Die sichtbaren Unterschiede zum Afrikanischen Steppenelefanten sind die geringere Größe (Schulterhöhe maximal 250 Zentimeter), dunkleres Grau der Haut, weniger stark gebogene Stoßzähne und rundliche Ohren. Waldelefanten leben in eher kleinen Gruppen und nicht in der offenen Savanne, sondern in den Urwäldern West- und Zentralafrikas. Sie durchdringen mit ihren gewaltigen Körperkräften auch den dichtesten Dschungel, ernähren sich von Blättern und Früchten und sorgen

Mithilfe seiner nach unten zeigenden Stoßzähne bricht sich der Waldelefant seinen Weg durchs Unterholz.

durch ihren Kot für die Verbreitung von Pflanzensamen. Zu den wichtigsten Rückzugsgebieten dieser größten Dschungelbewohner gehören auch die riesigen Regenwälder des Taï-Nationalparks.

Die Art ist bedroht, vornehmlich durch Wilderer. Denn nicht nur der illegale Export von Stoßzähnen bringt hohen Profit. Bei der einheimischen Bevölkerung ist vor allem das Fleisch des Waldelefanten sehr beliebt. In extrem armen Gegenden wie etwa dem Kongobecken, einem weiteren bedeutenden Lebensraum des Waldelefanten, ist der Artenschutz kaum durchzusetzen. Die Menschen können nicht auf das nahrhafte Fleisch verzichten und werden aus der Not heraus zu Wilderern.

Waldelefanten (Loxodonta cyclotis) halten sich – wie ihr Name schon besagt – vorwiegend in den Wäldern Westafrikas und des Kongobeckens auf. Meist besteht eine Gruppe aus zwei bis drei Weibchen und deren Nachwuchs (unten). Jungbullen (links) scheiden nach Erreichen der Geschlechtsreife aus der Weibchengruppe aus und bilden eigene Junggesellentrupps.

Versteckt in Wald und Sumpf

Die Heimat des Zwergflusspferds sind die Wälder und Sümpfe Westafrikas. Doch sein Lebensraum wurde im Lauf des 20. Jahrhunderts durch Rodung und Besiedelung stark eingeschränkt. Auch Jagd und kriegerische Konflikte haben den Bestand erheblich reduziert. Vermutlich leben nur noch wenige tausend Zwergflusspferde in Freiheit. In ihrem westafrikanischen Verbreitungsgebiet sind sie auf geschützte Zonen angewiesen, etwa den Taï-Nationalpark in der Elfenbeinküste, in dessen Regenwäldern sie noch gute Lebensbedingungen vorfinden. Die Wälder liefern die Nahrung – Laub, Früchte, Farne, Gräser, Kräuter, Knollen, Wurzeln –, die Feuchtgebiete und Flüsse sorgen für den Schutz der Haut. Wie das große Nilpferd muss auch der zierliche Vertreter der Familie seine haarlose Haut feucht halten, um Risse und Sonnenschäden zu vermeiden. Auch sind beide Flusspferdarten nachtaktiv.

Die Unterschiede fallen ins Auge: Das Zwergflusspferd hat etwa die Größe eines Wildschweins und

Im Schlamm fühlt sich das Zwergflusspferd in seinem Element.

erreicht kaum ein Viertel des Gewichts seines größeren Verwandten. Aufgrund des zierlicheren Körperbaus und der vergleichsweise langen Beine kann es sich geschickter an Land fortbewegen und auch dichtes Unterholz durchdringen. Zudem bildet es im Gegensatz zum Nilpferd keine größeren Gruppen, sondern durchstreift – außerhalb der Paarungszeit – sein Revier in der Regel als Einzelgänger.

Da das Zwergflusspferd sehr versteckt lebt, ist über sein Verhalten in freier Wildbahn wenig bekannt. Bis ins 19. Jahrhundert hinein wusste die Wissenschaft nichts von der Existenz dieser Spezies, und noch immer beschränkt sich ihre Erforschung vornehmlich auf Beobachtungen in Zoos.

Das Zwergflusspferd verdankt einen Teil seines wissenschaftlichen Namens (Choeropsis liberiensis) seinem Hauptverbreitungsgebiet im heutigen Liberia. Darüber hinaus sind Bestände in Sierra Leone, Guinea und der Elfenbeinküste anzutreffen. Obwohl das Zwergflusspferd ein besserer Schwimmer ist, hält es sich nicht so lange wie sein größerer Vetter im Wasser auf.

NATURSCHUTZGEBIET NIMBA-BERGE

Das Reservat im Dreiländereck Liberia, Guinea und Elfenbeinküste ist ein transnationales Welterbe, das sich die beiden letztgenannten Länder teilen.

Jahr der Ernennung: 1981
Erweiterung: 1982

Das bis 1752 Meter hohe Massiv der Monts Nimba direkt an der Grenze von Elfenbeinküste und Guinea ist die höchste Erhebung beider Länder und der markante Mittelpunkt des rund 180 Quadratkilometer großen Schutzgebietes. Es weist eine fast geschlossene Walddecke auf: An den unteren Hängen dominieren noch laubabwerfende Bäume, überhalb von 1000 Meter Meereshöhe herrscht Bergwald vor, die Gipfelregion ist von Bergsavanne geprägt.
Rund 40 Pflanzen- und über 200 Tierarten sind hier endemisch. Zu den tierischen Bewohnern des Reservats zählen Elefanten, Büffel, Antilopen, Löwen, Leoparden, Hyänen, Meerkatzen und Schimpansen. In den Gewässern tummeln sich Zwergflusspferde und Stumpfkrokodile. Auch Aasvögel, Schlangen und seltene Amphibienarten wie lebendgebärende Kröten (Nectophrynoides occidentalis) sind hier anzutreffen.
Durch Eisenerzabbau und Bürgerkriegsflüchtlinge von der Elfenbeinküste, die im Reservat jagen, ist der Bestand des Welterbes gefährdet; seit 1992 steht es auf der Roten Liste.

Zahlreiche Reptilien-, Primaten- und Großwildarten bevölkern die Nimba-Berge, so etwa Stumpfkrokodile (unten), Dianameerkatzen und Waldbüffel, eine Unterart der Kaffernbüffel (rechts).

KULTURLANDSCHAFT LOPÉ-OKANDA

Lopé-Okanda in Gabun verkörpert eine ungewöhnliche Schnittstelle von dichtem tropischen Regenwald und trockenerer Reliktsavanne. Archäologische Fundstätten aus Jungsteinzeit und Eisenzeit zeugen davon, dass die Region auch uraltes Kulturgebiet ist.

Jahr der Ernennung: 2007

Direkt unter dem Äquator, im Norden der zentralafrikanischen Regenwälder, befindet sich der Mittellauf des Flusses Ogooué. Hier wechseln sich auf einer Fläche von rund 1000 Quadratkilometern offene Savanne und Galeriewälder ab. Die offene Landschaft ist jedoch nicht nur naturgegeben, sondern auch das Ergebnis menschlicher Einwirkung seit der Steinzeit, vor allem durch Buschfeuer. Sie gestattete es Angehörigen westafrikanischer Völker, durch dieses Gebiet ins Innere des Landes, in den Norden des Kongos, vorzudringen. Diesen Weg nahmen in den letzten Jahrtausenden vor allem Bantu-Völker aus dem Gebiet südlich der Sahara.

Das Flusstal mit den umgebenden Hügeln ist ein wichtiges archäologisches Zentrum. Auf rundlichen Felsblöcken finden sich bedeutende Felsbilder, auf denen Menschen mit Eisenwerkzeugen, etwa Wurfmessern, dargestellt sind. Am häufigsten kommen einzelne oder mehrere konzentrische Kreise und andere geometrische Formen vor. Weniger als ein Zehntel der Bilder stellen Kleinsäuger oder Reptilien dar. Das Nebeneinander verschiedener Wald- und Savannenökosysteme wirkt sich günstig auf die Artenvielfalt aus. Bisher wurden hier rund 1550 Blütenpflanzen-, 400 Vogel- und mehr als 50 Säugetierarten, darunter viele Primaten, identifiziert.

Nicht nur Natur in Gestalt von Regenwald (großes Bild) und Sonnenschwanzmeerkatzen (kleines Bild unten) hat der Landschaftskomplex Lopé-Okanda mit dem Lopé-Nationalpark als Kernzone zu bieten. Neolithische Felszeichnungen bezeugen die Anwesenheit von Menschen in dieser Region bereits vor 4000 Jahren (oben).

Das fast vollständig vom Fluss Dja eingeschlossene Reservat im Südosten von Kamerun zeichnet sich durch eine äußerst vielfältige Tierwelt, darunter zahlreiche Primatenarten, aus.

Jahr der Ernennung: 1987

Das gut 5000 Quadratkilometer große Dja-Tierreservat liegt in einer natürlichen Schleife am Oberlauf des gleichnamigen Flusses. Die Region ist nur schwer zugänglich, auch deshalb hat sich hier einer der größten zusammenhängenden Regenwälder der Erde mit großer Biodiversität erhalten. Der aus rund 50 Baumarten bestehende Wald ist das Habitat einer immensen Vielfalt von Tieren, darunter mehr als 100 Säugetierarten. Besonders wertvoll machen das Reservat die Menschenaffenpopulationen (Gorillas und Schimpansen) sowie der äußerst seltene Waldelefant. Eine Bedrohung dieses nur von einigen Pygmäen bewohnten Gebietes geht von Buschbränden aus. Darüber hinaus sind viele Wildtiere eine begehrte Beute von Wilderern.

Dem Dja (links), der über den Sangha schließlich in den Kongo mündet, verdankt das kamerunische Tierreservat seinen Namen. Hier gibt es noch weitgehend unberührten Primärregenwald (unten Mitte) sowie eine Vielzahl von Primaten, darunter Pottos, Blaumaulmeerkatzen, Flachlandgorillas (Bildleiste links, von oben nach unten) und Weißnasenmeerkatzen (unten rechts).

Die größten Primaten

Gorillas gehören zur Ordnung der Primaten, in die auch der Mensch gestellt wird, und innerhalb dieser Ordnung zur Familie der Menschenaffen. Deren einheitliches Merkmal sind die fünf Finger und der wie beim Menschen opponierbare Daumen, der Hände und Füße zu hervorragenden Greifwerkzeugen macht. Auch sind alle Menschenaffen schwanzlos und leben in Gruppen. Mit einem Gewicht von bis zu 200 Kilogramm – das gilt für in Freiheit lebende Männchen, gut versorgte Zootiere können bedeutend schwerer werden – sind Gorillas die größten Primaten der Erde. Ihre Hauptnahrung sind Blätter,

Silberrücken werden die älteren Männchen der Flachlandgorillas wegen ihrer Fellzeichnung genannt.

ihr Lebensraum die Wälder. So beschränken sich die Verbreitungsgebiete der Gorillas auf das mittlere Afrika mit seinen großen Regenwäldern.
Man unterscheidet zwischen Westlichen und Östlichen Gorillas, Flachland- und Berggorillas. In unseren Zoos werden überwiegend Westliche Flachlandgorillas gehalten, die häufigste und anpassungsfähigste Unterart. Die schwerste Bedrohung geht für Gorillas von der Rodung der Wälder aus – ihre Lebensräume werden immer enger. Dazu kommen Seuchen wie Ebola und Kriege sowie die Jagd. In geschützten Zonen wie dem Dja-Tierreservat in Kamerun leben noch ansehnliche Populationen, insgesamt geht der Bestand aber merklich zurück.

Die Westlichen Flachlandgorillas sind in den Regenwäldern östlich des Golfes von Guinea vom südlichen Kamerun bis nach Cabinda (Angola) verbreitet. Wie beim Menschen beträgt die Tragzeit schwangerer Weibchen rund neun Monate. Nach der Geburt werden die Jungen jahrelang von der Mutter getragen, bis sie mit sechs bis zehn Jahren geschlechtsreif werden.

NATIONALPARK MANOVO-GOUNDA ST. FLORIS

Dieses Reservat in der Zentralafrikanischen Republik zeichnet sich durch seinen Reichtum an Pflanzen- und Tierarten aus, besonders durch die vielen Wasservögel und Großwildarten.

Jahr der Ernennung: 1988

Ein Teil des Areals ganz im Norden des Landes an der Grenze zum Tschad wurde bereits im Jahr 1933 zum Nationalpark erklärt. Es lässt sich in drei Vegetationszonen einteilen: die in der Regenzeit überschwemmten Grasebenen des Nordens, die leicht hügeligen Savannen der Übergangszone sowie das zerklüftete Sandsteingebirge im Süden.
Neben den Wasservogelarten der nördlichen Ebene – darunter Marabus und Rosapelikane – leben auf dem knapp 20 000 Quadratkilometer großen Areal unter anderem Löwen, Leoparden, Geparde, Wildhunde, Büffel, Antilopen, Gazellen, Giraffen, Flusspferde und zahlreiche Primatenarten.

Besonders schützenswert sind die Waldelefanten und die fast gänzlich ausgerotteten Schwarzen Nashörner. Diese seltenen Tierarten fielen in der Vergangenheit immer wieder skrupellosen Wilderern zum Opfer, die in den 90er-Jahren den Gesamtwildtierbestand um rund 80 Prozent reduzierten (und dabei auch Parkwächter ermordeten). Eine weitere Gefahr ist der zunehmende Missbrauch des Areals als Weidefläche für Haustiere.

Der Gounda ist einer von fünf Flüssen, die den Park entwässern (großes Bild). In deren Uferbereichen leben neben vielen Wasservogelarten auch Flusspferde (rechts).

NATIONALPARK GARAMBA

Neben anderen Großsäugetieren beheimatet der im äußersten Nordosten der Demokratischen Republik Kongo an der Grenze zum Sudan gelegene Garamba-Nationalpark auch die sehr seltene nördliche Unterart des Breitmaulnashorns.

Jahr der Ernennung: 1980

Weite Savannen und Grasländer, Waldgebiete und sumpfige Tiefländer: Der Garamba-Nationalpark am gleichnamigen Fluss bietet eine außergewöhnliche Vielfalt unterschiedlicher Lebensräume. Bereits 1938 wurde das rund 5000 Quadratkilometer große Areal zum Nationalpark erklärt. Im kaum zugänglichen Schutzgebiet leben über 40 Säugetierarten. Dazu gehören etwa Elefanten und Flusspferde. Die Einrichtung dieses Parks erfolgte jedoch vor allem zum Schutz der Giraffen und insbesondere der nördlichen Unterart des Breitmaulnashorns, auch Weißes Nashorn genannt. Letztere gibt es frei lebend weltweit nur noch im Garamba-Nationalpark.

Durch Bürgerkrieg und Wilderei ist der ohnehin winzige Bestand in den vergangenen Jahren weiter geschrumpft, es ist das Aussterben dieser Spezies in freier Wildbahn zu befürchten.

Eines der Probleme des Tierschutzes im Kongo ist dessen Finanzierung. Ein Großteil der benötigten Gelder kann nur durch den Tourismus aufgebracht werden, der jedoch aufgrund der unsicheren politischen Verhältnisse im Land nur schwach ausgeprägt ist.

Der mit mannshohem Gras bewachsene Park kann auch auf dem Rücken von Elefanten erkundet werden. Die sanftmütigen Riesen werden hierfür in Garambas einzigartiger Elefantenschule trainiert.

Das Weiße Nashorn – sein anderer Name lautet Breitmaulnashorn – verdankt seinen paradox anmutenden Namen einem Übersetzungsfehler. Aus dem burischen »wijde«wurde das englische »white«. Von der nördlichen Unterart des Großsäugers (Ceratotherium simum cottoni) leben weltweit vermutlich nur noch ein bis zwei Dutzend Exemplare auf dem Areal des Garamba-Nationalparks.

Das rund 14 000 Quadratkilometer große Reservat im Nordosten der Demokratischen Republik Kongo verdankt seinen Ruf der namensgebenden Kurzhalsgiraffe. Die Regenwälder des Kongo sind das einzige Verbreitungsgebiet dieser erst seit rund 100 Jahren bekannten Paarhufer mit den markanten zebraähnlichen Beinen.

Jahr der Ernennung: 1996

Das Okapi-Wildreservat wurde 1992 offiziell zum Schutzgebiet erklärt. Es erstreckt sich im Becken des Flusses Zaire, eines der größten Drainagesysteme des afrikanischen Kontinents, über etwa ein Fünftel des Ituri-Regenwaldes. Das Reservat hat reizvolle Landschaften zu bieten, darunter die imposanten Wasserfälle der Flüsse Ituri und Epulu.

Der Grund zur Einrichtung des Reservats war jedoch das Okapi, das erstmals 1890 von Sir Henry Morton Stanley erwähnt wurde. Dieser kannte es jedoch nicht aus eigener Anschauung, sondern hatte es nach Schilderungen der einheimischen Batwa vage als ein eselähnliches Tier beschrieben. Der britische Gouverneur Sir Harry Johnston (auf den die wissenschaftliche Be-

zeichnung Okapia johnstoni zurückgeht) ordnete das zunächst als »Equus« (Pferd) klassifizierte Tier anhand von Knochenfunden den Giraffen zu. Erst zu Beginn des 20. Jahrhunderts bekamen Europäer lebende Tiere zu Gesicht. Vermutlich 30 000 Exemplare der Waldgiraffen leben noch in freier Wildbahn, etwa 5000 davon allein im Okapi-Wildreservat.

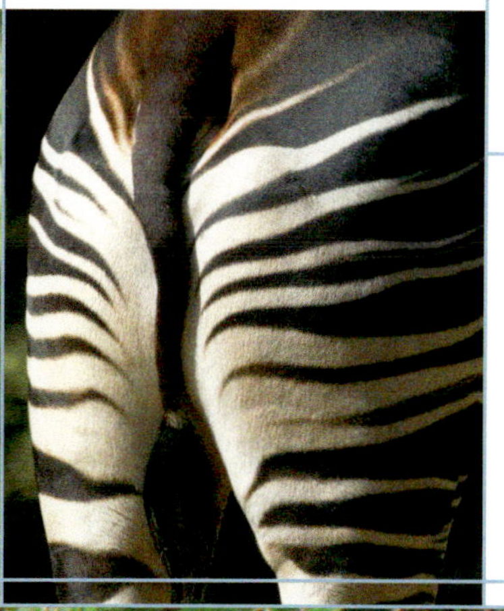

Als Kurzhals- oder Waldgiraffe wird das Okapi mitunter auch bezeichnet. Anders als sein die Steppe bevorzugender Verwandter lebt es ausschließlich im Regenwald, wo es gerne Zweige, Blätter und Triebe von Bäumen frisst. Mit der zebraähnlichen Streifung von Gesäß und Beinen erweckt es den Anschein, als sei es aus mehreren Tieren zusammengesetzt.

VIRUNGA-NATIONALPARK

Der Virunga-Nationalpark ist im Bewusstsein der westlichen Öffentlichkeit fast gleichbedeutend mit seinen berühmtesten tierischen Bewohnern, den Berggorillas. Mit seinen unterschiedlichen Landschaftsformen bietet er aber auch vielen anderen Tieren ein Refugium.

Jahr der Ernennung: 1979

Der knapp 8000 Quadratkilomter umfassende Virunga-Nationalpark erstreckt sich entlang des Großen Afrikanischen Grabenbruchs nördlich und südlich des Lake Edward (Rutanzige-See) im Nordosten der Demokratischen Republik Kongo an der Grenze zu Uganda und Ruanda. Er ist Teil des Areals des 1925 als Albert-Nationalpark gegründeten ersten afrikanischen Nationalparks. Im Laufe der Zeit wurde ein Großteil des Parks in Ackerland umgewandelt.

Der Nationalpark Virunga birgt Lebensräume in einer kaum zu übertreffenden Fülle: Sümpfe, Steppen, Savannen, Lavaebenen, Regenwälder, die Schneefelder des bis zu 5109 Meter hohen Ruwenzori-Gebirges sowie erloschene und aktive Vulkane. Entspre-

chend vielfältig ist die Fauna: Rund 200 Säugetierarten bevölkern den Nationalpark, darunter Elefanten, Flusspferde, Löwen, Leoparden, Okapis und mehrere Antilopen- und Primatenarten. Zugvögel aus Sibirien und Europa verbringen hier den Winter.
In den Virunga-Bergen hat auch der vom Aussterben bedrohte Berggorilla eine seiner letzten Zufluchtsstätten gefunden. Hier begann Dian Fossey 1967 mit ihrer Langzeitstudie, erst auf kongolesischer, dann auf ruandischer Seite. Von der heute schätzungsweise 700 Exemplare zählenden Gesamtpopulation dieser Menschenaffen lebt gut die Hälfte in Virunga. Die Demokratische Republik Kongo, Ruanda und Uganda setzen spezielle Patrouillen ein, um diesen nahen Verwandten des Menschen vor der Ausrottung zu bewahren.

Die seltenen Berggorillas (unten links und rechts) sind seit »Gorillas im Nebel« wohl die berühmtesten Bewohner des Virunga-Nationalparks. Vor ihrem Ruhm müssen die ebenfalls hier anzutreffenden Goldmeerkatzen (links) und Elefanten (unten Mitte) verblassen.

VIRUNGA-NATIONALPARK
VIRUNGA-VULKANE

Zwischen Lake Kivu und Lake Edward erstreckt sich die Kette der acht Virunga-Vulkane. Auf dem Areal des Parks liegen die beiden aktivsten von ihnen, der Nyiragongo und der Nyamuragira, für den seit 1882 über 30 Ausbrüche verzeichnet wurden.

An dem über 3000 Meter hohen Schildvulkan des Nyamuragira sind im Laufe der Jahrzehnte durch Eruptionen zahlreiche neue Kegel entstanden, an denen durch Austrittskanäle glühende Lava hervordringt, wie etwa hier am Kimanura (rechts unten).

Die Herren der Bergwälder

Wenn es gelingen sollte, die Berggorillas vor dem Aussterben zu bewahren, so ist dies wohl der US-amerikanischen Primatenforscherin Dian Fossey zu verdanken. Fast 20 Jahre lang, bis zu ihrer Ermordung 1985, studierte sie im Virunga-Nationalpark in Ruanda das Verhalten der Berggorillas, gewann deren Vertrauen und wurde wie ein Familienmitglied behandelt. Die eindrucksvollen Bilder von »Gorillas im Nebel« machten nicht nur Fossey, sondern auch ihre behaarten Gefährten zu Stars. Die Weltöffentlichkeit schaut seitdem auf die Berggorillas, und das hat viel zu ihrem Schutz beigetragen. Mittlerweile steigt die Population sogar wieder, wenn auch auf niedrigem Niveau. So geht man von einem Gesamtbestand von etwa 700 Tieren aus, die sich auf die einzig verbliebenen Lebensräume verteilen, das Gebiet der Virunga-Vulkane (Kongo, Ruanda) und die Bwindi-Wälder (Uganda).
Berggorillas sind, wie alle Gorillas, typische Waldbewohner, aber eher schlechte Kletterer. Sie bewegen sich vorwiegend am Boden, auf vier Gliedmaßen im Knöchelgang (dabei werden die vorderen Extremitäten auf den mittleren Fingergliedern aufgesetzt). Ihre Nahrung besteht aus Blättern und Früchten. Tagsüber durchstreifen die familiär strukturierten Gruppen, die sich meist aus einem Männchen, seinen Weibchen und dem noch nicht geschlechtsreifen Nachwuchs zusammensetzen, ihr Revier. Für die Nacht wird ein bequemes Blätterbett gebaut. Revierkämpfe gibt es kaum, man geht sich lieber aus dem Weg. Berggorillas sind etwas kleiner als Flachlandgorillas und haben ein längeres, seidiges Fell. Besonders imposant sind die »Silberrücken«, die in Würde ergrauten älteren Herren, die in der Hierarchie ganz oben stehen.

Meist nur ein Junges bringt ein Berggorillaweibchen nach knapp neun Monaten Tragzeit zur Welt.

Nebelwälder in 2000 bis 4000 Meter Höhe sind das Habitat der Berggorillas (Gorilla beringei beringei). Hier finden sie reichlich Nahrung: Schösslinge, Blätter, Mark, Stengel, Wurzeln und Rinde von Pflanzen wie Sellerie oder Bambus. Der Bestand der Berggorillas im Virunga-Nationalpark ist gefährdet durch Bürgerkriegsflüchtlinge aus Ruanda, die den Wald zur Feuerholzgewinnung abholzen.

SALONGA-NATIONALPARK

Der Nationalpark am Salonga, einem östlichen Zufluss des Kongo im Zentrum der Demokratischen Republik Kongo, umfasst eines der größten zusammenhängenden Regenwaldgebiete in Zentralafrika.

Jahr der Ernennung: 1984

Salonga wurde 1970 als Nationalpark ausgewiesen. Mit einer Fläche von rund 36 000 Quadratkilometern ist er der zweitgrößte Regenwald-Nationalpark der Welt. Zusammen mit dem Maiko-Nationalpark wurde das Areal von Salonga, das aus zwei etwa gleich großen, durch einen rund 50 Kilometer breiten Siedlungskorridor getrennten Teilen besteht, unter Schutz gestellt, um repräsentative Teile des zentralafrikanischen tropischen Regenwalds zu erhalten. Große Abschnitte der ökologisch bedeutenden Regenwälder des Landes wurden bereits Opfer von Waldbränden oder mussten der sich immer weiter ausbreitenden Landwirtschaft weichen.

Der Nationalpark ist nur auf dem Wasserweg erreichbar, damit für Menschen nur schwer zugänglich und nicht zuletzt deshalb Lebensraum für viele Tierarten. Dazu zählen zum Beispiel Okapi, Bongoantilope, Wasserzivette, Kongopfau und Panzerkrokodil. Auch der in den Regenwäldern Zentralafrikas lebende Waldelefant ist hier heimisch.

Als der berühmteste tierische Bewohner von Salonga gilt der Zwergschimpanse. Der auch Bonobo genannte Vertreter der Menschenaffen, ein naher Verwandter des Schimpansen, ist in freier Wildbahn nur noch in den Schutzgebieten südlich des Kongo anzutreffen.

Bonobos (großes Bild) sind die wohl prominentesten tierischen Bewohner des Salonga-Nationalparks im zentralen Kongobecken. Hier erstreckt sich das nach dem Amazonasbecken zweitgrößte tropische Regenwaldgebiet der Erde (oben).

NATIONALPARK KAHUZI-BIEGA

Einige der letzten heute noch existierenden Gruppen von Östlichen Flachlandgorillas, nahen Verwandten der Berggorillas, sind in den Wäldern dieses Schutzgebietes im Osten der Demokratischen Republik Kongo beheimatet.

Jahr der Ernennung: 1980

Ebenso wie der Virunga- wurde auch der rund 100 Kilometer westlich des Kivu-Sees gelegene Kahuzi-Biega-Nationalpark vor allem zum Schutz von Gorillas eingerichtet – allerdings nicht von Berggorillas (Gorilla beringei beringei), sondern von Östlichen Flachlandgorillas (Gorilla beringei graueri). In Höhen zwischen 2100 und 2400 Metern leben diese imposanten Vertreter der Menschenaffen in kleinen Gruppen. Die »sanften Riesen« sind Vegetarier und können bis zu 40 Jahre alt werden. Die älteren Männchen haben eine silbergraue Rückenbehaarung. Sie schüchtern ihre Rivalen ein, indem sie sich aufrichten und sich brüllend auf die Brust schlagen. Gorillas sind tagaktiv: Bis zum Sonnenuntergang sammeln sie Pflanzennahrung, nachts schlafen sie in Nestern, die sie sich aus Zweigen und Blättern spontan eingerichtet haben.
Darüber hinaus beherbergt das rund 6000 Quadratkilometer große Schutzgebiet im Schatten der beiden erloschenen Vulkane Kahuzi und Biega weitere Primatenarten, darunter Gemeine Schimpansen, die nächsten Verwandten des Menschen. Neben ihren ebenfalls hier vorkommenden natürlichen Feinden, den Leoparden, leben im Schutzgebiet auch Elefanten, Büffel und zahlreiche andere Tierarten. Seit 1997 steht der Park auf der Roten Liste des gefährdeten Welterbes.

Nur mehr eine Gesamtpopulation von weltweit wenigen tausend Tieren gibt es von den Östlichen Flachlandgorillas. Die meisten von ihnen leben im Kahuzi-Biega-Nationalpark. Wie die Berggorillas sind sie typische Waldbewohner.

Leben in den Bäumen

Insbesondere ihr ungewöhnlich »freimütiges« Sexualverhalten sorgt für die Präsenz dieser seltenen Primatenart in unseren Massenmedien. Tatsächlich bilden die Kopulation – einzigartig in der Tierwelt auch in »Missionarsstellung« – sowie eine Vielfalt anderer Praktiken, die auch mit gleichgeschlechtlichen Partnern ausgeübt werden, ein wichtiges Regulativ im Zusammenleben der Gruppe. Oft geht der Impuls von rangniedrigen Gruppenmitgliedern aus und ist mit dem Betteln um Nahrung verknüpft.
Bonobos gehören zur Familie der Schimpansen, werden auch Zwergschimpansen genannt, obwohl

»Schwierige Entscheidung – lass mich erst mal nachdenken«, scheint sich dieser Bonobo zu sagen.

sie nur geringfügig zierlicher sind als die Gemeinen Schimpansen. Ein deutliches Unterscheidungsmerkmal ist das in der Mitte gescheitelte Kopfhaar. Das Gesicht ist unbehaart und weist bei jungen Tieren beinahe menschliche Züge auf. Obwohl auch bei den Bonobos aggressives Verhalten beobachtet wird, leben sie wesentlich friedlicher zusammen als andere Schimpansen.
Ihr Lebensraum beschränkt sich auf Schutzgebiete im Kongobecken – etwa den Salonga-Nationalpark. Sie sind typische Waldbewohner und exzellente Kletterer, finden ihre Nahrung vornehmlich auf Bäumen und begeben sich auch hoch oben in den Bäumen in einem Blätternest zur Nachtruhe.

Immer wieder ein beliebter Untersuchungsgegenstand ist der Werkzeuggebrauch von Primaten. Bei den Bonobos, die in freier Natur nur noch im Kongobecken vorkommen, konnte dieser jedoch – anders als beim Gemeinen Schimpansen – bisher nur in Gefangenschaft beobachtet werden. Dort sind sie etwa in der Lage, mit Stöcken in Termitenhügeln herumzustochern.

Der im Norden von Äthiopien etwa 100 Kilometer nördlich von Gondar gelegene Park umfasst einen Teil des Hochplateaus, das sich durch gewaltige Abgründe und reißende Flüsse auszeichnet.

Jahr der Ernennung: 1978

Das Simien-Massiv wurde durch den Einfluss starker Erosion zu einer der eindrucksvollsten Landschaften der Welt. Gipfelhöhen um die 4500 Meter, Basaltschluchten mit reißenden Flüssen zwischen zerklüfteten Felsen und Klippen mit Abgründen von bis zu 1500 Meter Tiefe prägen das Bild. Dies alles überragt der 4620 Meter hohe Ras Dashan, der vierthöchste Berg Afrikas. Der nach dem Gebirgsmassiv benannte Nationalpark bietet einigen äußerst seltenen Tierarten ein Refugium. Darunter befinden sich der Gelada-Pavian, der Simien-Rotfuchs und der Walia-Steinbock. Als die Zahl der Füchse und Steinböcke unter die kritische Grenze von 20 bzw. 250 Tieren fiel, wurde der Park 1996 in die Rote Liste der UNESCO aufgenommen.

Der Simien-Nationalpark beeindruckt mit Hochplateaus sowie aus dem Fels heraustretenden Wasserfällen (große Bilder). Äthiopiens höchster Berg, der Ras Dashan (kleines Bild unten links), wurde von Europäern erstmals 1841 bestiegen. Im Park leben der seltene Äthiopische Wolf (links) und der Dschelada-Affe oder Blutbrustpavian, den ein roter Fleck auf der Brust kennzeichnet (ganz links).

BWINDI-NATIONALPARK

Bwindi im äußersten Südwesten Ugandas ist bekannt für seine Vielfalt an Baumarten und Farngewächsen sowie für die raren Vogel- und Schmetterlingsarten. Die Bergwälder sind auch eine der letzten Zufluchtsstätten der seltenen Berggorillas.

Jahr der Ernennung: 1994

Im Übergangsgebiet von der Steppe zum Bergland liegt der nur schwer zugängliche Bwindi-Nationalpark. Er ragt durch die einzigartige Artenvielfalt seiner Flora und Fauna heraus. Über 100 Arten von Farngewächsen sind hier heimisch, und nicht weniger als 160 Baumarten bilden den Bergwald des Nationalparks. Von den bisher nachgewiesenen rund 300 Vogelarten nehmen die Waldvögel etwa zwei Drittel ein. Dazu gesellen sich ungefähr 200 Schmetterlingsarten.
Berühmt ist das Reservat jedoch vor allem für seine Berggorillas. In seinen Höhenlagen lebt mit etwa 300 Tieren rund die Hälfte der Weltpopulation dieser bedrohten Spezies in friedfertigen Familienverbänden, die von einem »Silberrücken« angeführt werden.

Am Rand des Western Rift Valley im Südwesten Ugandas erstreckt sich auf einem Areal von rund 330 Quadratkilometern der Nationalpark Bwindi mit seinem Gebirgs- und Tieflandregenwald. Viele Pflanzen des Urwalds haben sich erst ab der letzten Eiszeit entwickelt (links und große Bilder unten). Auf einer geführten Tour können Berggorillas beobachtet werden (kleines Bild unten).

NATIONALPARK RUWENZORI-GEBIRGE

Die Bergwälder und Sumpfgebiete des Ruwenzori-Gebirges bieten Lebensraum und Schutz für zahlreiche gefährdete Tiere und Pflanzenarten von überproportionaler Größe.

Jahr der Ernennung: 1994

An der Grenze zwischen der Demokratischen Republik Kongo und Uganda, zwischen Albert- und Edward-See, liegt das Ruwenzori-Gebirge. Die durch Erdverschiebungen entstandene Gebirgskette ist ungefähr 120 Kilometer lang und 50 Kilometer breit, mit dem 5109 Meter hohen Margherita-Gipfel des Mount Stanley als höchster Erhebung. Der Nationalpark umfasst ein rund 1000 Quadratkilometer großes Areal des Gebirges ganz im Südwesten Ugandas. Neben den Gletschern, Seen und Wasserfällen der höheren Lagen gibt es in den Tälern und Ausläufern von Ruwenzori weite Sumpfgebiete, in denen hoch wachsende Pflanzenarten wie Papyrus den Elefanten Schutz bieten. In den üppig mit Gras bewachsenen Kratern finden unzählige Gazellen, Antilopen und Büffel Nahrung. In Höhen um 2000 Meter wachsen Bambusstauden. Dies ist der Lebensraum von Leoparden. Auch der Kapklippschliefer findet hier Schutz in den zahlreichen Felsspalten. Die fast durchgängig nebelverhangenen tropischen Bergwälder der höheren Lagen warten mit einer Pflanzenwelt von ungewöhnlichen Ausmaßen

auf. Lobelien, deren Wachstum normalerweise bei 30 Zentimetern endet, erreichen hier eine Höhe von sechs Meter. An geschützten Stellen finden sich Farnarten von über zehn Meter Höhe, und auch einige Formen des Heidekrauts präsentieren sich hier in baumgroßen Dimensionen. Zurückzuführen ist dieses immense Pflanzenwachstum auf das Zusammentreffen von mineralreichen Böden, gleichbleibenden Temperaturen, hoher Luftfeuchtigkeit und der hohen ultravioletten Strahlung der oberen Lagen.

Im tropischen Bergwald des Ruwenzori-Gebirges wachsen in etwa 4000 Meter Höhe alpine Pflanzen im Großformat (unten). Ein typischer Bewohner der Region ist das Hornchamäleon (rechts).

RIESENLOBELIEN UND -SENECIEN

Zauberwelt im Nebelwald

Feuchtheiß ist das Klima im Ruwenzori-Gebirge, in dem 300 Regentage pro Jahr nicht ungewöhnlich sind. Ruwenzori bedeutet in der Sprache des hier lebenden Bakonjo-Volkes »Wolkenkönig« oder »Regenmacher«. Hohe Luftfeuchtigkeit und warme Aufwinde sorgen dafür, dass sich auch in alpinen Zonen – die Baumgrenze liegt erst in etwa 3800 Meter Höhe – eine außerordentlich üppige Flora von einzigartiger Vielfalt entwickeln konnte.

Die Bergwälder und Hochmoore von Ruwenzori gelten als eine der vegetationsdichtesten Regionen der Erde. Es ist eine Welt wie im Fabelreich, mit Moosen, Farnen, Bambusstauden, Orchideen, baumhohen Erika-Gewächsen, Tussock-Gras, Wollkerzenpflanzen und Schopfrosettenbäumen. Zahlreiche Pflanzenarten sind in Ruwenzori bedeutend höher als in ihren sonstigen Verbreitungsgebieten.

Die charakteristischen Pflanzen in Höhen ab rund 3000 Metern sind diverse Riesenlobelien und -senecien. Die ausgesprochen artenreiche Gattung Lobelia aus der Familie der Glockenblumengewächse wächst hier zu meterhohen Schopfbäumen heran. Die Lobelia wollastonii kann bis zu sieben Meter hoch werden und hat einen breiten, verholzenden Stamm, der vollständig mit behaarten Blättern bedeckt ist, sowie einen dichten bläulichen Blütenstand. Die zur Familie der Korbblütengewächse zählende Gattung Senecio (auch Greis- oder Kreuzkraut genannt) ist mit den Arten Senecio ericirosenii und Senecio adnivalis vertreten, die eine Höhe von bis zu zwölf Metern erreichen. Sie besitzen einfache oder wenig verzweigte Stämme, an deren Ende die großen Blätter rosettenförmig angeordnet sind.

Die Riesenlobelie wächst in der alpinen Zone der tropischen Hochgebirge.

Die Riesenlobelien (Bildleiste links) und -senecien (unten) benötigen viele Jahre, bis sie zu ihrer beeindruckenden Größe herangewachsen sind. Fast jeder afrikanische Berg mit alpiner Zone weist eine endemische Art auf. Die Blätter sind durch dichte Behaarung gegen Frost und UV-Strahlung geschützt.

NATIONALPARKS TURKANA-SEE

Gleich drei Nationalparks in der Region des Turkana-Sees bilden dieses Welterbe, das sich durch seine artenreiche Fauna auszeichnet. Von Norden nach Süden sind dies: Sibiloi, Central Island und South Island.

Jahr der Ernennung: 1997
Erweiterung: 2001

Inmitten von wüstenähnlichen Trockensteppen liegt ganz im Nordwesten von Kenia im Dreiländereck mit Sudan und Äthiopien der abflusslose, sehr salzhaltige Turkana-See. An seinem Ostufer erstreckt sich der rund 1500 Quadratkilometer große Sibiloi-Nationalpark. Er ist Habitat von Löwen, Zebras, Antilopen und Gazellen. Viel bedeutender ist das Schutzgebiet jedoch als Brut- und Rastplatz für zahlreiche Vögel: Watvögel, Flamingos, Pelikane, Möwen und weitere Zugvögel. In der Mitte des Sees liegt das etwa fünf Quadratkilometer große vulkanische Central Island. Es besteht aus unbewachsenen Felsen, auf denen zahlreiche Arten von Wasservögeln ihre Nistplätze finden. Hier hat auch eine größere Population von Nilkrokodi-

len ein Refugium. Über eine ähnliche Fauna verfügt das rund 100 Kilometer weiter südlich gelegene South Island, wo auch Flusspferde anzutreffen sind. Bei Koobi Fora, einer in den See hineinragenden Landzunge des Sibiloi-Nationalparks, wurden bedeutende paläontologische Funde von Australopithecus, Homo habilis, Homo erectus und Homo sapiens gemacht.

An den Ufern des Turkana-Sees, des größten Binnengewässers Kenias (Bildleiste unten), sind große Flamingokolonien ansässig (großes Bild, Bildleiste Mitte). Der See liegt in einer vulkanisch hochaktiven Zone, wie man an Central Island (Bildleiste oben) erkennt. Zum Park gehört auch Koobi Fora, wo man Fossilien ausgestorbener Säugetiere fand (links).

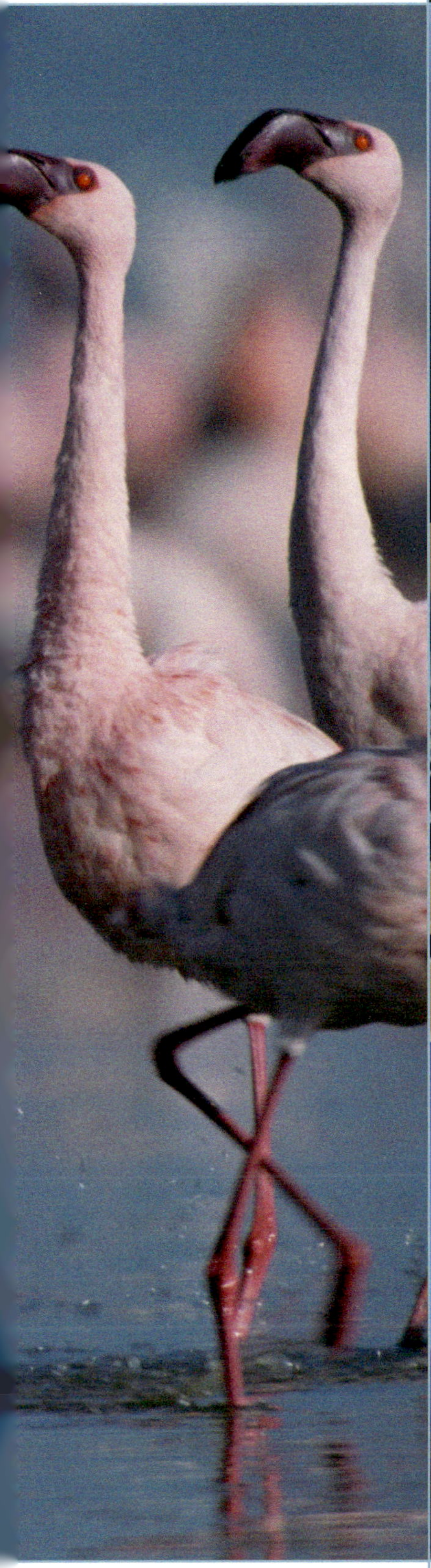

Die Abhänge des 5199 Meter hohen Mount Kenya sind gekennzeichnet durch eine Abfolge von höchst unterschiedlichen Vegetationszonen und Naturwäldern.

Jahr der Ernennung: 1997

In der Mitte Kenias erhebt sich das eindrucksvolle Massiv des doppelgipfeligen Mount Kenya, des mit 5199 Meter Meereshöhe höchsten Bergs des Landes. Seine Hänge sind bis in eine Höhe von 2000 Metern von Feldern und Wäldern bedeckt. Die feuchten Regenwälder werden dort von immergrünen Nebelwäldern abgelöst. Daran schließt sich bis auf 2500 Meter Meereshöhe eine dicht bewachsene Bambuszone an. Diese wird ab 3500 Metern durch offenes Grasland ersetzt, das in höheren Lagen in Moorland übergeht. In dieser Heideregion dominieren Heidelbeere und buschartige Heidekrautgewächse, wobei die bis zu zehn Meter hohe Baumheide besonders auffällt. In der alpinen Zone, wo die eigentliche Nationalparkzone beginnt, wachsen Riesenlobelien und verschiedene Arten des Kreuzkrauts (Senecie), die eine Höhe von bis zu fünf Metern erreichen. Zwar weisen die beiden Pflanzen ähnliche Wuchsformen auf, sind jedoch nicht miteinander verwandt. Daran schließt sich die Gipfellandschaft mit mehreren kleinen Kargletschern des erloschenen Vulkans an.

Die Tierwelt des artenreichsten Nationalparks Afrikas findet man vor allem in den nahrungsreichen Bambus- und Waldregionen vor: Elefanten, Nashörner, Kaffernbüffel und Antilopen zählen dazu, aber auch seltenere Tiere wie etwa Busch- oder Steppenschliefer. Über die unterschiedlichen Vegetationszonen des Berges verteilen sich rund 150 Vogelarten.

Den vulkanischen Ursprung des Mount Kenya offenbart diese vom Space Shuttle »Endeavour« aus gemachte Aufnahme (großes Bild). Oberhalb von 3500 Metern gedeiht das Riesenkreuzkraut (Bildleiste Mitte). Während hier noch Wasserfälle rauschen und riesige Heidekrautpflanzen wachsen (Bildleiste unten und oben), finden sich ab 4300 Metern nur mehr Fels, Gletscher(seen) und Schneefelder (links).

In der Gebirgswelt des Mount Kenya – von den einheimischen Massai »schwarz-weißer Berg« genannt – leben zahlreiche Säugetiere, darunter verschiedene Altweltaffen und die den Pfeifhasen oder Murmeltieren ähnelnden Klippschliefer. Auch viele gefiederte Genossen wie etwa dieser Lobeliennektarvogel (hier auf einem Greiskraut sitzend) finden an den Abhängen des Berges ihr Auskommen (unten von links nach rechts).

SERENGETI-NATIONALPARK

Die Serengeti ist eine riesige Savanne östlich des Victoriasees, die sich vom Nordwesten Tansanias bis ins angrenzende Kenia erstreckt. Rund 15 000 Quadratkilometer auf tansanischem Territorium wurden als Nationalpark ausgewiesen, der alljährlich den Schauplatz einer gigantischen Tierwanderung bildet.

Jahr der Ernennung: 1981

Gewaltige Herden von insgesamt mehr als zwei Millionen Boehmzebras, Weißbartgnus und Thomsongazellen ziehen auf der Suche nach Wasser und Futter alljährlich durch die Steppen- und Savannenlandschaften der Serengeti und legen dabei oft Strecken von bis zu 1500 Kilometern zurück. Sie benutzen immer dieselben Routen und müssen dabei, dem Wechsel von Regen- und Trockenzeiten unterworfen, größte Hindernisse überwinden. Ihnen dicht auf der Spur sind ihre natürlichen Feinde: Löwen, Leoparden, Geparden und Hyänen. Kaum anderswo auf der Welt bietet der Kampf ums Überleben, ums Fressen und Gefressenwerden ein so grandioses, eindrucksvolles Schauspiel wie im Massenzug der Tiere in der Serengeti.

Daneben gibt es hier, in einem der tierreichsten Gebiete der Erde, auch Giraffen, Kaffernbüffel, Topi-, Kongoni- und Elenantilopen, Flusspferde, Nashörner, Hyänenhunde, Husarenaffen, Erdwölfe, Krokodile, Strauße sowie Elefanten. Letztere sind dort jedoch nicht heimisch, sondern seit 1957 zugewandert. In Jahrtausenden hat sich hier ein Lebensraum mit einer sehr vielfältigen Fauna herausgebildet.
Dies änderte sich allerdings mit dem Eintreffen der Europäer am Ende des 19. Jahrhunderts. Großwildjagden fügten der Tierwelt einen kaum wiedergutzumachenden Schaden zu. Bereits im Jahr 1921 wurde die Serengeti unter Schutz gestellt, 1951 wurde der Nationalpark eingerichtet.

Überall in der Serengeti ragen die »Kopjes« – niederländisch für »Köpfchen« – aus dem Grasland. Diese Felsen aus Gneis und Quarzit lagen einst unter der Erdoberfläche. Durch Erosion wurden sie in Jahrtausenden freigelegt. Heute dienen sie Mensch und Tier als Aussichtspunkte (unten und links), bieten aber auch Schutz vor Feinden und sengender Sonne.

»Siringitu« nennen die Massai die große Savanne, was »endlose Ebene« bedeutet. Zweimal im Jahr treten hier die Grasfresser, allen voran die Gnus, in riesigen Herden die große Wanderung an, auf der Suche nach Wasser und frischem Grün (unten). Auch die Kaffernbüffel durchziehen in großen Herden die Serengeti (kleines Bild unten).

Der großen Wanderung – im Oktober und November von Nordosten nach Südosten, von April bis Juni dann in umgekehrter Richtung – schließen sich weitere Pflanzenfresser wie Elefanten, Zebras und Giraffen an (Bildleiste unten rechts). Für Raubtiere wie Löwen bedeuten die Tierzüge reiche Beute (links).

Der König der Tiere

Die größte Raubkatze Afrikas ist ein von Mythen umwobenes Tier. Seit jeher hat der majestätische männliche Löwe mit seiner imposanten Mähne die Fantasie der Menschen angeregt. Selbst im mittelalterlichen Europa, als man ihn kaum aus eigener Anschauung kannte, galt er als Symbol von Macht und Stärke und wurde zum Wappentier.
Die Stimme des Löwen ist gewaltig. Wenn er brüllt, scheinen alle anderen Tiere zu verstummen. In den Savannen Afrikas – dem Rückzugsgebiet dieser einst weitverbreiteten Säugetierart – kann nur der Mensch dem König der Tiere gefährlich werden. Umgekehrt ist das eher selten der Fall: Löwen gelten zwar als blutrünstige Menschenfresser, greifen aber in Wirklichkeit kaum Menschen an. Als gefährlichstes Großtier Afrikas ist vielmehr das »gemütliche« Flusspferd anzusehen. Im Gegensatz zu anderen Katzenarten leben Löwen im Rudel. Es besteht aus Weibchen und ihrem Nachwuchs sowie

Bei der Jagd pirschen sich Löwen meist in geduckter Haltung möglichst nah an ihre Beute heran.

einem dominierenden Männchen, das ein bestimmtes Revier beherrscht. Junge Männchen müssen das Rudel bei Eintritt der Geschlechtsreife verlassen. Nur den Stärksten gelingt es, das Rudel eines anderen Löwen und dessen Revier zu übernehmen. Die übrigen »Junggesellen« schließen sich meist in Gruppen zusammen, durchstreifen die Wildnis und ernähren sich von Aas. Denn die Jagd ist Sache der Weibchen. Gemeinsam schleichen sich die Löwinnen an, kreisen das Beutetier ein und springen es dann in meterlangen Sätzen an, um es durch Genickbiss zu töten. Wenn es ans Fressen geht, erhebt allerdings der Rudelchef als Erster Anspruch auf die erlegte Beute.

Löwen sind Rudeltiere (großes Bild). Während die Weibchen auf Jagd gehen, dösen die Männchen in der Sonne (Bildleiste links). Nachdem die Löwin ihre Jungen in einem Versteck zur Welt gebracht hat, kehrt sie nach einigen Wochen zum Rudel zurück (Bildleiste ganz links).

Der schöne Räuber

Nicht nur sein auffallend geflecktes Fell hebt den Leoparden aus den Wildtieren der Serengeti heraus. Er präsentiert sich auch als der vielseitigste Jäger. Zum einen ist er nicht wählerisch, was seine Beute anbelangt – Antilopen, Paviane, Schakale, Reptilien und Vögel zählen dazu. Auf der anderen Seite hält er sich bei der Jagd nicht an bestimmte Tages- oder Nachtzeiten.
Unübertroffen ist die Gelassenheit, mit der dieser geschmeidige Kletterer auf einem Baum lauert, bis sich ein ahnungsloses Beutetier in seine unmittelbare Nähe verirrt. Ebenso eindrucksvoll ist die Ausdauer, die er beim Anschleichen an den Tag legt. Kilometerweit kann er seinem Opfer folgen, schleichend, auch kriechend, wenn keine Deckung vorhanden ist. Er versucht so nahe wie möglich an seine Beute heranzukommen. Denn der Leopard erreicht zwar Spitzengeschwindigkeiten von rund 60 Stundenkilometern, jedoch nur auf sehr kurze Distanz. Natürlich macht er auf den Streifzügen

Die rosettenförmig angeordneten Flecken des Leoparden bilden bei jedem Tier ein individuelles Muster.

durch sein Revier auch einmal Zufallsbeute, etwa wenn sich ein Jungtier abseits der Herde aufhält.
Im Gegensatz zu anderen Großkatzen wie Löwe und Tiger ist das Verbreitungsgebiet des Leoparden noch immer relativ groß. Er passt sich den unterschiedlichsten Landschaftsformen an und ist in ganz Afrika und im südlichen Asien zu Hause. Allerdings sind die Bestände erheblich dezimiert. Außerhalb von Nationalparks und anderen Schutzzonen ist der Leopard praktisch ausgerottet. Bei günstigen Lichtverhältnissen sind die Fellrosetten auch beim Schwarzen Panther zu erkennen – es handelt sich bei diesem Tier nicht um eine eigene Art, sondern um eine melanistische Form des Leoparden.

Leoparden sind mithilfe ihrer Krallen in der Lage, Bäume zu erklettern, auf denen sie auf Beute lauern oder sich nach der Jagd ausruhen (unten links). Brünstige Leopardenweibchen wälzen sich in den Harnmarkierungen männlicher Leoparden, um deren Duftmarke aufzunehmen (unten rechts).

Fressen und gefressen werden

Die jahreszeitlichen Wanderungen der großen Herden zwischen Serengeti und Masai-Mara-Ebene faszinieren nicht nur durch ihre Dimensionen, sondern auch im Hinblick auf eine komplexe Abfolge des Fressens und Gefressenwerdens. So gibt es unter den Huftieren eine »sinnvolle« Reihenfolge beim Fressen: Zuerst äsen die größeren Arten. Nachdem sie das lange Gras niedergetrampelt haben, können kleinere Tiere an die unteren Grasschichten gelangen. Von den Halmen nehmen sich die Zebras nur die harten obersten Pflanzenteile, Weißbartgnus fressen die blattreiche Mittelschicht und Gazellen schließlich Samen und junge Triebe in Bodennähe.

Wie die meisten Antilopen leben auch Impalas (Schwarzfersenantilopen) in kleineren Herden zusammen.

Ebenso gibt es eine vertikale Aufteilung der Fraßhöhen bei Blattfressern wie etwa Elenantilope, Spitzmaulnashorn und Giraffengazelle; sie machen sich gegenseitig keine Konkurrenz. Auf diese Weise wird alles, was die Savanne an Ressourcen zu bieten hat, vollständig genutzt und verwertet.

Zu diesem perfekten System der bestmöglichen Nahrungsverwertung zählen auch die Raubtiere. An ihrer Spitze stehen die großen Raubkatzen: Löwe, Leopard und Gepard. Bei Flussüberquerungen lauern zusätzlich Krokodile auf altersschwache Tiere und verwaiste Kälber. Was übrig bleibt, nehmen sich Aasfresser wie Hyänen, Schakale, Wollkopf-, Afrika- und Schmutzgeier, Marabus und Geierraben.

Zu den Hauptdarstellern der jährlichen Tierwanderungen in der Serengeti zählen Gnus (unten) und Zebras (rechts). Besonders eindrucksvoll sind die Flussdurchquerungen der bis zu 1,5 Millionen Gnus.

Im allgemeinen Getümmel der riesigen Herden kann leicht die Ordnung verloren gehen. Mütter verlieren ihre Kälber, oder ein Zebra findet sich plötzlich inmitten einer Gnuherde wieder (unten rechts).

NGORONGORO-NATURSCHUTZGEBIET

Auf dem Boden des gleichnamigen gigantischen Kraters erstreckt sich dieses rund 8000 Quadratkilometer große Schutzgebiet im Norden Tansanias. Hier tummeln sich vor imponierender Landschaftskulisse Tausende von Wildtieren.

Jahr der Ernennung: 1979

Die Landschaft des Ngorongoro-Kraters war lange Teil des Serengeti-Nationalparks. Erst 1974 wurde sie ein selbstständiges Wildschutzgebiet. Zum neu eingerichteten Naturpark gehören der Krater des Empakaai samt Süßwassersee und der aktive Vulkan Oldonyo Lenga, ferner die Olduvai-Schlucht und Laetoli, in der bis zu 3,5 Millionen Jahre alte fossile Knochen von frühen Vorfahren des Homo sapiens gefunden wurden. Im riesigen Ngorongoro-Krater erstrecken sich neben Savannen und Steppen, dem Lebensraum zahlreicher Wildtiere, auch vereinzelte Sumpfgebiete und Akazienwälder. Der größtenteils mit Gras bedeckte Kraterboden ist das Weidegebiet der großen Rinderherden der Massai und durch die intensiv betrie-

bene Viehwirtschaft des traditionellen Hirtenvolks stark überweidet.
Die im Ngorongoro-Gebiet beheimatete Wildtierpopulation besteht vorwiegend aus Gnus, Gazellen, Elenantilopen, Wasserböcken und Zebras. Elefanten, Flusspferde, Schwarze Nashörner, Löwen, Hyänen und Leoparden komplettieren den Querschnitt durch Afrikas vielfältige Tierwelt.

Auf den ausgedehnten Grasflächen im Ngorongoro-Krater weiden Tausende von Zebras und Gnus (großes Bild). Zum rund 25 000 Tiere umfassenden Wildbestand des Kraters zählt auch dieses Hyänenrudel (unten rechts). Die Ränder des Kraters überragen den auf 2380 Meter Meereshöhe liegenden Kraterboden um 400 bis 600 Meter (links).

Giganten der Savanne

Vor der Einrichtung von Naturschutzgebieten waren Afrikas graue Giganten schutzlos den Großwildjägern ausgeliefert. Die Gier nach Elfenbein führte beinahe zu ihrer Ausrottung. Trotz des Verbots und der Kontrolle des Elfenbeinhandels ist der Bestand des afrikanischen Steppenelefanten insgesamt nach wie vor gefährdet, da sein bevorzugter Lebensraum, die Savanne, zunehmend schrumpft. Zu den Schutzmaßnahmen in Nationalparks wie der Serengeti gehört auch die aufwendige Umsiedlung von Elefantenherden, wenn die Population in einem Gebiet zu stark anwächst.

Der Afrikanische Elefant ist das größte Landtier der Erde und eines der populärsten Tiere überhaupt. Selbstverständlich zählt er zu den »Big Five«, die man auf einer Safari gesehen haben will. Seine Gestalt ist imposant und absolut einzigartig, allein schon wegen des langen, beweglichen Rüssels, der bei den afrikanischen Vertretern dieser Spezies in zwei fingerartige Fortsätze mündet. Der Rüssel ist

Seit Jahrhunderten werden Elefanten wegen ihrer Stoßzähne aus Elfenbein gejagt, dem »weißen Gold Afrikas«.

die verlängerte Nase und dient zum Riechen, Trinken, Tasten, Trompeten und nicht zuletzt zum Greifen nach Nahrung. Seine mächtigen Stoßzähne setzt der schwergewichtige Pflanzenfresser zum Graben nach Knollen und Wurzeln sowie zum Abhebeln von Baumrinde ein, in selteneren Fällen als Waffe oder um zu imponieren.

Durch seine riesigen dreieckigen Ohren ist der Afrikanische Elefant bestens an das Leben in den heißen Steppen und Savannen angepasst. Aufgestellt vergrößern sie seine Körperoberfläche erheblich und leisten somit einen wichtigen Beitrag zur Regulierung des Wärmehaushalts.

Elefantenherden setzen sich aus Elefantenkühen und ihren Kälbern zusammen. Bei ihren Wanderungen durch die Savanne werden sie von einer sogenannten Matriarchin oder Leitkuh, die selbst keine Jungen mehr bekommen kann, angeführt (links). Elefantenjungen wiegen bei ihrer Geburt bereits rund 100 Kilogramm und sind zunächst ausschließlich von der Muttermilch abhängig (großes Bild).

Bedrohte Einzelgänger

Die afrikanischen Nashörner sind vom Aussterben bedroht. Mitverantwortlich hierfür ist der Aberglaube, dass ihr Horn potenzsteigernde Wirkung habe. Im asiatischen Raum werden Unsummen dafür bezahlt, was die Wilderei lohnenswert macht. Deshalb hat man in den Reservaten Schutzmaßnahmen ergriffen und etwa betäubten Tieren das Horn abgeschnitten, um sie für Wilderer unattraktiv zu machen. Da die Hörner aus ähnlichen Substanzen wie Haare und Nägel bestehen, ist dies schmerzfrei. Die grundsätzlich friedlichen Pflanzenfresser setzen sie nur bei Revierkämpfen als Waffe ein. Dem Menschen geht das scheue Nashorn aus dem Weg. Bei überraschenden Begegnungen kann der träge wirkende Koloss allerdings gefährlich werden.
Nashörner leben als Einzelgänger und suchen nur in der Paarungszeit die Gesellschaft des anderen Geschlechts. Die beiden in Afrika beheimateten Arten

Das Breitmaulnashorn trägt zwei hintereinander angeordnete Hörner, das hintere jedoch ist deutlich kleiner.

sind das Breitmaulnashorn, das nach dem Elefanten größte Landtier der Erde, und das etwas kleinere Spitzmaulnashorn, das auch Schwarzes Nashorn genannt wird, obwohl es sich farblich nicht von seinem Verwandten unterscheidet. Unterschiede bestehen in der Ernährungsweise und somit auch in den Lebensräumen. Das Breitmaulnashorn ist ein Weidetier, ernährt sich von Gräsern und bevorzugt die offene Savanne, etwa die Serengeti. Das Spitzmaulnashorn verfügt über eine fingerartig verlängerte Oberlippe, mit der es das Laub von Büschen zupft. Deshalb lebt es vorwiegend in Buschzonen. Das Ngorongoro-Naturreservat ist ein Rückzugsgebiet dieses sehr seltenen Tieres.

In Afrika kommen zwei Nashornarten vor: Das Breitmaulnashorn (rechts) wiegt etwa doppelt so viel wie das Spitzmaulnashorn (großes Bild), beide Arten unterscheiden sich außerdem voneinander durch die Form ihres Mauls. Die Tragzeit der Weibchen beträgt 18 Monate, bereits fünf Wochen nach der Geburt beginnt das Horn der Jungen zu wachsen (unten rechts).

KILIMANDSCHARO-NATIONALPARK

Im Norden Tansanias, an der Grenze zu Kenia, ragt unvermittelt aus den umgebenden Savannen das Vulkanmassiv des Kilimandscharo auf. Zum Schutz der einzigartigen Bergwälder in den oberen Bereichen des Gebirges wurde hier ein rund 750 Quadratkilometer großer Nationalpark ausgewiesen.

Jahr der Ernennung: 1987

Der 5895 Meter hohe Kilimandscharo besteht aus drei Hauptkegeln und zahlreichen kleineren Gipfeln vulkanischen Ursprungs. Im Westen liegt der 4000 Meter hohe Schira, im Zentrum der Kibo, mit 5895 Metern der höchste Punkt Afrikas, im Osten der 5270 Meter hohe Mawenzi. Die Nebengipfel befinden sich entlang einer Gebirgsspalte, die von Südosten nach Nordwesten verläuft. Obwohl unweit des Äquators gelegen, sind die Gipfel des Kilimandscharo von ewigem Schnee bedeckt.

Das Bergmassiv inmitten der Savanne weist sehr unterschiedliche Klima- und Vegetationszonen auf. Oberhalb der Grassavanne beginnt das Gebiet des landwirtschaftlich genutzten Kulturlands, ehemals eine Baumsavanne,

die heute nur noch an den Nordhängen zu finden ist. Diese Zone geht in den bis in 3000 Meter Höhe reichenden, Laub abwerfenden Bergwald über. Diesem folgt ein ausgedehntes Höhengrasland, das wiederum von der Kältewüste der Gipfelregion verdrängt wird.
Der Nationalpark ist Lebensraum zahlreicher, teils gefährdeter Tiere, darunter Gazellen, Nashörner, Kaffernbüffel, Elefanten und Leoparden.

Der Nationalpark Kilimandscharo ist Zufluchtsstätte seltener Vogelarten wie etwa des Bart- und des Kapgeiers (unten Mitte). Im Inneren des schneebedeckten Kraters des Kibo (links und unten rechts) weisen schwefelhaltige Gase auf vulkanische Aktivitäten hin.

Im größten Wildreservat Afrikas im Südosten Tansanias leben rund eine Million Tiere. Neben vielen anderen Tieren sind hier auch die »Big Five« – Elefant, Nashorn, Büffel, Löwe und Leopard – vertreten.

Jahr der Ernennung: 1982

Das seit Anfang des 20. Jahrhunderts bestehende, rund 50 000 Quadratkilometer umfassende Selous-Wildreservat wird vom Rufiji, einem der wasserreichsten Flüsse Ostafrikas, und seinen zahlreichen Zuflüssen durchflossen. Die Region rund 200 Kilometer südwestlich von Daressalam wird aufgrund der Tsetsefliegenplage kaum von Menschen bewohnt und bietet somit weitgehend ungestörten Lebensraum für zahlreiche Tiere. Mehr als 150 000 Gnus, rund 100 000 Elefanten, 150 000 Büffel, jeweils etwa 50 000 Zebras und Antilopen sowie rund 20 000 Flusspferde wurden gezählt. Hier lebt auch die weltweit größte Krokodilpopulation, ferner bevölkern eine erhebliche Anzahl von Raubkatzen wie Geparde, Leoparden und Lö-

wen sowie zahlreiche Giraffen die verschiedenen Vegetationszonen des Reservats.
Diese umfassen Steppen und Savannen, bewaldete Grasländer sowie das dichte Unterholz der Galeriewälder an den Ufern des Rufiji und seiner Quellflüsse Luwegu und Kilombero. Der dominierende Landschaftstyp ist das Miombo-Waldland.

In der Miombo-Waldsavanne haben Elefanten ihren Lebensraum (unten links). Typisch für die Region sind die zahlreichen Wasserläufe, die durch die Dickichte und das baumbestandene Grasland fließen und in den Rufiji münden (Bildleiste rechts). Der hier oft vorkommende Affenbrotbaum oder Baobab kann große Mengen Wasser speichern (links).

VICTORIA-FÄLLE (MOSI-OA-TUNYA)

Die Victoria-Fälle gehören zu den spektakulärsten Wasserfällen der Welt: Über eine Reihe von Basaltklippen stürzen die Wassermassen des Sambesi in eine über 100 Meter tiefe Schlucht.

Jahr der Ernennung: 1989

Der erste Vorbote der gigantischen Victoria-Fälle ist bereits aus einer Entfernung von rund 20 Kilometern in Form einer bis zu 300 Meter hoch aufsteigenden Sprühnebelwolke auszumachen. Mit ohrenbetäubendem Lärm stürzt der Sambesi, Grenzfluss zwischen Sambia und Simbabwe (weshalb dies auch ein grenzüberschreitendes Weltnaturerbe ist), ungefähr 110 Meter in die Tiefe. Dieses Naturschauspiel findet seinen Widerhall auch im indigenen Namen der insgesamt fünf Fälle: Mosi-oa-Tunya, »donnernder Dampf«. Im März und April, zur Hochwasserzeit, werden sie zu einem fast zwei Kilometer breiten Wasservorhang (wobei bis zu 10 000 Kubikmeter Wasser pro Sekunde hinabstürzen). Den Rest des Jahres, wenn der Sambe-

si weniger Wasser führt, differenzieren sich wieder einzelne Fälle aus. Die Rainbow Falls sind die höchsten unter ihnen. Das Areal um die Wasserfälle ist auch Lebensraum von etwa 30 Säugetier-, 65 Reptilien- sowie 21 Amphibienarten.
Die Victoria-Fälle wurden 1855 erstmals von einem Europäer erblickt – David Livingstone, der sie nach der damaligen englischen Königin benannte.

Die tiefe Schlucht, in die der Sambesi an der Fallkante der Victoria-Fälle stürzt, hat sich der Fluss im Laufe von Millionen Jahren selbst gegraben (unten und links). Auch heute trägt das Wasser das weiche Gestein weiter ab, und die Victoria-Fälle »wandern«.

NATIONALPARK MANA POOLS

Ein Garten Eden für die Tierwelt ist dieser in Simbabwe am südlichen Ufer des Sambesi gelegene Nationalpark mit den beiden angeschlossenen Safarigebieten Sapi und Chewore.

Jahr der Ernennung: 1984

Ein Jahr nach der Einrichtung des Nationalparks Mana Pools 1963 wurden auch die benachbarten Safarigebiete Sapi und Chewore unter Schutz gestellt. Die drei Areale im Dreiländereck von Simbabwe, Sambia und Mosambik erstrecken sich über eine Fläche von knapp 7000 Quadratkilometern, wobei Chewore etwa die Hälfte einnimmt. Im Norden bildet der Sambesi die natürliche Grenze des Nationalparks. Der Strom überflutet regelmäßig das Grasland und die Waldgebiete der Schutzzonen. Als »Mana Pools« werden übrigens vier Wasserbecken des Sambesi bezeichnet.
In dieser fruchtbaren Landschaft ist eine Vielzahl von Tieren zu Hause. Etwa 400 Vogelarten bevölkern die Wälder, Tausende von Elefanten streifen durch

das Gebiet. Büffel- und Zebraherden verheißen reiche Beute für Raubkatzen wie Leoparden und Geparden. Das Safarigebiet Chewore ist mittlerweile das Habitat einer der größten Populationen der massigen Breitmaulnashörner. An ruhenden Gewässern und am Ufer des Sambesi tummeln sich Flusspferde und eine große Zahl der andernorts gefährdeten Nilkrokodile.

Kaum auszumachen zwischen den Wasserhyazinthen eines Tümpels im Mana-Pool-Park ist dieses Flusspferd (großes Bild). Elefanten (links) schätzen hier die Blätter der wilden Feigenbäume (Bildleiste unten). In der Regenzeit treten der Sambesi und seine Nebenarme über die Ufer und lassen eine Seenlandschaft entstehen (Bildleiste oben und Mitte).

Das Rind der Steppen und Wälder

Eine anstürmende Herde von Kaffernbüffeln bietet ein unvergleichliches Naturschauspiel – ihr Stampfen lässt die Erde erbeben. Dieser geballten Kraft der Tiere, die jedes Hindernis niederwalzen, geht man besser aus dem Weg. Erzählungen über die Angriffslust dieser mächtigen afrikanischen Rinder sind jedoch meist übertrieben. Da sie außer Großwildjägern und Wilderern an Land keine Feinde haben – selbst Löwenrudel wagen sich nur an ein versprengtes junges oder krankes Tier heran –, hält sich ihre Aggressivität in Grenzen. Gefahr droht ihnen bei der Durchquerung von Flüssen wie dem Sambesi, in denen Nilkrokodile lauern. Diese ziehen ihr Opfer unter Wasser und ertränken es.

Man unterscheidet zwei Unterarten der Kaffernbüffel: Die kleineren rotbraunen Waldbüffel leben in den Regenwäldern, die größeren schwarzen Steppenbüffel, deren Hörner Spannweiten von bis zu einem Meter erreichen, dagegen in Feuchtsavannen, etwa im nördlichen Simbabwe im Nationalpark Mana Pools. Die riesigen Herden der afrikanischen Steppenbüffel leben oft jahrelang im gleichen Revier und durchwandern es auf festgelegten Routen, sofern sie dort mit Wasser und Gräsern versorgt sind. In der Hitze des Tages kühlen sie sich im Fluss oder in sumpfigen Kuhlen ab.

Die Büffel ziehen immer auch zwei Vogelarten an: Kuhreiher begleiten die Tiere und fressen die von ihnen aufgescheuchten Kleintiere und Insekten, Madenhacker finden auf dem Rücken der Büffel reiche Nahrung.

Kaffernbüffel leben in Familienverbänden von drei bis zehn Tieren, finden aber auch zu großen Herden von bis zu 2000 Tieren zusammen.

Rotschnabel-Madenhacker helfen den Kaffernbüffeln, Parasiten und Zecken loszuwerden, die unter deren Haut sitzen, und warnen sie vor Feinden. Als Gegenleistung lassen sie sich von den Büffeln befördern (großes Bild). Die Kälber tragen noch ein dichtes Haarkleid, das sich später verliert (links).

NATIONALPARK MALAWI-SEE

Der erste ausschließlich dem Schutz von Fischen gewidmete Nationalpark am Südende des drittgrößten Sees Ostafrikas ist die Heimat von mehreren hundert vorwiegend endemischen Buntbarscharten.

Jahr der Ernennung: 1984

Bereits 1616 berichtete der portugiesische Entdeckungsreisende Gaspar Boccaro von der Existenz eines riesigen Wasserreservoirs im südlichen Ostafrika. 1859 erreichte der britische Forscher und Missionar David Livingstone das Seeufer des damals noch Njassa-See genannten Malawi-Sees. Das Gewässer wird von 14 Zuflüssen mit Wasser versorgt. Der größte Strom ist der Ruhuhu, der einzige Abfluss der den Süden Malawis durchquerende Shire, ein Nebenfluss des Sambesi.

Heute sind drei Staaten Anrainer des über 500 Kilometer langen und durchschnittlich 50 Kilometer breiten Sees: Tansania, Mosambik und Malawi. Am südlichen Ende des Sees wurde 1980 auf malawischem Territorium dieser einzigartige Nationalpark ausgewiesen. Zu seinem knapp 100 Quadratkilometer großen Areal zählen die Halbinsel Cape Maclear, drei separate Uferabschnitte, zwölf Inseln und ein Teil des ufernahen Gewässers.

Im klaren Wasser des bis zu 700 Meter tiefen Sees haben sich über 200 Fischarten entwickelt, rund 80 Prozent davon endemisch. Damit ist der See von einer ähnlich großen Bedeutung für das Studium der Evolution wie die Galápagos-Inseln. Der Grund für die Konzentration einzigartiger Fischarten sind die Kabalega-Fälle, die eine natürliche Trennlinie zur Fauna des Sambesi-Gebiets bilden. Neben wasserabhängigen Tierarten wie Flusspferden, Krokodilen, Kormoranen und Fischadlern leben am Malawi-See auch Elefanten und Impala-Antilopen.

Vor der Halbinsel Cape Maclear befindet sich Mumbo Island, das von Miombowald mit Feigen- und Affenbrotbäumen bewachsen ist (großes Bild und oben). In einer stillen Bucht liegt ein Segelboot vor Anker (kleines Bild unten links).

Der Meteoritenkrater von Vredefort rund 120 Kilometer südwestlich von Johannesburg gilt bislang als ältester und größter seiner Art. Er ist knapp über zwei Milliarden Jahre alt, sein Durchmesser beträgt 190 Kilometer. Der Nachweis solcher Krater ist schwierig, da sie durch Verwitterung, Abtragung und Ablagerung im Lauf der Zeit eingeebnet werden.

Jahr der Ernennung: 2005

Meteoriteneinschläge waren die größten Katastrophen der Erdgeschichte. Man nimmt heute an, dass sie die Evolution beeinflussten und etwa die Dinosaurier aufgrund der Folgen eines Meteoriteneinschlags ausgestorben sind. Wie der Gesteinsbrocken genau ausgesehen hat, der in Südafrika auf die Erde niedersauste, ist heute nicht mehr eindeutig festzustellen. Eventuell war es ein Asteroid mit etwa zwölf Kilometer Durchmesser, der mit 20 Kilometer pro Sekunde durch das Weltall unterwegs war, oder aber der kleinere Kopf eines Kometen, der sich mit weit höherer Geschwindigkeit bewegte.
Wenn ein Meteorit auf die Erdoberfläche prallt, wird seine Energie in Sekundenbruchteilen in Wärme umgewandelt. Es kommt zu einer gewaltigen Explosion, durch die ein Krater entsteht. Ausgeworfenes Material bildet am Rand einen Wall. Die Aufprallenergie führt in den Mineralien des Untergrunds zu Veränderungen – aus Quarz gehen beispielsweise die Hochdruckmodifikationen Stishovit und Coesit hervor, die auch im Vredefort Dome vorkommen. Dort wurden auch sogenannte Shattercones gefunden. Beim Einschlag wird Gestein regelrecht in scharfkantige Bruchstücke zertrümmert. Wenn sie sich danach wieder verfestigen, spricht man von einer Brekzie. Der Krater von Vredefort ist in Fachkreisen besonders bekannt für eine spezielle Brekzie namens Pseudotachylit. Durch den Aufprall konnte auch Hornfels an die Erdoberfläche gelangen, das sonst nur in tieferen Schichten vorkommt.

Aus der Luft lässt sich die halbkreisförmige Struktur des Meteoritenkraters Vredefort Dome deutlich erkennen (großes Bild). Die Bezeichnung Vredefort Dome bezieht sich auf eine Aufwölbung in der Mitte des Kraters, die vom Einschlag stammt (oben).

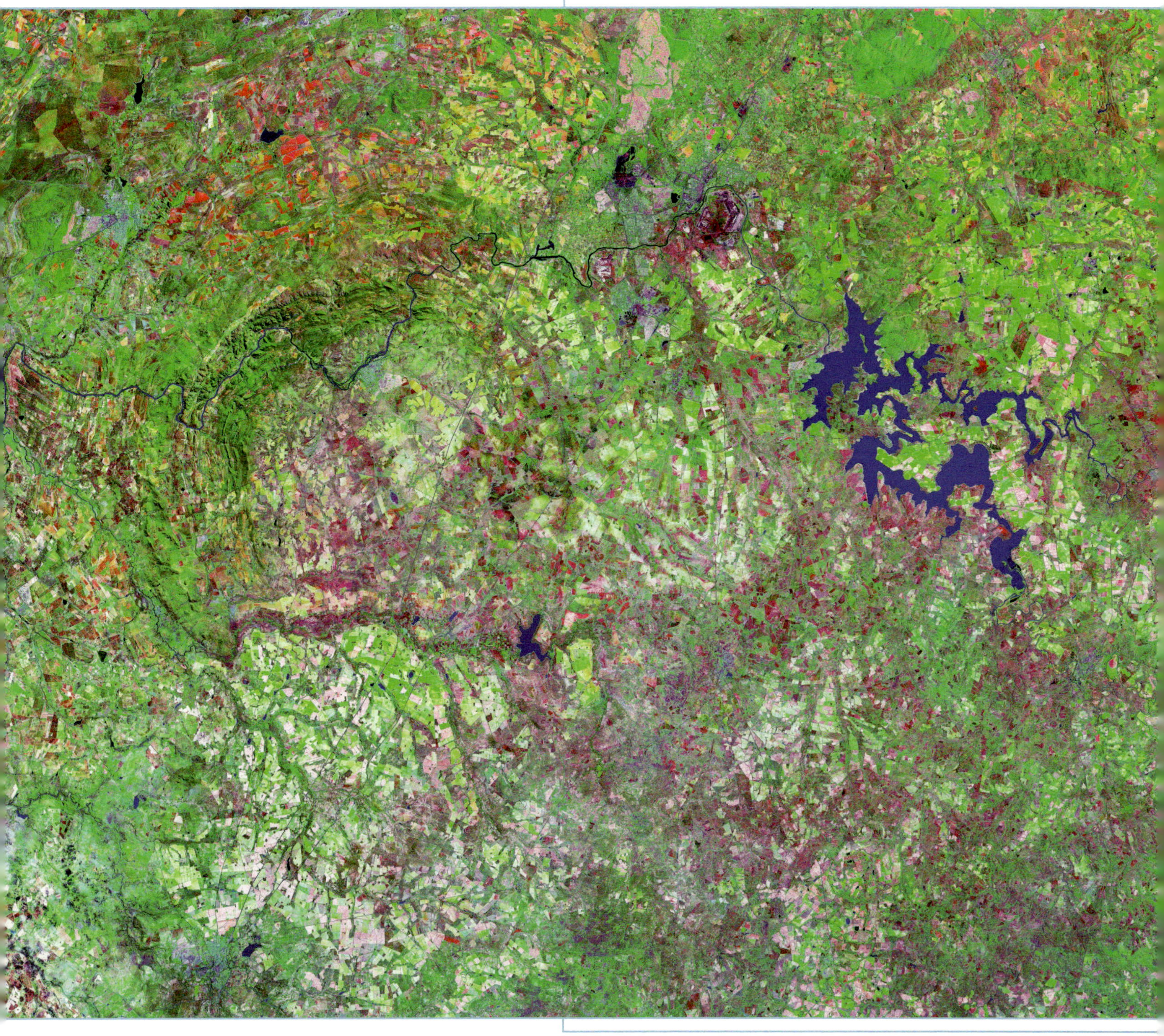

NATURPARK DRAKENSBERGE (UKHAHLAMBA)

In der spektakulären Naturlandschaft des Drakensberg Park im Osten der Republik Südafrika unmittelbar an der Grenze zu Lesotho finden sich mehrere tausend Jahre alte Felsmalereien der San.

Jahr der Ernennung: 2000

Die stille, majestätische Bergwelt der Drakensberge bietet Elenantilopen sowie den selten gewordenen Bart- und Kapgeiern ein Zuhause. Wo die weicheren Sandsteinsedimente unter dem Druck des oberen Basaltblocks durch Erosion zerklüftet sind, verbergen sich einzigartige kulturelle Schätze. In Höhlen und unter Felsüberhängen stieß man auf einzigartige Zeugnisse von Felsmalereien der San (Buschmänner). Viele von ihnen stammen aus den letzten 300 Jahren, überlagern aber bis zu 4000 Jahre alte Pigmentschichten. Gruppierungen der San lebten in diesem Gebiet bis in die zweite Hälfte des 19. Jahrhunderts als Jäger und Sammler. Die oft mehrfarbigen Malereien wurden an Orten geschaffen, die wohl zu bestimmten Jahreszeiten als

rituelle Stätten dienten. Die Beimischung von Antilopenblut als Bindemittel zu den Farben verweist auf den spirituellen Charakter vieler Darstellungen; man nimmt an, dass auch der Elenantilope eine mythologische Bedeutung zukam. Einige Malereien zeigen tanzende Figuren mit blutenden Nasen, vermutlich Darstellungen von Zuständen ritueller Trance.

Als spektakuläres Felsplateau präsentieren sich die Drakensberge rund um den Monk's Cowl (links). Hier sowie in Giant's Castle und Game Pass Shelter (unten) finden sich rund 35000 teils prähistorische Felszeichnungen. Sie wurden von den San geschaffen und zeigen Jagd- und Alltagsszenen.

Das Schutzgebiet ganz im Norden der Ostküste Südafrikas gehört zu den größten Nationalparks des Landes und beeindruckt durch seine große Vielfalt von Biotopen.

Jahr der Ernennung: 1999

Der knapp 2500 Quadratkilometer große iSimangaliso Wetland Park (bis 2007: Greater St. Lucia Wetland Park) bedeckt große Teile des Maputalands im Nordosten Südafrikas und reicht bis zur Grenze zu Mosambik. Das Naturschutzgebiet umfasst ganz unterschiedliche Ökosysteme: die Meeresfauna und -flora der St. Lucia- und der Maputaland Marine Reserve, die Feuchtgebiete des Lake St. Lucia, der Mkuze-Sümpfe, der Sodwana-Bucht und der Eastern Shores, die Cape Vidal State Forests mit Korallenriffen und die Graslandregionen in den Lebombo-Bergen im Hinterland.
Das Herz des Nationalparks ist der rund 350 Quadratkilometer große Lake St. Lucia, wo der Fluss Hluhluwe auf seinem Weg zum Indischen Ozean ein großes Sumpfgebiet speist. Dieser Abschnitt wurde bereits 1895 unter Schutz gestellt. Die ausgedehnte, maximal 1,5 Meter tiefe Lagune mit ihren Inseln und Schilfsümpfen erstreckt sich über eine Länge von 60 Kilometern parallel zur Küste des Indischen Ozeans. Die höchsten bewaldeten Dünen der südlichen Hemisphäre bilden die Barriere zur Küste. In diesem

Feuchtgebiet leben die größten Krokodilbestände Afrikas, große Populationen von Flusspferden und mehr als 400 Vogelarten wie Pelikane, Löffelreiher und Fischadler. Zahlreiche Antilopen bevölkern die Uferbereiche.
In den dicht bewaldeten Dünengebieten haben die seltenen Somango-Affen und andere Baumbewohner ihr Refugium, während die Sandstrände bei Cape Vidal das Revier mehrerer Meeresschildkrötenarten sind. Dem Kap vorgelagert sind ausgedehnte Korallenriffe, die zu den südlichsten der Erde zählen. Die weiten Grasländer im Landesinneren sind der Lebensraum nahezu aller Großwildarten Afrikas. Darunter finden sich auch zwei Nashornarten: das Südliche Breitmaul- und das Spitzmaulnashorn.

An den Ufern des Lake St. Lucia geben Fossilien Kunde von früheren Zeitaltern (großes Bild). Wo der Indische Ozean und die Lagune, also Salz- und Süßwasser, zusammentreffen, finden viele Tiere ein großes Nahrungsangebot, wie Pelikane, Flusspferde und Krokodile, die im Sand ihre Eier ablegen (links, unten rechts).

FLORENREICHE DER KAPREGION

Die Südspitze Afrikas ist, gemessen an ihrer Fläche, das Gebiet der Erde mit den meisten Pflanzenarten – mehr als im tropischen Regenwald. Zum Weltnaturerbe gehören acht Schutzgebiete der Kapregion.

Jahr der Ernennung: 2004

Pflanzengeografen unterteilen die Erde in verschiedene Florenreiche. Ein Florenreich zeichnet sich durch eine relativ einheitliche Pflanzenwelt aus. Wichtig für die Abgrenzung sind endemische Arten oder Gattungen, die nur in dem betreffenden Florenreich oder einem Teil davon vorkommen. Mitteleuropa zum Beispiel liegt im Florenreich der Holarktis, das alle gemäßigten Gebiete der Nordhalbkugel umfasst.

Das eigentümlichste, kleinste und zugleich diversifizierteste Florenreich ist das kapländische an der Südspitze Afrikas. Auf engstem Raum wachsen hier 6000 Blütenpflanzenarten, darunter ein hoher Anteil von Endemiten. Das Schutzgebiet mit seinen acht Reservaten stellt einen Ausschnitt aus diesem

kapländischen Florenreich dar. Mit 553 000 Hektar macht es 0,02 Prozent der Landfläche von Afrika aus, beherbergt aber fast 20 Prozent aller dort vorkommenden Blütenpflanzenarten. Eine besondere Rolle spielen die Proteagewächse und die Glockenheiden mit über 450 Arten. Einzigartig ist die Fynbos-Vegetation, die sich an die periodisch auftretenden Buschbrände perfekt angepasst hat. Hier gibt es ausgefallene Strategien der Bestäubung und Samenverbreitung durch Insekten. Die Artbildung ist in vollem Gang. Die Muster der adaptiven Radiation, die Aufspaltung einer Art innerhalb kurzer Zeit in mehrere Arten, die an spezielle ökologische Nischen angepasst sind, erlauben Einsichten in die Evolution der Blütenpflanzen.

Das Namaqualand-Gänseblümchen (großes Bild) und das gelbe Gänseblümchen, die Fynbos- und die Silberbaumgewächse (links unten) sind nur einige der typischen Pflanzen an der Südspitze Südafrikas, die die Landschaft in ein einziges Blütenmeer verwandeln (links).

GOUGH UND INACCESSIBLE ISLAND

Die weitgehend unberührte vulkanische Insel Gough im Atlantischen Ozean, die zur Inselgruppe Tristan da Cunha gehört, ist der Lebensraum einer der weltweit größten Seevogelkolonien. Das Welterbe umfasst auch die nahe gelegene Insel Inaccessible Island.

Jahr der Ernennung: 1995; Erweiterung: 2004

Im 16. Jahrhundert von portugiesischen Seefahrern entdeckt, gehört die Insel zum Tristan-da-Cunha-Archipel. Bis auf eine Wetterstation ist das vulkanische Eiland unbewohnt. Die besondere Bedeutung der Insel Gough liegt in der unberührten Flora und Fauna: Die steilen Klippen sind Nistplätze für große Seevogelkolonien, zwei Vogelspezies und zwölf Pflanzenarten sind hier endemisch. 2004 wurde die Welterbestätte um die südwestlich von Tristan da Cunha gelegene Vulkaninsel Inaccessible Island erweitert.

Ein Paradies für Gelbschnabel-Albatrosse und Seeschwalben (rechts), Goldschopf- und Felsenpinguine (unten links) sowie Pelzrobben (unten rechts) ist die Insel Gough im Südatlantik (großes Bild).

NATURSCHUTZGEBIET TSINGY DE BEMARAHA

Bizarre Kalkfelsen und unberührte Wälder, Seen und Mangrovensümpfe sind Bestandteile dieses einzigartigen Naturparadieses, das Heimat vieler seltener Tier- und Pflanzenarten ist.

Jahr der Ernennung: 1990

Die Hochebene von Bemaraha an der Westküste von Madagaskar, in etwa auf dem Breitengrad der Hauptstadt Antananarivo, präsentiert sich als eine höchst beeindruckende Karstlandschaft. Spektakuläre Höhepunkte sind der Cañon des Flusses Manambolo und der bizarre Tsingy – ein »Wald« von Kalksteinnadeln. Die unberührten Regenwälder, Seen und Mangrovensümpfe des Schutzgebiets sind der Lebensraum unzähliger Orchideenarten.
Besonders wichtig ist das ungefähr 1500 Quadratkilometer umfassende Reservat von Bemaraha als Lebensraum der fast nur auf Madagaskar vorkommenden Lemuren. Diese Halbaffenart gelangte vor mehr als 40 Millionen Jahren auf die Insel und

fand hier nahezu perfekte Umweltbedingungen vor. In der Abgeschiedenheit von Madagaskar haben sich rund 40 verschiedene Lemurenarten entwickelt. Außerdem ist das Areal Heimat zahlreicher Vogelarten, Fledermäuse, Amphibien und Reptilien, darunter Geckos und Chamäleons.

Die Kalksteinformation von Tsingy de Bemaraha mit ihren bis zu 30 Meter hohen Spitzen ist Lebensraum vieler Lemuren (unten links). Sie ist von Flüssen durchzogen, die unterirdische Höhlen, Cañons und Grotten in das Gestein gegraben haben (unten rechts). Zwischen den Felsnadeln gedeihen Bananenstauden, Ebenhölzer und Baobabs (links).

REGENWÄLDER VON ATSINANANA

Unter der Bezeichnung »Regenwälder von Atsinanana« werden in Madagaskar sechs voneinander isolierte Nationalparks im östlichen Teil der Insel zusammengefasst. Sie spielen eine wichtige Rolle für die Erhaltung der einzigartigen biologischen Vielfalt der Insel.

Jahr der Ernennung: 2007

Seit mehr als 60 Millionen Jahren ist Madagaskar getrennt vom Festland. In dieser langen Zeit der Isolation konnten sich einerseits viele neue Pflanzen- und Tierarten entwickeln, andererseits aber auch viele urtümliche Arten besonders unter den Tieren erhalten. So beherbergen Madagaskar und die umgebenden Inseln rund 12 000 endemische Pflanzenarten. Am berühmtesten sind die Lemuren aus der Gruppe der – früher auch als Halbaffen bezeichneten – Feuchtnasenaffen. Nur das 13-mal größere Australien weist mehr endemische Arten als Madagaskar auf.

Wälder, besonders Regenwälder, sind eine Wiege der Artenbildung. Leider sind heute nur noch 8,5 Prozent des einstigen Bestandes von Madagaskar

erhalten. Die nun geschützten sechs Bereiche dieses Weltnaturerbes – sie umfassen insgesamt ein Areal von rund 5000 Quadratkilometern – entsprechen (von Nord nach Süd) den Nationalparks Marojejy, Masoala, Zahamena, Ranomafana, Andringitra und Andohahela. Sie sind voneinander isoliert, teils aber durch nicht geschützte Reliktwälder miteinander verbunden.

Die Berge des Andringitra-Massivs im gleichnamigen Nationalpark gelten den Einheimischen als heilig (rechts). Zu den 180 Echsenarten auf Madagaskar zählen Plattschwanzgecko und Juwelenchamäleon. Der Streifentanrek ist ein Halbborstenigel (Bildleiste unten). Zu den Lemurenarten der Insel zählen Katta, Rotbauchlemur und Larvensifaka (unten, links nach rechts).

ALDABRA-ATOLL

Für die Allgemeinheit nicht zugänglich sind diese vier Inseln des größten Korallenatolls der Erde. Sie bilden die westlichste Inselgruppe der Seychellen im Indischen Ozean. Ihre Hauptattraktion sind über 150 000 Riesenschildkröten.

Jahr der Ernennung: 1982

Die vier Koralleninseln des Aldabra-Atolls – Picard, Polymnie, Malabar und Grande Terre – umschließen eine seichte Lagune und werden ihrerseits von einem Korallenriff umgeben. Aufgrund der isolierten Lage konnte hier eine vom Menschen ungestörte Naturlandschaft bewahrt werden. Das 1976 zum Schutzgebiet erklärte Aldabra-Atoll weist eine für eine ozeanische Insel erstaunlich vielfältige Flora und Fauna auf. So dient es zahlreichen Seevögeln als Nistplatz. Bekannt ist das Atoll jedoch für seine große Population von Aldabra-Riesenschildkröten (Dipsochelys dussumieri), eine Art der Seychellen-Schildkröten. Diese Reptilien können ein Gewicht von bis zu 250 Kilogramm und ein Alter von mehr als 100 Jahren erreichen.

»Al chadra«, grüne Inseln, nannten arabische Seeleute das abgelegene Atoll der Seychellen, als sie es vor vielen hundert Jahren entdeckten (großes Bild). Auf den größeren Inseln nisten Fregatt- und Nektarvögel, Reiher, Weißkehlrallen und Rotfußtölpel (links). Der größte Teil der Aldabra-Riesenschildkröten lebt auf Grande Terre, der Hauptinsel des Atolls (unten rechts). In der artenreichen Unterwasserwelt finden sich verschiedene Seeanemonen- und Korallenarten (Bildleiste unten).

NATURPARK VALLÉE DE MAI

Ein Hochtal im Herzen der Seychelleninsel Praslin ist die Heimat der Seychellenpalme. Der Baum mit den größten Samen im gesamten Pflanzenreich wird mehrere hundert Jahre alt.

Jahr der Ernennung: 1983

Etwas nördlich der Hauptinsel Mahé liegt Praslin, die zweitgrößte Insel der Seychellen. Im Herzen dieser Granitinsel wurde innerhalb des Praslin-Nationalparks 1966 das Naturreservat Vallée de Mai eingerichtet. Das nur knapp 20 Hektar große Schutzgebiet dient dem Erhalt der Seychellenpalme (Lodoicea maldivica) – die Pflanze ist ein Relikt frühzeitlicher Vegetation. Aufgrund der langen evolutionären Isolation der Inselgruppe hat sich hier eine ganz urzeitliche Flora erhalten können. Lange Zeit kannte man nur die gewaltigen, bis zu 18 Kilogramm schweren Samen der auch Coco de Mer genannten Pflanze, von denen der portugiesische Weltumsegler Ferdinand Magellan einst annahm, dass es sich um die Früchte eines auf dem

Meeresgrund wachsenden Baumes handeln müsse.
Das Vallée de Mai ist auch das Habitat einer vielfältigen Fauna. So gibt es hier diverse Chamäleon- und Geckoarten. Außerdem sind hier zahlreiche Vogelarten vertreten, darunter endemische wie Seychellen-Vasapapageien und Seychellen-Salangane, ferner Dickschnabelbülbüls und Kolibris.

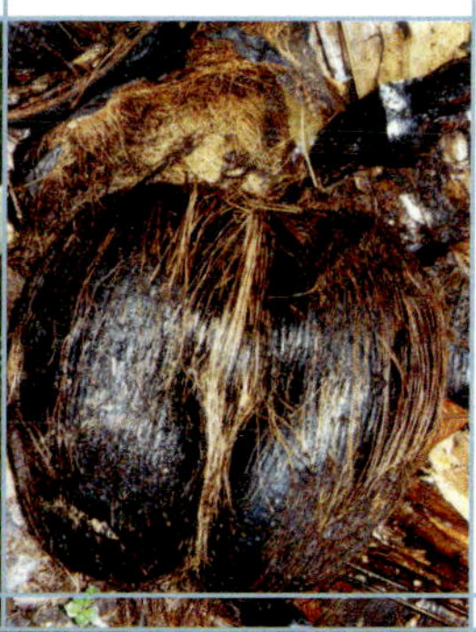

Bis 1930 blieb der prähistorische Wald Vallée de Mai mit seinen idyllischen Wasserfällen völlig unberührt, weshalb sich hier eine urzeitliche Pflanzenwelt erhalten konnte (unten). Die Seychellenpalme ist das Symbol der Inselrepublik, ihre Samen reifen sechs bis sieben Jahre. Aus jedem Fruchtstand entwickeln sich zwei bis drei kiloschwere Früchte (links).

Das Pantanal, eines der größten Süßwasserreservate der Erde, birgt eine außergewöhnliche Vielfalt an Tier- und Pflanzenarten. Zu den typischen Bewohnern dieses Feuchtgebiets zählt auch der gefährliche Brillenkaiman.

Die Glacier Bay ermöglicht einen Blick in die Vergangenheit des nordamerikanischen Kontinents. Die riesige Bucht, in die heute 16 Gletscher kalben, war bis vor gut hundert Jahren noch völlig von Eis bedeckt.

AMERIKA

Der South Nahanni River – einer der wildesten und schönsten Flüsse dieser Erde – gab diesem schwer zugänglichen Nationalpark seinen Namen.

Jahr der Ernennung: 1978

Der Oberlauf des rund 540 Kilometer langen South Nahanni River entspringt auf 1600 Meter Höhe am Mount Christie in den Mackenzie Mountains in den kanadischen Northwest Territories. Das Gebiet des Nationalparks, das sich auf einem relativ schmalen Streifen etwa 320 Kilometer entlang der beiden Ufer erstreckt, beginnt erst südlich des Mount Wilson.

Die heißen Mineralquellen dieser Region – die Rabbitkettle Hotsprings und weitere Thermalquellen – sorgen für ein gemäßigtes Klima, das eine für diese nördliche Lage außergewöhnliche Vegetation ermöglicht: Zahlreiche Farnarten, Wilde Minze, Rosenbüsche, Pastinaken, Goldruten, Astern und manche Orchideengewächse sind hier zu finden. Über 120 Kilometer schlängelt sich der Fluss durch eine mit Gräsern, Flechten und Zwergsträuchern bewachsene offene Tundra, in der Karibus – die nordamerikanischen Rentiere mit ihren immensen Schaufelgeweihen – leben. Der Fluss jagt dabei über viele Stromschnellen hinweg, die für Wildwasserfahrer eine große Herausforderung darstellen. Mit über 90 Meter Fallhöhe zählen die Virginia

Falls zu den beeindruckendsten Wasserfällen. Atemberaubend sind auch die drei Hauptcañons. Bis zu 1300 Meter ragen ihre Seitenwände steil nach oben. Bizarre Felsformationen und Höhlen kennzeichnen die Landschaft. An bis zu 2700 Meter hohen Gipfeln fließt der South Nahanni River vorbei, bis er sich unweit der Südgrenze des Nationalparks in viele Nebenarme teilt.

Im Nahanni National Park (links der South Nahanni River beim Old Outfitters Camp) hat sich die Natur über die Jahrhunderte kaum verändert. Der Park ist der Lebensraum von Grizzlys, Schwarzbären und Braunbären (großes Bild und Bildleiste links).

Karibus – so der indianische Name für das nordamerikanische Rentier (Rangifer tarandus) – ziehen in großen Herden durch die Tundralandschaft des Parks. Während der Paarungszeit schart ein Männchen einen Harem um sich. In hitzigen Kämpfen klärt sich die Hierarchie (großes Bild und senkrechte Bildleiste). Der Nordamerikanische Elch (Alces alces) ist der größte Hirsch der Erde (Bildleiste rechts).

Kanadas größtes Naturschutzgebiet wurde 1922 eingerichtet, um die letzte Herde Waldbisons (»wood buffalos«) zu schützen.

Jahr der Ernennung: 1983

Zwei Drittel des mit 44 807 Quadratkilometern größten Nationalparks Kanadas liegen in Alberta, ein Drittel in den Northwest Territories. Gegründet wurde der Park im Jahr 1922, um die Nistplätze der vom Aussterben bedrohten Schreikraniche und die letzten hier noch lebenden Waldbisons zu schützen. Heute schätzt man den Bestand an Bisons (Wald- und zusätzlich ausgesetzte Präriebisons, die sich vielfach vermischt haben) auf etwa 6000 Tiere – die weltweit größte Gruppe frei lebender Bisons.

Das Naturschutzgebiet gliedert sich in drei Lebensräume: ein durch Waldbrände gelichtetes Präriehochland, ein fast nicht entwässertes Plateau mit mäandernden Flüssen, toten Flussarmen, Salzebenen, Morast- und Sumpfgebieten sowie das Delta von Peace und Athabasca River – eine bezaubernde Wasserwelt aus Schilfwiesen, Marschland und flachen Seen. Somit ist der Park ein Refugium für eine vielfältige Fauna: Neben den Waldbisons leben hier auch Elche, Karibus, Schwarzbären und Grauwölfe. In den Feuchtgebieten gibt es Moschusratten, Biber und Nerze, in den Wäldern

Füchse, Luchse, Hermeline und Rote Eichhörnchen. Das Delta ist ein idealer Lebensraum für 227 verschiedene Vogelarten. Mehr als eine Million Wildgänse, Schwäne und Enten bevölkern den Naturraum, darunter die akut gefährdeten Schreikraniche. Bewohnt wird das Gebiet schon seit dem Ende der Eiszeit. Die Kulturen der hier lebenden Cree-, Chipewyan- und Biber-

Indianer hatten sich diesem Ökosystem sehr gut angepasst. Ihre Nachfahren siedeln noch heute hier.

Bis zu drei Meter lang und etwa eine Tonne schwer werden die mächtigen Bisons mit ihrem wuchtigen Schädel (großes Bild). Durch den Nationalpark fließt auch der Slave River (hier bei Fort Smith, links).

KANADISCHE ROCKY MOUNTAINS

Die vier Nationalparks Banff, Jasper, Yoho und Kootenay wurden eingerichtet, um die einmalige Naturlandschaft der kanadischen Rocky Mountains mit ihrer noch weitgehend unberührten Tier- und Pflanzenwelt zu bewahren. Erweitert wurde die Welterbestätte um die Provinzparks Mount Robson, Mount Assiniboine und Hamber.

Jahr der Ernennung: 1984; Erweiterung: 1990

Die kanadischen Rocky Mountains sind ein rund 2200 Kilometer langer Abschnitt der Kordilleren, die den amerikanischen Doppelkontinent von Alaska bis Feuerland durchziehen. Der größte und nördlichste der vier Nationalparks ist der Jasper National Park mit zahlreichen schneebedeckten Dreitausendern, heißen Schwefelquellen, dem mehr als 20 Kilometer langen Maligne Lake und dem größten zusammenhängenden Gletscherfeld der Rocky Mountains. Südlich schließt sich der bereits 1885 gegründete Banff National Park an, den der Bow River durchfließt. Unter dem 3364 Meter hohen Mount-Victoria-Gletscher liegt der malerische Lake Louise, westlich davon erstrecken sich der Kootenay und der Yoho National Park. Die Fälle des Yoho River gehören

zu den höchsten Wasserfällen der Erde. Zwei markanten, fast 4000 Meter hohen Bergen verdanken der Mount Robson Provincial Park sowie der Mount Assiniboine Provincial Park ihre Namen. Die durch Gletscher, Hochwälder und Gießbäche geprägten Landschaften der Rocky-Mountains-Parks bieten zahlreichen heute selten gewordenen Tieren ungestörten Lebensraum. Unter anderem sind hier Grizzlybären, Elche, Schneeziegen, Luchse, Wölfe, Biber und Steinadler zu Hause.

Der 3954 Meter hohe Mount Robson im gleichnamigen Provincial Park (unten links und oben) ist der höchste Berg in den kanadischen Rocky Mountains. »Yuh-hai-has-hun« nennen ihn die Indianer, »Berg des spiralförmigen Weges«. An der Nordseite des Bergs kalbt ein Gletscher in den Berg Lake (unten rechts).

KANADISCHE ROCKY MOUNTAINS JASPER NATIONAL PARK

Wasser ist Leben: Im Jasper National Park rauschen Kaskaden durch tiefe Schluchten wie den Maligne Canyon (ganz links). Die mehr als 800 Seen (rechts unten: Lorraine Lake) werden meist von umliegenden Gletschern gespeist. Der Sunwapta River (links oben) fließt nahe an den Winston Churchill Mountains vorbei. Zum Welterbe zählt auch das imposante Bergmassiv The Ramparts (links unten und rechts oben).

Der 22 Kilometer lange Maligne Lake ist der größte natürliche See im Jasper National Park. Unterwegs zur Südspitze passiert man auch Spirit Island (links).

KANADISCHE ROCKY MOUNTAINS YOHO NATIONAL PARK

»Yoho« bedeutet in der Sprache der Cree-Indianer »Ehrfurcht«, und angesichts der grandiosen Landschaftsszenerien des Nationalparks an der Westflanke der Rocky Mountains versteht man sofort, was damit gemeint ist. Im Lake O'Hara spiegelt sich der Mount Cathedral (großes Bild). Weitere landschaftliche Höhepunkte sind der Kicking Horse River und die 254 Meter hohen Takakkaw Falls (links unten).

Auf der Passhöhe (1625 Meter) des Kicking Horse Pass (links) verläuft die sogenannte Great Divide, die kontinentale Wasserscheide (Pazifik/Atlantik). Hier markiert sie zugleich die Grenze der beiden kanadischen Provinzen British Columbia und Alberta.

KANADISCHE ROCKY MOUNTAINS BANFF NATIONAL PARK

Der Banff National Park liegt an der westlichen Grenze von Alberta. Schneebedecktes Hochgebirge, gewaltige Gletscher, verschwiegene Bergtäler, kristallklare Flüsse – vor allem im Hinterland gibt es noch eine weitgehend unberührte Natur (Bildleiste rechts, von oben: Vermillon Lake, Icefields Parkway, Mount Tuzo). In den windgeschützten Lagen breitet sich im Sommer dichte Vegetation aus (links).

In Bergseen wie dem Herbert Lake (links) spiegeln sich die Gipfel der kanadischen Rocky Mountains. Banff ist der erste (1885) kanadische Nationalpark und der dritte weltweit – nach dem Yellowstone (1872) in den USA und dem Royal National Park (1879) in Australien.

KANADISCHE ROCKY MOUNTAINS KOOTENAY NATIONAL PARK

Der im Südwesten der kanadischen Rocky Mountains gelegene Kootenay National Park umfasst neben einer imposanten Bergwelt auch Seen und Flüsse (unten und oben links), die als oligotrophe Gewässer zu den bedrohten Ökosystemen gehören. »Oligotroph« bezeichnet ein nährstoffarmes, besonders klares Wasser, dessen hoher Sauerstoffgehalt der artenreichen Fauna an den Ufern zugutekommt.

Das Herzstück des Nationalparks, dessen indianischer Name (Kootenay = »Ort des heißen Wassers«) auf heiße Quellen verweist, bilden die Täler des Kootenay und des Vermillion River (oben Mitte und rechts: Marble Canyon und Schwarzbär).

KANADISCHE ROCKY MOUNTAINS MOUNT ASSINIBOINE PROVINCIAL PARK

Schon lange bevor europäische Entdecker wie Alexander Mackenzie in den kanadischen Rocky Mountains unterwegs waren, siedelten dort Indianerstämme. Einer davon, die Assiniboine, nutzten das Areal rund um einen massiven Felsgipfel für die Jagd. Nach ihnen wurden später sowohl das dominante Bergmassiv als auch der Provincial Park benannt, dessen Wildnis (unten) bis heute keine Straße durchquert.

Die isolierte Felspyramide des 3618 Meter hohen Mount Assiniboine (links) ist die Hauptattraktion des gleichnamigen Provincial Park. Oft wird sie als »kanadisches Matterhorn« bezeichnet.

Vor 65 Millionen Jahren lebten riesige Dinosaurier im Dinosaur Provincial Park, einer bizarren Landschaft um den Red Deer River im heutigen Alberta.

Jahr der Ernennung: 1979

Während der Kreidezeit, vor ungefähr 65 Millionen Jahren, bevölkerte eine Vielzahl von Saurierarten den nordamerikanischen Kontinent. Bis auf fast 15 Meter Höhe brachten es besonders stattliche Exemplare des Triceratops, der wie andere Dinosaurierarten gegen Ende des Erdmittelalters ausstarb.
In keiner anderen Region der Welt wurden so viele Überreste dieser Riesenechsen gefunden wie hier. Auch zahlreiche Fossilien von Schildkröten, Fischen, Beuteltieren und Amphibien gestatten den Forschern interessante Einblicke in die Fauna von vor 200 Millionen Jahren. In einem Museum kann man die aufregenden Funde bestaunen.
Aber auch landschaftlich hat diese Gegend ihre ganz besonderen Reize: Die Badlands sind eine vegetationslose Erosionszone, in der die Kräfte von Wind und Wetter die Felsen in eine bizarre, außerirdisch wirkende Landschaft verwandelt haben. Trotz des wüstenähnlichen Klimas blieb an den Flussufern eine ansehnliche Vegetation erhalten, die einigen Rotwildarten, vor allem aber zahlreichen Vögeln einen optimalen Lebensraum bietet.

Die weltweit bedeutendste Fundstelle von Dinosaurierfossilien liegt im Südosten von Alberta, in den kanadischen »Badlands« – einer kargen, von Wind, Wetter und Erosion bizarr geformten Verwitterungslandschaft mit lehmreichen Böden (links). Ein Museum dokumentiert die prähistorischen Funde (unten).

EISFJORD ILULISSAT

Das Eis des Gletschers Sermeq Kujalleq wandert vom grönländischen Inlandeis bis zum Meer und mündet dann in den Ilulissat-Eisfjord. Dort kalbt der Gletscher und entlässt viele Eisberge in den Nordatlantik.

Jahr der Ernennung: 2004

Der Gletscher Sermeq Kujalleq entsteht aus der gewaltigen, bis zu 3000 Meter dicken Eiskappe Grönlands und fließt zum Nordatlantischen Ozean. Mit einer Fließgeschwindigkeit von 19 bis 22 Metern pro Tag ist der Sermeq Kujalleq einer der schnellsten und aktivsten Gletscher der Welt. Wenn das Eis das Meer erreicht, brechen riesige Eisblöcke mit großem Getöse ab und stürzen ins Wasser. Sie treiben dann langsam südwärts und werden im Nordatlantik zu den gefürchteten Eisbergen, die die Schifffahrt bedrohen. Der Sermeq Kujalleq kalbt jedes Jahr 35 Quadratkilometer Eis und produziert damit zehn Prozent der gesamten grönländischen Eisberge – weitaus mehr als jeder andere Gletscher außerhalb der Antarktis.

Der Ilulissat und sein Gletscher werden seit über 250 Jahren untersucht und haben der Wissenschaft viele Daten über Geomorphologie, Glaziologie und allgemeine Klimaveränderung geliefert. Der kalbende Gletscher und die hohen Eisberge im Fjord sind ein faszinierender Anblick. Die Reise zum Gletscher ist allerdings wegen der Eisberge nicht ungefährlich. Manche der Eisgiganten schmelzen erst nördlich von New York.

Bis zu 100 Meter hoch türmen sich die Eisberge vor der Küste Grönlands über dem Wasser auf. Das kalte Meer ist außerordentlich fischreich und Ziel vieler dänischer Fischkutter (unten). Nicht erst seit Zeiten des Klimawandels wird das grönländische Eis ständig beobachtet und erforscht (links).

GROS MORNE NATIONAL PARK

Schon vor über 4500 Jahren siedelten Dorset-Eskimos in der abwechslungsreichen Landschaft des an der Westküste von Neufundland gelegenen Gros Morne National Park – lange bevor die Wikinger als erste Europäer hier landeten.

Jahr der Ernennung: 1987

Der 806 Meter hohe Gros Morne gab dem Park seinen Namen: An diesen großen Hügel schließt sich ein etwa 600 Meter hoch gelegenes Kalksteinplateau an, das durch verschlungene Wasserläufe, Moorseen und Moränen charakterisiert ist. Das subarktische Klima bringt eine Tundravegetation hervor, die so weit südlich sonst nirgendwo zu finden ist.

Karibus, Schneehühner, Polarhasen, Eisfüchse und Luchse trifft man hier an. Vor allem für Geologen interessant sind die Long Range Mountains, deren Gesteinsformationen wertvolle erdgeschichtliche Erkenntnisse vermitteln können. Entstanden sind die malerischen Fjorde des Gros Morne National Park schon während der letzten Eiszeit. Ein besonderes Naturschauspiel

bietet der Western Brook Pond, ein von 600 Meter hohen Steilwänden umschlossener Binnensee. Die Küstenregion zeichnet sich durch steile Klippen, Wanderdünen und eine große Zahl von Vogelarten aus, die ebenso wie die Seehunde den Fischreichtum des Meeres zu schätzen wissen.
Archäologische Funde belegen, dass auf dem Gebiet des heutigen Parks bereits um das Jahr 2500 v. Chr. Siedlungen bestanden. Die Dorset-Eskimos wurden um 800 n. Chr. von den Beothuk-Indianern abgelöst, die von den Europäern wegen ihrer Körperbemalung »Rothäute« genannt wurden. Viel spricht dafür, dass diese Kultur mit den Wikingern in Berührung kam. Aus einigen Verbindungen sollen »blonde Indianer« hervorgegangen sein.

Typisch für den Gros Morne National Park sind die tief in das Hochplateau eingeschnittenen Fjorde und die steinigen Küsten und Strände (unten links und rechts). Am Lobster Cove Head warnt ein einsamer Leuchtturm die Schiffe davor, der felsigen Küste von Neufundland zu nahe zu kommen (links).

Der im Park lebende Nordamerikanische Elch ernährt sich von Seerosen und anderen Wasserpflanzen (großes Bild). Ein männliches Tier kann bis zu 2,30 Meter Schulterhöhe und ein Gewicht von bis zu 500 Kilogramm erreichen. Das bis zu 1,60 Meter breite vielendige Geweih wird im Winter abgeworfen. Auch Schneehasen (Lepus timidus, links unten) leben im Gros Morne National Park.

Im Park blühen auch Wildblumen, darunter (oben von links) Orchideen (Frauenschuh), Hartriegelgewächse (Bunchberry Dogwood oder Königsstern) und Hülsenfrüchtler (Vogelwicke).

MIGUASHA NATIONAL PARK

Der Miguasha National Park ist weltweit die bedeutendste Fossilienfundstätte für das Devon, eine zum Erdaltertum gehörende Periode. Ihre Leitfossilien sind Quastenflosser, aus denen die ersten vierfüßigen Wirbeltiere hervorgingen.

Jahr der Ernennung: 1999

Wissenschaftlich erschlossen wurde das Areal an der Südküste der Halbinsel Gaspésie im Südosten der Provinz Québec 1842 von dem deutschstämmigen kanadischen Arzt, Physiker und Geologen Abraham Gesner (1797 bis 1864). Seinen Namen hat es von der Farbe der Gesteinsformationen: In der Sprache der hiesigen Micmac-Indianer bezeichnet »miguasha« einen rötlichen Farbton. Ab den 1880er-Jahren erfolgte die wissenschaftliche Beschreibung der hier gefundenen Objekte. In der Folgezeit gingen bedeutende Sammlungen an Museen in Großbritannien und anderen Ländern. 1985 wurde Miguasha ein Conservation Park. Dieser umfasst die Steilküste innerhalb der 350 bis 375 Millionen Jahre alten Escuminac-Formation. Inzwischen wurden dort rund 5000 Fossilien identifiziert, beschrieben, konserviert und per Computer erfasst: Wirbeltiere und Wirbellose sowie Pflanzen und Sporen aus dem Devon. Einer der bekanntesten Funde ist »The Prince of Miguasha«, das Fossil eines Eusthenopteron – einer ausgestorbenen, den Übergang zu den Landwirbeltieren markierenden Gattung der Fleischflosser, die im Oberdevon lebten, also im »Zeitalter der Fische« vor etwa 370 Millionen Jahren. Außer Kiemen besaß dieses Tier auch eine Lungenblase und ein kräftig ausgebildetes Flossenskelett. Das ermöglichte ihm wohl bereits, kurzfristig das Wasser zu verlassen. Im Skelett der Vorderflossen lassen sich schon der spätere Oberarmknochen, Elle und Speiche der Landwirbeltiere erkennen.

Nicht weniger als sechs der acht fossilen Fischarten, die im Oberdevon lebten (großes Bild und oben), fanden Paläontologen in den Felsen der kanadischen Halbinsel Gaspésie.

FOSSILIENKLIPPEN VON JOGGINS

Die Fossilienklippen von Joggins in der kanadischen Provinz Nova Scotia sind berühmt für ihr reiches Vorkommen an Zeugen der Urzeit. Mit ihren rund 300 Millionen Jahre alten Versteinerungen gelten die Klippen als bedeutende Fundstelle aus dem Karbon.

Jahr der Ernennung: 2008

Von Forschern auch als »Galapagos der Kohlezeit« bezeichnet, sind die Klippen seit Mitte des 19. Jahrhunderts als Fossilienfundstätte bekannt. 1851 entdeckte der kanadische Geologe Sir William Dawson dort die ersten Versteinerungen von Hylonomus-Exemplaren. Diese ausgestorbene, bis zu 20 Zentimeter lange Reptilienart war als eines der ersten Lebewesen überhaupt vollständig an ein Leben auf dem Land angepasst. Auch der britische Naturforscher Charles Darwin, der Begründer der modernen Evolutionstheorie, nutzte die Funde von Joggins bereits für die Entwicklung seiner neuen bahnbrechenden wissenschaftlichen Prinzipien.

Das knapp sieben Quadratkilometer große paläontologische Areal entlang der Küste der Bay of Fundy in Nova Scotia birgt versteinerte Baumstämme eines früheren Regenwalds, Fossilien von Reptilien und frühestee Amnioten (Nabeltiere) aus der Zeit des Karbon vor 355 bis 290 Millionen Jahren. Für die 303 bis 318 Millionen Jahre zurückliegenden Schichten gibt es weltweit keine ergiebigere Fundstelle von Zeugnissen des Lebens an Land.

Die insgesamt knapp 15 Kilometer langen Klippen, Felsplattformen und Strände haben versteinerte Fundstücke aus drei Ökosystemen bewahrt: einer Mündungsbucht, einer mit Regenwald bestandenen Überschwemmungsebene sowie einer für Feuer anfälligen bewaldeten Schwemmlandebene mit eingestreuten Süßwasserteichen. Insgesamt wurden bisher knapp 100 Gattungen und 150 Arten von Fossilien entdeckt.

Einem der höchsten Tidenhube der Welt – bis zu 15 Meter – und der damit verbundenen Erosion sind die Funde von versteinerten Baumstämmen (großes Bild) und Reptilien (unten rechts) an den Fossilienkliffs von Joggins (oben) zu verdanken.

WATERTON-GLACIER INTERNATIONAL PEACE PARK

Der US-amerikanische Glacier National Park und der kanadische Waterton Lakes National Park wurden 1932 zum ersten grenzüberschreitenden »Friedenspark« verschmolzen.

Jahr der Ernennung: 1995

Der Waterton-Glacier International Peace Park verdankt seine Entstehung einer Initiative der Rotarierclubs von Alberta (Kanada) und Montana (USA). Er wurde am 30. Juni 1932 als »Zeichen des Friedens und des guten Willens zwischen Kanada, den USA und einer Konföderation der Blackfoot-Indianer« verwirklicht. Der an der Grenze zwischen Alberta und Montana gelegene Friedenspark umfasst abgelegene Bergtäler, in denen vom Wind umtoste Berggipfel über einer traumhaft schönen Naturszenerie mit rund 650 Seen und einer üppigen Flora und Fauna thronen. Die Bergwiesen, Prärien und Nadelwälder weisen über 1200 Pflanzenarten auf, ferner rund 60 Säugetier-, 240 Vogel- und 20 Fischarten. Mehr als 200 archäologische Ausgrabungsstätten geben Aufschluss über die Lebensverhältnisse der Ureinwohner, die wohl schon seit 8000 Jahren hier lebten – lange bevor Anfang des 18. Jahrhunderts die ersten weißen Pelztierjäger in die Gegend kamen. Erzsucher, Glücksritter und Siedler verdrängten dann im 19. Jahrhundert die Indianer in Reservate, wo sie zwangsweise sesshaft gemacht wurden.

Der Swiftcurrent Lake (unten links) und die Double Falls (unten rechts) gehören zu den Naturschönheiten des im US-Bundesstaat Montana gelegenen Glacier National Park. Durch die Panoramafenster des Prince-of-Wales-Hotels im kanadischen Waterton Lakes National Park genießt man einen wunderbaren Blick auf die grandiosen Berglandschaften (links).

WATERTON-GLACIER INTERNATIONAL PEACE PARK

Die abgelegenen Bergtäler der beiden Bestandteile des Friedensparks, des Waterton Lakes National Park (1895 gegründet) und des Glacier National Park (1910 gegründet), beheimaten eine vielfältige Tierwelt, zu der das für die Rocky Mountains charakteristische Dickhornschaf (großes Bild) ebenso gehört wie Wolf, Erdhörnchen, Berglöwe und Luchs (oben von links).

KLUANE/WRANGELL – ST. ELIAS/ GLACIER BAY/TATSHENSHINI-ALSEK

Das grenzübergreifende Naturschutzgebiet bietet eine überwältigende Natur mit faszinierender Fauna und Flora.

Jahr der Ernennung: 1979
Erweiterung: 1992 (Glacier Bay), 1994 (Tatshenshini-Alsek)

Die beiden Nationalparks Kluane (im Yukon Territory) und Tatshenshini-Alsek (in British Columbia) auf kanadischer Seite bilden zusammen mit den Nationalparks Wrangell – St. Elias und Glacier Bay (beide in Alaska) das erste binationale Welterbe der UNESCO – sowie das größte auf dem Festland gelegene Naturschutzgebiet der Erde. Dessen Landschaften sind geprägt durch riesige Eisfelder, mächtige Gletscher, hohe Berge, Wasserfälle reißende Flüsse, stille Seen sowie durch ausgedehnte Wälder und weitläufige Tundren.

Trotz des von langen Wintern bestimmten Klimas ist die Flora erstaunlich artenreich. Bis in 1100 Meter Höhe finden sich große Waldgebiete mit Birken- und Beerensträuchern sowie verschiedene Laub- und Nadelbaumarten, von denen die bis zu 90 Meter hohe Sitkafichte besonders beeindruckt. In subalpinen Höhen um 1100 bis 1600 Meter findet man vor allem Weidenarten und Bergwiesen mit Hartgräsern. Bergheide, Wildblumen, Flechten sowie flachwüchsige Sträucher und Krüppelbirken prägen die alpine Tundra auf einer Höhe von 1600 bis 2000 Metern. Beeindruckend ist auch

die Artenvielfalt der Tierwelt. Insbesondere Schwarz-, Braun- und Grizzlybären profitieren vom Fischreichtum der Flüsse. Das seltene Dallschaf und die Schneeziege teilen sich den Lebensraum im Hochgebirge. Über 170 Vogelarten, Rotwild, Wölfe, Rotfüchse, Luchse, Bisamratten, Schneehasen sowie Erd- und Streifenhörnchen sind in den vier Nationalparks beheimatet.

Der 4317 Meter hohe Mount Wrangell im Wrangell – St. Elias National Park ist ein erloschener Vulkan, den im Winter eine dichte Schneeschicht bedeckt (großes Bild). Im Herbst bezaubern die Talkeetna Mountains mit sanften Farben (links). Der Mount Huxley (3828 Meter) spiegelt sich in einem Tümpel, während im Bagley Ice Field die Kräfte der Natur einen tiefen Krater geformt haben (links unten).

KLUANE/WRANGELL – ST. ELIAS/GLACIER BAY/ TATSHENSHINI-ALSEK KLUANE NATIONAL PARK

Vom Campground am Ufer des Kathleen Lake führen abenteuerliche Kajak- und Kanufahrten ins Hinterland des Kluane National Park (unten), dessen Berge (Bildleiste oben, links) zur bis nach Alaska reichenden Wrangell-St.-Elias-Kette gehören. In breiten Eisströmen kalbt der Kaskawulsh Glacier (Bildleiste oben, Mitte; rechts der Kluane Lake). Dicht vorbei an der Bergwildnis führt die Haines Road (links unten).

Eine dicke Speckschicht schützt die größte Ohrenrobbe, das Walross (Odobenus rosmarus, unten), auch vor der Kälte der Glacier Bay. Auffallend sind die bis zu 75 Zentimeter langen Eckzähne der bis zu vier Meter langen und über eine Tonne schweren Tiere. Wegen dieser begehrten Elfenbeinhauer, mit denen sie Schalentiere vom Meeresgrund losbrechen, wurden die Walrösser lange verfolgt und gejagt.

Wie das Walross fühlt sich auch der Gemeine Seehund (Phoca vitulina, Bildleiste links) in der eiskalten Gletscherwelt der Glacier Bay wohl. Bei der Geburt von zwei Jungen nimmt die Mutter nur eines an – das andere, »Heuler« genannt, geht zugrunde.

KLUANE/WRANGELL – ST. ELIAS/GLACIER BAY/ TATSHENSHINI-ALSEK

TATSHENSHINI-ALSEK NATIONAL PARK

Der in Kooperation mit den lokalen First Nations der Champagne und Aishihik verwaltete Tatshenshini-Alsek National Park (unten: Zusammenfluss der gleichnamigen Flüsse) liegt im äußersten Nordwesten von British Columbia. »First Nations« ist der gebräuchliche Begriff für die Indianervölker Kanadas (ohne Inuit und Métis).

Zur vielfältigen Fauna des Nationalparks, der zur Hälfte von ausgedehnten Wäldern bedeckt ist, gehören neben Bibern, Kojoten und Wölfen auch der Grizzly-Bär (ganz links mit einem Lachs als Beute) und der Hirsch (links).

OLYMPIC NATIONAL PARK

Der im Nordwesten des US-Bundesstaates Washington gelegene Nationalpark beeindruckt vor allem mit seinem gemäßigten Regenwald voller bemooster Bäume.

Jahr der Ernennung: 1981

Der westlich von Seattle auf der Olympic Peninsula, deren größten Teil er einnimmt, gelegene Olympic National Park ist umgeben vom Pazifischen Ozean im Westen, der Juan-de-Fuca-Straße im Norden und dem Puget Sound im Osten.
Aufgrund seiner geografischen Lage hat er eine ganz eigene Flora und Fauna hervorgebracht. In den feuchten Urwäldern sind kirchturmhohe Nadelbaumriesen (Tannen, Fichten und Zedern) zu Hause, deren Stämme in der Regel einen Umfang von bis zu sieben Metern erreichen, in Ausnahmefällen noch viel mehr: Den Rekord hält der »Big Cedar Tree« mit einem Durchmesser von 20 Metern. Dreizehn Pflanzenarten, meist Wildblumen, sind nur in dieser Region heimisch, die sich in drei ökologische Zonen gliedern lässt. Der Regenwald mit seinen Sitkafichten, Hemlock- und Riesentannen, Douglasien, Breitblattahorn- und Riesenlebensbäumen beheimatet Wapitis, Pumas, Schwarzbären und Biber. Das Hochgebirge der fast kreisrunden Olympic Mountains im Inneren des Parks bildet eine Gletscherlandschaft von erlesener Schönheit. Elf große

Flusssysteme entspringen hier und bieten ein ideales Biotop für Fische, die zwischen Frisch- und Salzwasser wechseln. Der rund 100 Kilometer lange Pazifikküstenstreifen ist ein optimaler Lebensraum für Muscheln, Krabben, Seeigel, Seesterne und Vögel, die sich von ihnen ernähren. Zweimal jährlich ziehen hier Grauwale auf ihrem Weg nach Alaska vorbei.

Die Olympic Peninsula wurde bereits 1909 unter Naturschutz gestellt und 1938 zum Nationalpark erklärt. Hier gibt es den nur an wenigen Orten der Welt anzutreffenden gemäßigten Regenwald (links). An der Pazifikküste findet sich Treibholz (großes Bild), im Meer tummeln sich Delfine (links unten).

YELLOWSTONE NATIONAL PARK

Der älteste Nationalpark der Welt ist eine majestätische Wildnis mit Bergen, Flüssen und Seen sowie mehr als 300 Geysiren. Rund 96 Prozent der Gesamtfläche (rund 9000 Quadratkilometer) liegen in Wyoming, drei Prozent in Montana und ein Prozent in Idaho.

Jahr der Ernennung: 1978

Kernstück des Nationalparks ist das über 2000 Meter hoch gelegene Yellowstone-Plateau, das von bis zu 4000 Meter hohen Bergriesen umgeben wird. Der vulkanische Ursprung dieser Landschaft ist heute noch zu erkennen: Fossile Waldgebiete zeugen von den Lavaströmen und Ascheregen, die vor 600 000 Jahren zum letzten Mal über der Region niedergingen.

Dass die Erde aber noch keineswegs zur Ruhe gekommen ist, beweisen die vielen kochend heißen Quellen, Fumarolen und Geysire. Bekannt ist vor allem der Old Faithful, der etwa jede Stunde eine 60 Meter hohe Fontäne in die Höhe schießt. Auch die Quellseen mit vielfarbigem kochenden Wasser, die zerplatzenden Schlammblasen und die heißen Dämpfe aus den Fels-

spalten zeugen von den nach wie vor unter der Erdoberfläche waltenden Kräften. Gegründet im Jahr 1872 und benannt nach den gelben Felsen an den Ufern des Yellowstone River, beherbergt diese Welterbestätte auch eine vielfältige Tierwelt mit dem Grizzly als »König der Wälder« sowie Wölfen, Bisons und Wapitis, eine nordamerikanische Hirschart mit großem Geweih.

Zu den Yellowstone Falls gehören auch die beiden mächtigen Wasserfälle der Lower und der Upper Falls (großes Bild). Die heißen Quellen des Parks bringen spektakuläre Sinterterrassen wie hier die Minerva Terraces hervor (rechts). Einst besiedelten Stämme der Schoschonen und Bannock die melancholische Seen- und Flüsselandschaft (links oben).

Die Geysire im Yellowstone National Park sind vulkanischen Ursprungs. Kaltes Wasser sinkt in beinahe zwei Kilometer tiefe Hitzekammern, wird dort aufgeheizt und durch schmale Kanäle nach oben gepresst. Mehrere Meter hoch ist die Wasserfontäne des White Dome Geyser (unten links). Mikroorganismen verleihen der Grand Prismatic Spring ihre grellbunten Farben (unten rechts).

Im Winter hat die Szenerie im Yellowstone National Park ihren ganz besonderen Reiz – nicht nur hier am West Thumb Geyser Basin (links), das eines der kleinsten Geysirbecken auf dem Parkgelände ist.

Berühmt ist der Yellowstone National Park auch als bedeutendes Tierreservat. Neben Wapiti, Maultierhirsch, Elch, Dickhornschaf, Gabelantilope, Grizzly- und Schwarzbär, Puma, Kojote, Biber, Trompetenschwan, Weißem Pelikan, Adler und Seeadler fasziniert hier vor allem der mächtige Bison (rechts und rechts oben; großes Bild: zwei Bullen beim Rivalenkampf in der Paarungszeit).

Um das Jahr 1700 zogen noch rund 60 Millionen Bisons, diese eng mit dem Wisent verwandten Wildrinder, über das Land. Nach dem Gemetzel der weißen Siedler waren sie bis auf wenige Exemplare fast ausgerottet. Erst seit Anfang des 20. Jahrhunderts werden die Tiere geschützt und nachgezüchtet. Man unterscheidet Prärie- und Waldbison.

REDWOOD NATIONAL PARK

Die größten Pflanzen der Welt sind die Sequoia-Bäume, wegen ihres rötlichen Holzes auf Englisch »Redwood« genannt. Diese Baumriesen gaben der an der Pazifikküste in Nordkalifornien gelegenen Welterbestätte ihren Namen.

Jahr der Ernennung: 1980

Einst war der Küstenmammutbaum (Sequoia sempervirens, ein immergrüner Nadelbaum) in ganz Nordamerika verbreitet. Heute gibt es nur noch einen geringen Bestand dieser Urzeitriesen an der amerikanischen Westküste. Um die zum Teil mehr als 100 Meter hohen Bäume vor dem Abholzen zu schützen, gründeten Naturschützer die »Save-the-Redwoods-League« und brachten die Regierung dazu, mehrere State Parks einzurichten. Drei dieser Parks – Jedediah Smith, Del Norte Coast Redwoods und Prairie Creek Redwoods – bilden seit 1968 den Redwood National Park im nördlichen Kalifornien. Etwa ein Drittel der Parkfläche (446 Quadratkilometer) besteht aus Sequoia-Wäldern. Die höchsten Bäume stehen in der Tall Trees Grove bei Orick.

Star unter den Baumriesen dort ist der Nugget Tree – mit einer Höhe von 111 Metern der höchste derzeit bekannte Baum der Welt. Mächtige Redwoods findet man auch am Mill Creek. Die Resultate einer Wiederaufforstung werden noch eine Weile auf sich warten lassen. Die imposanten Bäume werden in der Regel 500 bis 700 Jahre alt – einzelne Exemplare sogar bis zu 2000 Jahre – und sind erst mit etwa 300 Jahren ausgewachsen.

Die bemerkenswerten Baumriesen sind aber nicht die einzige Attraktion dieser Welterbestätte. An der Pazifikküste leben Seehunde, Seelöwen und viele Seevogelarten wie Trottellumme und Marmelalk. In den Höhenlagen wachsen neben den zahlenmäßig überwiegenden Küstensequoien auch andere Riesen wie Sitkafichten, Hemlocktannen, Douglasien, Breitblattahorn und kalifornischer Lorbeer. In den Mischwäldern leben Pumas, Stinktiere, Roosevelt-Wapitis und Weißwedelhirsche sowie Graufüchse, Schwarzbären, Otter und Biber. Zahlreiche archäologische Funde belegen zudem eine menschliche Besiedlung dieser Region schon seit prähistorischer Zeit.

Für die Indianer waren die Redwoods (unten) heilig. Nach ihrem Glauben haben diese Bäume eine Seele. Nicht nur sie empfanden es als Verbrechen, dass die Bäume bis zur Errichtung des Nationalparks 1968 abgeholzt wurden und auch die Tierwelt bedroht war (links oben ein Virginia-Uhu).

YOSEMITE NATIONAL PARK

Die Gebirgslandschaft dieser im Osten Kaliforniens gelegenen Welterbestätte, zu der ausgedehnte Nadelwälder und kristallklare Gletscherseen gehören, ist eine der eindrucksvollsten Hinterlassenschaften der Eiszeit.

Jahr der Ernennung: 1984

Der Yosemite National Park in der Sierra Nevada zählt zu den schönsten Granitplateaus der Erde. Eiszeitliche Gletscher haben diese Landschaft mit ihren ausgekerbten Tälern, Bergkegeln, Gletscherseen und Wasserfällen gestaltet. Zahlreiche Monolithfelsen prägen das Tal des Merced River. Besonders eindrucksvoll ist der knapp 2700 Meter hohe Half Dome, das Wahrzeichen des Parks. In kaum einer anderen Region der Welt konzentrieren sich derart viele hohe Wasserfälle. Die Yosemite Falls sind mit 740 Meter Höhe die zweitgrößten Wasserfälle Amerikas – doch es gibt hier noch weitere imposante Naturschauspiele dieser Art.
Die Vegetation ist äußerst vielfältig: 37 Baumarten wurden hier gezählt,

darunter über 3000 Jahre alte Mammutbäume. Eine große Anzahl von Kräutern und Wildblumen ist auf den Bergwiesen vertreten. Zwar wurden Grizzly-Bären und Wölfe hier ausgerottet, doch Schwarzbären, Pumas, Erd- und Backenhörnchen, Fischmarder, Maultierhirsche, Pfeifhasen sowie Vielfraße und viele Vogelarten sind im Park nach wie vor häufig anzutreffen.

Zu den vielen Wasserfällen des Parks gehören die Bridal Veil Falls (unten). Vom Glacier Point (rechts) hat man den besten Ausblick auf das Yosemite Valley. Im Westen begrenzt der Felsklotz El Capitan das Tal (ganz rechts, mit Eisbrocken im Merced River). Eine Herausforderung für Kletterer ist der 2695 Meter hohe Half Dome am östlichen Ende des Tals (links unten).

GRAND CANYON NATIONAL PARK

Das gigantische Felspanorama, das der Colorado River in Millionen von Jahren in den Stein gegraben hat, ermöglicht einen eindrucksvollen Einblick in die Erdgeschichte. Der im Nordwesten von Arizona gelegene Grand Canyon ist die wohl spektakulärste Schlucht der Welt.

Jahr der Ernennung: 1979

Im Jahr 1540 erblickte der Spanier López de Cárdenas als erster Europäer das grandiose Panorama des Grand Canyon, doch bis zu einer exakten Kartografierung dauerte es noch bis zur Mitte des 19. Jahrhunderts. Die Entstehungsgeschichte des Grand Canyon ist noch immer nicht genau erforscht. Wahrscheinlich begann der Fluss sich vor ungefähr sechs Millionen Jahren seinen Weg durch das Felsplateau zu suchen. Im Lauf der Zeit entstand so diese einzigartige Schlucht, über die der Naturforscher John Muir sagte, sie sei »die großartigste von Gottes irdischen Stätten«.

Wind und Wetter trugen das Ihre dazu bei, den Felswänden ihre bizarren Formen zu geben. Die leicht erkennbare Abfolge der unterschiedlichen Gesteins-

schichten in den Felswänden dokumentiert die verschiedenen Perioden der Erdzeitalter. Hier gefundene Fossilien geben wichtige Informationen über das Leben der Urzeit.

Im Canyon können bei Temperaturen von bis zu 50 °C nur sehr widerstandsfähige Pflanzen und Tiere überleben: So finden sich hier diverse Kakteenarten und Dornbüsche, Klapperschlangen, Schwarze Witwen und Skorpione. Der Fluss bietet wegen der extremen Bedingungen nur wenigen Fischarten ein Refugium. Am Ufer gibt es Leguane, Kröten und Frösche. An einigen Stellen finden sogar Biber und Otter ein Auskommen. Lediglich die Wälder am Nord- und Südrand bieten Lebensraum für eine größere Zahl von Pflanzen- und Tierarten.

Zahlreiche Funde belegen eine wohl schon 4000 Jahre zurückreichende Besiedlungsgeschichte des Grand Canyon. Am beeindruckendsten sind die rund 1000 Jahre alten Felswohnungen der Anasazi. Zu den bis heute hier lebenden Indianern gehören die Hualapai. Ihnen verdankt der Grand Canyon seine neueste Attraktion: Der »Grand Canyon Skywalk« bietet Besuchern die Möglichkeit, auf einer hufeisenförmigen stählernen Brücke mit gläsernem Boden und Seitenwänden in 1200 Meter Höhe über dem Abgrund der Schlucht zu »schweben«.

Auf einer Länge von rund 450 Kilometern windet sich der Colorado River durch die zwischen 5,5 und 30 Kilometer breite sowie bis zu 1500 Meter tiefe Schlucht.

GRAND CANYON NATIONAL PARK

Von Supai aus, dem Hauptort der südwestlich des Nationalparks gelegenen Havasupai Indian Reservation, führt ein Weg hinunter zum Colorado River, vorbei an drei imposanten Wasserfällen: den 22 Meter hohen Navajo Falls, den 30 Meter hohen Havasu Falls (unten links) und den 60 Meter hohen Money Falls. Am Horseshoe Bend macht der Fluss eine hufeisenförmige Biegung (unten rechts).

Die Wanderung hinunter zum Ufer des Colorado River gleicht einer Zeitreise in prähistorische Schichten unserer Erde. Der Schiefer am Boden der Schlucht ist fast zwei Milliarden Jahre alt.

CARLSBAD CAVERNS NATIONAL PARK

In der Nähe der Kleinstadt Carlsbad im Südosten von New Mexico befindet sich ein weit verzweigtes Labyrinth bizarrer Tropfsteinhöhlen, das Forscher und Besucher dieser Welterbestätte gleichermaßen fasziniert.

Jahr der Ernennung: 1995

Der erste Blick auf die Wüsten- und Waldlandschaft rund um die Guadelupe Mountains mag enttäuschend sein, doch der eigentliche Reiz des knapp 200 Quadratkilometer großen Carlsbad Caverns National Park verbirgt sich in den ausgedehnten Höhlensystemen in den Bergen. Vor einigen Millionen Jahren begannen Wasser und Sulfide ein aus der Erdperiode des Perm stammendes Riff auszuhöhlen. Riesige Spalte, Risse und Kammern, die heutigen Carlsbad Caverns, entstanden.
Bisher wurden hier mehr als 80 Höhlen entdeckt, von denen die Lechuguilla Cave die tiefste (477 Meter) und längste (133 Kilometer) ist. Die Bat Cave ist Schlafstätte Hunderttausender Fledermäuse; hier wurden auch Höhlenmalereien aus präkolumbischer Zeit gefunden. Die New Cave bietet ebenfalls ein faszinierendes Schauspiel von Stalagmiten und Stalaktiten. Längst sind noch nicht alle Naturwunder dieser fantastischen Höhlenzauberwelt erforscht.

Die bizarre Welt der Carlsbader Höhlen mit ihren Stalagmiten und Stalaktiten ist immer noch im Werden begriffen. Begonnen hat es vor über 250 Millionen Jahren, als hier aus einem Meer Kalksedimente abgelagert wurden. In der Folge kam es zu chemischen Zersetzungsprozessen, und Grund- und Regenwasser drang ein.

MAMMOTH CAVE NATIONAL PARK

Die Mammoth Cave ist das größte und am weitesten verzweigte Höhlensystem der Welt. Die Gänge bieten mehr als 200 Tierarten Lebensraum.

Jahr der Ernennung: 1981

Zunächst erscheint das Karstgebiet an den Ufern des Green River in Kentucky nur wenig spektakulär. Aber der besondere Reiz liegt unter der Erde. Dort führen verzweigte und mehrere hundert Kilometer lange Gänge den Besucher in eine Welt bizarrer Kalksteinformationen, die ein steter Tropfen in Jahrmillionen aus dem porösen Gestein gestaltet hat.
Die riesigen Säle mit ihren eindrucksvollen Stalagmiten, Stalaktiten und den auskristallisierten Gipsdecken entstanden vor über 300 Millionen Jahren, im Erdzeitalter des Karbon. Durch eine durchlässige Sandsteinschicht sickerte Wasser in die darunter liegende Kalksteinschicht. In chemischen Prozessen entstanden Hohlräume, die durch Absinken des Grundwasserspiegels austrockneten. In der Folge ließ das herabtropfende mineralhaltige Wasser die säulenförmigen Kalkspatgebilde entstehen.
Die Mammuthöhlen beheimaten so außergewöhnliche Tiere wie den Höhlenblindfisch, die Kentucky-Höhlenkrabbe und die Höhlengrille. Auch verschiedene Salamander- und Froscharten sind hier zu Hause. Für einige bedrohte Fledermausarten sind die Höhlen ein wichtiges Refugium.

Im Scheinwerferlicht tritt die Dimension der unterirdischen Landschaft zutage (unten). »Booth's Amphitheater« (oben) wurde nach dem Schauspieler Edwin Booth benannt, der hier einen Monolog aus Shakespeares »Hamlet« vortrug.

GREAT SMOKY MOUNTAINS NATIONAL PARK

In den südlichen Appalachen, in North Carolina und Tennessee, hat sich dank der Ausweisung dieses atemberaubend schönen Nationalparks eine Urwaldlandschaft erhalten, deren Tier- und Pflanzenvielfalt ihresgleichen sucht.

Jahr der Ernennung: 1983

Berühmt ist der Nationalpark wegen des häufigen Nebels, der die Berge umhüllt. Es sieht aus wie Rauch – daher auch der Name. Die hohe Feuchtigkeit ist das Resultat einer üppigen Vegetation und vieler Niederschläge. Das bereits 1934 zum Nationalpark erklärte Gebiet weist 16 Gipfel über 1800 Meter Höhe auf sowie Bergflüsse und Bäche mit einer Gesamtlänge von 3000 Kilometern und zahlreiche Wasserfälle. Im Hochwald, der ein Drittel der Gesamtfläche bedeckt, findet man an die 130 Nadel- und Laubbaumarten sowie eine Vielzahl von Sträuchern, Flechten, Moosen und Pilzen. Entsprechend artenreich ist auch die Tierwelt. Schwarzbären, Weißwedelhirsche sowie zahlreiche Vogel- und Reptilienarten leben hier.

Die Great Smoky Mountains gehören zu den ältesten Gebirgen der Erde. Im gleichnamigen Nationalpark findet man einige der schönsten Laubwälder Amerikas (unten), mehr als 3500 Pflanzenarten (ganz unten von links: Azalee, Waldlilie, Carolina Spring Beauty, Gelber Frauenschuh) und zahlreiche Wasserfälle (rechts: Grotto Falls).

EVERGLADES NATIONAL PARK

Mangrovenwälder und mit Seegras bewachsene Sumpfflächen bilden hier im Süden Floridas ein einzigartiges Ökosystem und bieten einer faszinierenden Tier- und Pflanzenwelt ein ideales Refugium.

Jahr der Ernennung: 1979

Geringe Höhen und mangelnde natürliche Entwässerung haben zur Aufstauung der in dieser Region hohen Niederschläge und damit zur Bildung von Sumpfgebieten geführt. Das komplexe Ökosystem der Everglades wird jedoch zunehmend durch eine intensive Landwirtschaft, den immens hohen Trinkwasserverbrauch der benachbarten Städte sowie durch rücksichtslosen Fischfang gefährdet. So ist die einzigartige Tier- und Pflanzenwelt trotz intensiver Bemühungen noch immer extrem bedroht. Allein in den letzten 50 Jahren sind 90 Prozent der Vogel- und 80 Prozent der Fischarten in den Everglades ausgestorben.

Die endlosen Riedgrassavannen werden unterbrochen von Bauminseln, den sogenannten Hammocks, die mit

Zypressen, Pinien und Mahagonibäumen bestanden sind. Zur Küste hin bieten die Mangrovenwälder einen idealen Lebensraum für Mikroorganismen, Amphibien, Schnecken und Fische. Viele Reiherarten schätzen den Fischreichtum der Mangrovensümpfe. Insgesamt findet man in den Everglades etwa 1000 Pflanzen- und 700 Tierarten.

»Pay-hay-okee«, »Fluss aus Gras«, nannten die Indianer die Everglades (unten). Sumpfzypressen (ganz unten) wachsen senkrecht aus dem Wasser und bilden horizontale Wurzelknie zur Sauerstoffversorgung aus. Weit verzweigte Wasserwege führen durch die Sümpfe (rechts).

EVERGLADES NATIONAL PARK

Die Sumpf- und Wasserlandschaft der Everglades bietet ideale Lebensbedingungen für viele andernorts bedrohte Tiere. Hierzu zählen Wasservögel wie der Schmuckreiher (unten links) oder Meeressäuger wie der Nagel-Manati (unten Mitte). Auch der bis zu sechs Meter lange Mississippi-Alligator (unten rechts) ist hier zu Hause, ebenso Waschbären, Schlangen und Frösche (oben von links).

Die Everglades sind ein Paradies für Vögel, besonders im Winter, wenn die Zugvögel kommen. Zu ihren bekanntesten Bewohnern gehört der Amerikanische Graureiher (Ardea herodias, unten).

Zwischen den Hammocks – mit tropenartigen Hölzern bewachsenen inselartigen Erhebungen im »River of Grass« – lassen sich immer wieder die verschiedensten Vogelarten beobachten. Oben von links: Rosalöffler (Ajaja ajaja), Schmuckreiher (Egretta thule), Dreifarbenreiher (Egretta tricolor) und Zwergsultanshuhn (Porphyrula martinica).

HAWAII VOLCANOES NATIONAL PARK

Nirgendwo sonst kann man den Vulkanismus besser beobachten als auf der »Big Island« von Hawaii. So gehören zum Hawaii Volcanoes National Park zwei der aktivsten Vulkane der Welt. Bis heute dringt hier aus der Tiefe des Meeresgrundes Lava an die Erdoberfläche.

Jahr der Ernennung: 1987

An der Südostküste der Hauptinsel gestalten die Vulkane Mauna Loa (etwa 4170 Meter) und Kilauea (knapp 1250 Meter) mit ihren Eruptionen die Landschaft immer wieder neu. Diese beiden aktiven Vulkane spucken in relativ kurzen Abständen glühende Lava aus, die sich ins Meer ergießt und die Insel in den letzten 30 Jahren um 81 Hektar vergrößert hat.

Im Volksglauben werden die Eruptionen mit den Launen der Feuergöttin Pele erklärt. Für Geologen sind die Ausbrüche nicht nur ein gewaltiges, beeindruckendes Naturschauspiel, sondern auch ein bedeutendes Studienobjekt. Der Mauna Loa entstand im Lauf der Zeit Schicht um Schicht aus erstarrter Lava. Die Hänge des aktiveren Kilauea ermöglichen einen guten

Einblick in die unterschiedlichen Formen vulkanischer Vegetation.

Der Kilauea spuckt flüssige Lava ins Meer (Bildleiste links). Pele, die Feuergöttin, ist wütend, heißt es in der Überlieferung der Einheimischen, wenn die Lava fließt (großes Bild). Auf den fruchtbaren vulkanischen Böden wächst dichtes Farndickicht (unten links).

WAL-SCHUTZGEBIET VON EL VIZCAÍNO

Alljährlich kommen zahlreiche Grauwale zur Paarung und zur Geburt der Kälber in die Küstenlagunen des Schutzgebietes. Auch Blauwale, Buckelwale, Seehunde, Seelöwen und See-Elefanten sind hier anzutreffen. Einige Meeresschildkrötenarten suchen die Strände zur Eiablage auf, und nahezu 200 Vogelarten, darunter auch endemische, brüten oder überwintern hier.

Jahr der Ernennung: 1993

Etwa in der Mitte der Halbinsel Baja California erstreckt sich entlang der Pazifikküste ein einzigartiger mariner Lebensraum mit den Lagunen von Ojo de Liebre und San Ignacio sowie mehreren Küstenseen. Zwischen Dezember und März tummeln sich hier unzählige Grauwale. Rund 8000 Kilometer haben sie von ihrem Sommerquartier, der arktischen Beringsee, zurückgelegt, um sich hier zu paaren und die Jungen zur Welt zu bringen. Fast die Hälfte aller Grauwale weltweit wird in den Gewässern der Baja California geboren. Fünf von den sieben noch existierenden Meeresschildkrötenarten kommen hier vor. Die Küstengebiete sind auch ein wichtiger Überwinterungsplatz für Tausende von Zugvögeln wie etwa der Pazifischen Ringelgans.

Neben Grauwalen (rechts unten) tauchen an den Küsten von El Vizcaíno Blauwale (rechts oben) und Buckelwale (großes Bild) auf. Auch andere Meeressäuger wie der Nördliche See-Elefant sowie gefährdete Reptilien wie die Suppenschildkröte (im Bild ein frisch geschlüpftes Jungtier) und die Unechte Karettschildkröte (Bildleiste von links) kommen hier vor.

INSELN UND SCHUTZGEBIETE DES GOLFS VON KALIFORNIEN

Die Welterbestätte umfasst nicht weniger als 244 Inseln, Felseneilande und Küstenabschnitte mit einer ungeheuer vielfältigen Fauna und Flora.

Jahr der Ernennung: 2005
Erweiterung: 2007

Der Golf von Kalifornien ist ein rund 1100 Kilometer langes und 90 bis 230 Kilometer breites Nebenmeer des Pazifischen Ozeans. Er erstreckt sich zwischen der Küste Westmexikos und der Halbinsel Niederkalifornien (Baja California). Der Golf und seine Inseln entstanden durch plattentektonische Vorgänge, durch die vor 17 bis 25 Millionen Jahren die Halbinsel vom Festland abgespalten wurde. Doch erst vor 4,5 Millionen Jahren floss das Meerwasser in die entstandene Vertiefung der Erdoberfläche.
Unter Schutz gestellt wurden neun Areale mit einer Gesamtfläche von rund 18 000 Quadratkilometern, davon rund drei Viertel marines Gebiet. Von Nord nach Süd sind dies die folgenden Biosphärenreservate, Schutzgebiete und Nationalparks: Oberer Golf mit Delta des Colorado, Inseln des Golfs von Kalifornien, Insel San Pedro Mártir, El Vizcaíno, Bahía de Loreto, Cabo Pulmo, Cabo San Lucas, Islas Marías und Isla Isabel.
Der Golf von Kalifornien und seine Inseln gelten als ein »Naturlabor« für die Erforschung der Entstehung der Arten. So kommen im Schutzgebiet

nahezu 200 Vogelarten aus rund 20 Ordnungen vor. Außerdem gibt es hier mehr als 30 Meeressäugerarten sowie fünf der sieben weltweit vorkommenden Meeresschildkrötenarten. Von den 891 Fischarten in den Gewässern der marinen Schutzgebiete des Golfs sind 90 endemisch.

Die Vegetation besteht aus zahlreichen Sukkulenten und Kakteen. Darunter befinden sich die größten der Welt, etwa der Säulenkaktus Pachycereus pringlei mit Höhen von bis zu 25 Metern. Die Vielfalt der Flora einer Insel hängt sowohl von ihrer geografischen Lage als auch von ihrer Größe und Meereshöhe ab. So sind etwa auf der Insel Tiburón über 500 Pflanzenarten heimisch, auf dem Inselchen San Pedro Mártir hingegen nur rund 30.

Die Inseln des Golfs bieten eine grandiose Szenerie aus Steilküsten, Sandstränden und türkisblauem Meer (links: Espíritu Santo). Die Vegetation wird von Sukkulenten und Kakteen geprägt, darunter riesigen Cardonkakteen (unten). Die Inselwelt ist ein Paradies für viele Vogelarten: Hier gibt es etwa die weltweit größte Population von Blaufußtölpeln (unten rechts).

BIOSPHÄRENRESERVAT MARIPOSA MONARCA

Das Biosphärenreservat Mariposa Monarca liegt etwa 100 Kilometer nordwestlich von Mexiko-Stadt. Es wird jedes Jahr von Millionen Monarchfaltern (Danaus plexippus) bevölkert, die hier im gemäßigten Klima der mexikanischen Hochebene ihr Winterquartier beziehen.

Jahr der Ernennung: 2008

Das 56 000 Hektar große Biosphärenreservat, das sich entlang der Grenze zwischen dem mexikanischen Bundesstaat Michoacán und der Hauptstadt Mexico Ciudad erstreckt, liegt in einer bewaldeten Bergregion auf etwa 3000 Metern Höhe. Es ist nach dem Monarchfalter, einem Wanderschmetterling, benannt, der im Herbst von Kanada und dem Norden der USA bis zu 4000 Kilometer nach Süden zieht. Jedes Jahr spielt sich zwischen den rauen Felsen der mexikanischen Hochebene ein faszinierendes Naturschauspiel ab, bei dem mehrere hundert Millionen von Monarchfaltern sich im Reservat einfinden und die gesamte Landschaft orange verfärben.

Die Migration dieser Falter ist ein erstaunliches Phänomen: Die in Nord-

amerika geschlüpften Tiere kommen nach Mexiko, um hier in einer Art Kältestarre zu überwintern. Im Frühling brechen sie wieder nach Norden auf und legen auf der Rückwanderung in den südlichen Staaten der USA ihre Eier auf den Blätter der Asclepias-Pflanze, eines giftigen Seidenpflanzengewächses, ab. Bald danach sterben die Falter der überwinternden Generation. Ihre Nachkommenschaft wandert dann, nachdem sie die Metamorphose durchlaufen hat, weiter nordwärts. Dieser Generation folgen im Lauf des Sommerhalbjahres drei weitere, von denen ein Teil im Herbst wieder gen Süden zieht. Erst die vierte Generation kehrt wieder nach Mexiko zurück.
Das Biosphärenreservat wurde in den 1980er-Jahren eingerichtet. Es beherbergt mehrere »Sanctuarios«, die den Lebensraum der Schmetterlinge vor der zunehmenden Zersiedelung der Landschaft und vor dem ungebremsten Holzabbau schützen sollen.

Einen orangefarbenen Grundton mit schwarz-weißer Zeichnung haben die Flügel der Monarchfalter und sorgen damit für reizvolle Effekte (alle Bilder).

BIOSPHÄRENRESERVAT SIAN KA'AN

Das Naturschutzgebiet an der mexikanischen Karibikküste bietet mit seiner Vielzahl von Biotopen ideale Lebensbedingungen für eine Vielzahl von Tieren und Pflanzen.

Jahr der Ernennung: 1987

»Geschenk des Himmels« bedeutet der Name dieses Reservats in der Sprache der Maya. Und in der Tat bietet das mit einer Fläche von mehr als 5000 Quadratkilometern größte zusammenhängende Naturschutzgebiet Mexikos, im Osten der Halbinsel Yucatán rund 150 Kilometer südlich von Cancún gelegen, »himmlische« Bedingungen für eine einzigartige Fauna und Flora. Nur rund 2000 Menschen leben hier, vor allem in den Orten Punta Allen und Boca Paila.

Dicht beieinander existieren hier nicht weniger als 17 Vegetationszonen. Immergrüner Wald, Mangrovensümpfe, Misch-, Regen- und Laubwälder, Palmensavannen, Schwemmland, insgesamt rund 100 Kilometer lange Korallenriffe sowie Lagunen bieten ein Refugium für über 100 Säugetierarten, darunter seltene Raubkatzen wie Jaguare, Pumas, Ozelots sowie Brüll- und Klammeraffen, ebenso wie für Manatis, Krokodile und unzählige Amphibienarten, darunter vier seltene Meeresschildkröten. Das Meer nimmt, vor allem in Gestalt der Bahía de la Ascensión und der Bahía del Espiritu Santo, rund ein Viertel der Parkfläche ein. Rund 350 Vogelarten bevölkern Lagunen, Bäume und Himmel.

Daneben gibt es auf dem Areal von Sian Ka'an 23 archäologische Fundstätten von bis zu 2300 Jahre alten präkolumbischen Kulturen.

Kristallklare Bäche (großes Bild), Weißgummibäume (oben) oder Braunpelikane (unten) – all das bietet Sian Ka'an.

BELIZE BARRIER REEF

Vor der Küste von Belize erstreckt sich am Rand des Kontinentalsockels das längste lebende Barriereriff der nördlichen Hemisphäre. In dieser einzigartigen farbenprächtigen Unterwasserlandschaft haben zahlreiche gefährdete Tierarten ihr Refugium.

Jahr der Ernennung: 1996

Das größte Korallenriffsystem des Atlantiks bildet ein hochkomplexes Ökosystem. Dazu gehören ein über 250 Kilometer langes Barriereriff, drei große küstenfernere Atolle und Hunderte »Cays« genannte, weit verstreute Inseln, auf denen über 170 Pflanzenarten wachsen. Mit ihren Mangrovenbeständen, Sandstränden und Lagunen bieten sie hervorragende Lebensbedingungen für teilweise gefährdete Vogelarten wie Rotfußtölpel, Prachtfregattvögel oder Noddiseeschwalben.
Das knapp 1000 Quadratkilometer große Weltnaturerbe besteht aus sieben Schutzgebieten und Nationalparks und umfasst diverse Rifftypen aus rund 65 verschiedenen Korallenarten, deren bizarr geformte Dickichte und Säulen Lebensraum für eine Unzahl von Lebewesen schaffen. Zu dieser fantastischen Vielfalt zählen neben fast 250 Wasserpflanzenarten rund 350 Molluskenarten, Schwämme, Krebstiere und ungefähr 500 Fischarten, deren Spektrum vom Adlerrochen bis zum Zackenbarsch reicht. Im Schutzgebiet leben außerdem stark gefährdete Meeresbewohner wie Seekühe oder Echte und Unechte Karettschildkröten.

Das mehr als 120 Meter tiefe Blue Hole entstand einst durch den Einsturz einer Unterwasserhöhle (rechts oben). Die vielen der Küste vorgelagerten Mangroveninseln sind der Lebensraum einer vielfältigen Meeresfauna (großes Bild).

Tikal im Nordosten von Guatemala zählt zu den bedeutendsten Ruinenstätten der Maya-Kultur. Die früheste Besiedlung des Ortes im Petén-Regenwald erfolgte um 800 v. Chr. Ab dem 3. Jahrhundert n. Chr. entstand hier ein riesiger Komplex mit Tempeln und Palästen.

Jahr der Ernennung: 1979

Tikal unterscheidet sich von anderen Maya-Stätten dadurch, dass es in einem rund 600 Quadratkilometer großen Nationalpark inmitten eines mit Brüllaffen, Vögeln, Baumfröschen und vielen anderen Tieren bevölkerten Urwalds liegt.

Bis zu 90 000 Menschen lebten zu Tikals Blütezeit (550–900) in der Tempelstadt. Bislang wurden in dem rund 15 Quadratkilometer großen Zentrum über 3000 Bauwerke und Anlagen ausgegraben – prunkvolle Paläste ebenso wie einfache Hütten oder Ballspielplätze. Am spektakulärsten sind die fünf gigantischen Tempelpyramiden; eine davon ragt 65 Meter auf und ist damit das höchste Maya-Bauwerk überhaupt. Das Kultzentrum umfasste um das Jahr 800 zwölf Tempel, die auf

einer riesigen Plattform errichtet worden waren. Neben diesen Monumentalbauten legten Archäologen zahlreiche Werkzeuge, verschiedenste Kultgegenstände und eine Reihe wertvoller Grabbeigaben frei. Ab dem 9. Jahrhundert entstanden in Tikal keine nennenswerten Bauwerke mehr, und im 10. Jahrhundert wurde die Stadt endgültig verlassen.

Wie ein unwirklicher Schemen zeichnen sich im Dunst des Petén-Regenwalds in Guatemala die Konturen einer monumentalen Tempelpyramide ab (großes Bild). Vom hohen Stand des Keramikhandwerks der Maya zeugt dieses in Tikal ausgegrabene Bruchstück einer Vase (links).

BIOSPHÄRENRESERVAT VON RÍO PLÁTANO

Das Biosphärenreservat im Stromgebiet des Río Plátano umfasst einen erheblichen Teil des zweitgrößten zusammenhängenden Regenwaldgebiets der Welt. Dank seiner verschiedenen Ökosysteme birgt es einen fantastischen Reichtum an Pflanzen- und Tierarten.

Jahr der Ernennung: 1982

Das rund 830 000 Hektar große Biosphärenreservat erstreckt sich am Río Plátano von der Nordostküste ins Innere von Honduras bis auf über 1300 Meter Meereshöhe. Das vorwiegend gebirgige Gebiet bedeckt etwa sieben Prozent des Landesterritoriums und wird von unterschiedlichen Lebensräumen geprägt. An der Küste liegen hinter unberührten Sandstränden Lagunen und Mangrovenwälder, aber auch Küstensavannen mit Schnabelrieden und anderen Sumpfpflanzen sowie Palmen und Tieflandkiefern. Weiter im Landesinneren steht sub- und tropischer Regenwald mit seiner ganzen Artenvielfalt. Hier wachsen allein 2000 Arten von Gefäßpflanzen, zahlreiche Baumarten von der Spanischen Zeder bis zu Mahagoni, Balsa

und Sandelholz. Bislang konnten rund 40 Säugetier-, 380 Vogel- sowie 130 Reptilien- und Amphibienarten verzeichnet werden, viele Arten harren wohl noch der Entdeckung. Im Reservat leben unter anderem Jaguare, Pumas und Ozelote, Königsgeier und Harpyien, Seekühe, Tapire und Pakas sowie einige Affenarten, die lautstark durch die Baumwipfel turnen.

In dem dünn besiedelten Gebiet sind einige tausend Menschen ansässig – neben den indigenen Miskito, Pech und Tawahka auch Garifuna (eine ethnische Gruppe mit karibischen und afrikanischen Vorfahren) sowie Mestizen. Zudem finden sich im Areal archäologische Stätten mit Überresten der Maya sowie Spuren einer weiteren präkolumbischen Kultur.

Am Río Plátano hinterließ eine unbekannte präkolumbische Kultur kunstvoll behauene Petroglyphen (oben links). Zu den tierischen Bewohnern des Reservats zählen (unten, von links nach rechts) Mantelbrüllaffen, Weißrüsselnasenbären, Weißschulterkapuzineraffen und Dreifingerfaultiere.

GUANACASTE-SCHUTZGEBIET

In dem weitläufigen Schutzgebiet im Nordwesten Costa Ricas lassen sich zu Wasser und zu Land bedeutsame ökologische Prozesse aufzeigen. Das Areal ist Lebensraum vieler seltener Tier- und Pflanzenarten.

Jahr der Ernennung: 1999; Erweiterung: 2004

Das rund 100 000 Hektar große Gebiet im Nordwesten Costa Ricas besteht aus drei Nationalparks und kleineren Schutzzonen und reicht von der Pazifikküste über die gut 2000 Meter hohen Berge des Inlands bis in die Tiefländer auf der karibischen Seite. Zu Guanacaste gehören Küstengewässer, Inseln, Sandstrände und Felsküsten ebenso wie Bäche und Flüsse in Gebirgs- und Vulkanlandschaften mit dem noch immer aktiven Schichtvulkan Rincón de la Vieja. Nicht weniger als 37 Feuchtgebiete sowie Mangroven- und tropische Regenwälder sind hier zu finden, aber auch tropischer Trockenwald, dessen Bäume in der heißen Jahreszeit ihr Laub abwerfen. Rund 60 000 Hektar misst dieses letzte große intakte tropische Trocken-

waldgebiet, das in ganz Zentralamerika verblieben ist – es zählt weltweit zu den größten geschützten Waldgebieten dieser Art.
In den unterschiedlichen Lebensräumen gedeihen insgesamt rund 230 000 Tier- und Pflanzenarten. Diese beeindruckende Vielfalt ergibt sich auch aus Guanacastes Lage in einem biogeografischen Areal, das sowohl neotropische als auch nearktische Tiere und Pflanzen aus Süd- und Nordamerika umfasst.

Tropische Trockenwälder (links) prägen einige Abschnitte des Guanacaste-Nationalparks. Zu seiner artenreichen Fauna zählen Geoffroy-Klammeraffen (großes Bild), Hellrote Aras, Baird-Tapire, Langschwanzkatzen und Ameisenbären (Bildleiste von oben nach unten).

NATIONALPARK KOKOSINSEL

Als einzige ostpazifische Insel ist die Kokosinsel mit tropischem Regenwald bedeckt. Weit vom Festland entfernt, bildete sich hier eine einzigartige Tier- und Pflanzenwelt aus.

Jahr der Ernennung: 1997

Die Legende will es, dass im 17. und 18. Jahrhundert berühmt-berüchtigte Piraten auf der Kokosinsel ihre Schätze vergraben haben – bislang hat jedoch noch niemand eine Spur davon entdeckt. Dafür wartet die rund 550 Kilometer südwestlich der Küste Costa Ricas gelegene Insel mit herrlichen Naturschätzen und tropischem Regenwald auf. Aufgrund der isolierten Lage entwickelten sich hier zahlreiche endemische Pflanzenarten, etwa der Huriki-Baum. Zudem kommen drei Vogel-, zwei Reptilien- sowie über 60 Insektenarten nur hier vor. Zum Nationalpark zählen zudem die knapp 100 Quadratkilometer großen Küstengewässer der Insel. Sie beherbergen große Saumriffe aus 32 Korallenarten sowie eine reiche Meeresfauna.

In den Gewässern vor der Kokosinsel (links) leben Delfine, Haie (großes Bild: Bogenstirn-Hammerhaie), Mantarochen sowie etwa 300 weitere Fischarten. An den Riffen tummeln sich Kofferfische, Sternfleckmuränen und Flötenfische (links, von oben nach unten).

NATURSCHUTZGEBIET TALAMANCA UND NATIONALPARK LA AMISTAD

Das grenzüberschreitende Schutzgebiet, das sich Costa Rica und Panama teilen, weist die artenreichste Fauna und Flora der Welt auf.

Jahr der Ernennung: 1983
Erweiterung: 1990

Rund 800 000 Hektar misst dieses einzigartige Schutzgebiet, das sich in der zentralen Cordillera de Talamanca vom Süden Costa Ricas in den Westen Panamas erstreckt. Zwischen Meeresniveau und rund 3800 Meter Höhe bildeten sich diverse Lebensräume und unterschiedlichste Landschaften heraus. Den größten Teil des Reservats bedeckt tropischer Regenwald, der hier seit 25 000 Jahren wächst. Oberhalb des Tieflands finden sich Nebelwälder und subalpine Páramo-Gebiete mit Sträuchern und Gräsern sowie Regionen mit immergrünen Eichen, Moore und Seen. Dank seiner topografischen und klimatischen Unterschiede sowie seiner geografischen Lage an der Schnittstelle von Nord- und Südamerika wartet der Park mit einer in ihrer Vielfalt einzigartigen Tier- und Pflanzenwelt auf.

Archäologische Funde lassen vermuten, dass in dem Gebiet schon vor Jahrtausenden Menschen lebten – die Forschung steht hier noch am Anfang. Heute leben rund 10 000 Angehörige der indigenen Gruppen Teribe, Guaymi, Bribri und Cabecar im Schutzgebiet in Reservaten.

Im Schutzgebiet erstreckt sich das größte unberührte Regenwaldgebiet Zentralamerikas (großes Bild). Die von zahlreichen Wasserläufen durchzogenen Wälder des Schutzgebietes warten mit einer unübersehbaren Vielfalt von Pflanzenarten auf, die teilweise endemisch sind (rechts unten). In höheren Lagen lichtet sich der Baumbestand (rechts).

Im Schutzgebiet leben rund 600 teils stark gefährdete Vogelarten. Zu den gefiederten Bewohnern zählen auch diese Rotschwanzsittiche (links oben) und Quetzale (ganz links; links unten). Letztere hatten in der Azteken-Mythologie eine herausgehobene Stellung.

Zur bunten Vielfalt der heimischen Vogelwelt tragen neben diversen Finken-, Falken- und Adlerarten auch farbenfrohe Eichelspechte bei, die von den Eichenbeständen im Park profitieren (2. Bild von rechts). Die schönen Langschwanz-Seidenschnäpper (ganz rechts) leben in Lagen oberhalb von 1800 Höhenmetern in Bergwäldern. Vor allem in den höher gelegenen Bereichen gibt es noch rund 40 endemische Vogelarten.

COIBA-NATIONALPARK UND MARITIME SCHUTZGEBIETE

Das aus Pazifikinseln bestehende Schutzgebiet wird vor den Stürmen und extremen Temperaturschwankungen von El Niño verschont und hat sich eine große Artenvielfalt bewahrt.

Jahr der Ernennung: 2005

Durch die Ausweisung eines über 400 000 Hektar großen Areals vor der südwestlichen Pazifikküste Panamas wurden der Regenwald der Insel Coiba und weiterer 38 kleinerer Inseln im Golf von Chiriquí sowie deren vorgelagerte Meeresräume unter Schutz gestellt. Die seit Jahrtausenden vom Festland abgetrennten Inseln sind für die biologische Forschung deshalb von Interesse, weil sich in der hiesigen Pflanzen- und Tierwelt eine Vielzahl von neuen Arten und Unterarten ausgebildet hat. Zu diesen endemischen Formen zählen etwa unter den Nagetieren das Coiba-Aguti sowie mehrere Unterarten des Brüllaffen, des Opossums und des Weißwedelhirschs. Darüber hinaus ist Coiba auch letzte Zufluchtsstätte für bedrohte Tierarten, die aus anderen Regionen Panamas mittlerweile ganz verschwunden sind, wie etwa der Würgadler und der Hellrote Ara.

Eine besonders große Artenvielfalt bietet auch die Meereswelt des Schutzgebietes, in dem sich mit dem Ensenada-Maria-Riff das zweitgrößte Riffsystem (160 Hektar) im zentralen Ostpazifik erstreckt. In dem für Hoch-

seefische und Meeressäuger wichtigen Durch- und Rückzugsgebiet wurden bislang mehr als 750 Meeresfischarten verzeichnet, darunter allein über 30 Haifischarten. Zu der enormen Diversität tragen zudem rund 20 Wal- und Delfinarten bei. Meeresriesen wie Buckelwale, Pottwale und Orcas können hier das ganze Jahr über beobachtet werden.

In den klaren Gewässern des geschützten Golfs von Chiriquí (links) lebt neben imposanten Mantarochen, die eine Spannweite von bis zu sieben Metern erreichen (großes Bild und kleines unten links), eine große Zahl von Haiarten, darunter Walhaie (unten rechts) und Ammenhaie (darunter).

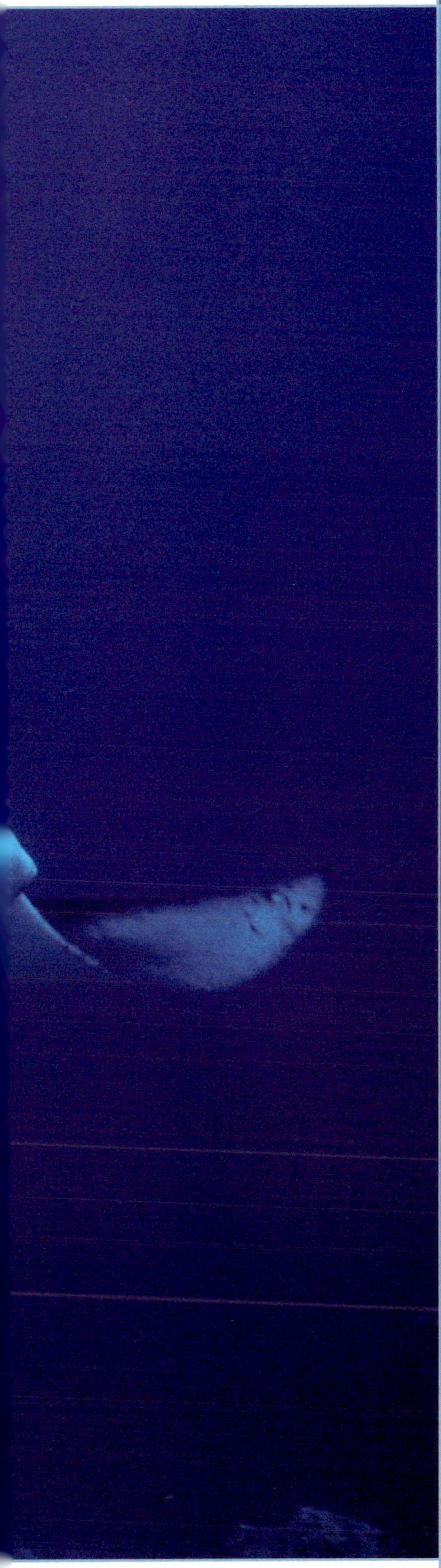

Die unglaubliche Artenvielfalt in dieser riesigen tropischen Wildnis mit ihren unterschiedlichen Lebensräumen lässt sich bislang nur erahnen. Experten zufolge wurden im Darién Tausende Tier- und Pflanzenarten bisher noch gar nicht verzeichnet.

Jahr der Ernennung: 1981

Im Osten Panamas erstreckt sich das fast 600 000 Hektar große Biosphärenreservat von der Pazifik- bis fast an die Karibikküste und die 1800 Meter hohen Gebirge der Region. Es umfasst verschiedenste Habitate von Sand- und Felsstränden über Mangroven- und Süßwassersümpfe bis zu diversen Regenwaldformen. Sie gelten als die vielfältigsten Ökosysteme im tropischen Amerika. Der Reichtum an Lebensräumen und die Lage begünstigen eine fantastische Artenvielfalt, treffen doch an dieser geografischen Nahtstelle die südlichen und nördlichen Verbreitungsgrenzen von Tierarten beider Amerikas aufeinander. In einigen Gebieten des Nationalparks leben Angehörige der indigenen Ethnien Kuna, Emberá und Wounaan.

Zu den 450 Vogelarten im Darién zählen Einsiedlerkolibris (ganz links) und Breitmaul-Glanzvögel (links). In den bis in die Gebirge reichenden Regenwäldern (großes Bild und rechts unten) sind Cuipo-Bäume (rechts oben) weit verbreitet.

NATIONALPARK DESEMBARCO DEL GRANMA

Die terrassenförmig gestaffelten geologischen Formationen am Rande der Sierra Maestra bilden ein einzigartiges System von Kalksteinfelsen, die einen wichtigen Lebensraum für viele seltene Pflanzen und Tiere zu Wasser und zu Lande bieten.

Jahr der Ernennung: 1999

Seinen Namen verdankt der Nationalpark dem Schiff, mit dem Fidel Castro und Che Guevara 1956 mit 81 weiteren Gefährten bei Las Coloradas auf Kuba anlandeten, um die Battista-Diktatur zu stürzen. (An der Stelle befindet sich heute eine Rekonstruktion des Bootes.) Die einzigartige Küsten- und Karstlandschaft mit ihren Höhlen und Cañons rund um Cabo Cruz gehört zu den weltweit intaktesten ihrer Art. Sie besteht aus Kalksteinterrassen, die sich bis zu 360 Meter über den Meeresspiegel erheben und sich bis zu 180 Meter unter der Wasseroberfläche fortsetzen. Das geschützte Areal mit einer Fläche (samt Pufferzone) von über 400 Quadratkilometern liegt an der Grenze zwischen Karibischer und Nordamerikanischer Platte, die Erde ist dort bis heute tektonisch aktiv.
Wie viele Pflanzenarten im Nationalpark gedeihen, ist bisher nicht exakt erfasst. Bis heute wurden mehr als 500 Spezies gezählt, von denen etwa 60 Prozent nur hier anzutreffen sind. Nur an wenigen anderen Orten Kubas existiert eine solche Konzentration endemischer Pflanzen. Auch die Tierwelt weist eine außergewöhnliche Vielfalt auf. Mehrere Säugetier- und Amphibienarten kommen hier vor. Sehr zahlreich sind Vögel mit mehr als 100 und Reptilien mit fast 50 Arten, viele davon endemisch. Besonderen Schutz genießen die Karibik- oder Nagelmanatis, eine seltene Seekuhart. Auch Insekten und wirbellose Tiere gibt es hier in großer Zahl. Faszinierend auch die vielen farbenprächtigen Schmetterlinge. Extrem bunt gefärbt ist eine Reihe von Schnecken und anderen Weichtieren. In den vorgelagerten Korallenriffs leben einige äußerst seltene Meeresschildkröten.
Von kulturhistorischem Interesse sind einige Höhlen, die von der präkolumbischen Taino-Kultur für rituelle Zwecke genutzt wurden.

In den Gewässern vor der Küste des Nationalparks (unten links) ist das seltene Karibikmanati (Trichechus manatus), eine Seekuhart, zu Hause (großes Bild).

NATIONALPARK ALEJANDRO DE HUMBOLDT

Im wenig erschlossenen Osten Kubas sind bis heute großartige Naturlandschaften erhalten geblieben. Sie stellen – wie etwa der Nationalpark Alejandro de Humboldt – letzte intakte Rückzugsgebiete für einen Großteil der einzigartigen Flora und Fauna der Insel dar.

Jahr der Ernennung: 2001

Der Nationalpark in der Gebirgsregion Alturas de Baracoa nordwestlich der gleichnamigen Stadt ist größtenteils als Biosphärenreservat ausgewiesen. Er bietet auf einem Areal von mehr als 70000 Hektar (davon etwa 2000 Hektar marine Fläche) eine besonders große Vielfalt von Ökosystemen: eine Küstenregion mit Korallenriffen und Mangroven, wo auch eine größere Population der ansonsten bedrohten Seekühe zu Hause ist, Feuchtwälder sowie eine Bergregion rund um den 1168 Meter hohen El Toldo mit stattlichen Beständen der endemischen Kubakiefer. Außer der Letztgenannten sind über 400 Tier- und Pflanzenarten ausschließlich hier, in der »Arche Noah der Karibik«, beheimatet. Diese Zahl übertrifft die Superlative der bisher bekannten »Zentren des Endemismus«, wie etwa der Galápagos-Inseln, um ein Vielfaches.

Der Nationalpark wurde nach dem berühmten deutschen Forschungsreisenden Alexander von Humboldt benannt, der in den Jahren 1801 und 1804 insgesamt viereinhalb Monate auf Kuba, vor allem in Havanna, weilte.

Nur wenige Siedlungen gibt es im Nationalpark (großes Bild). Zu seinen tierischen Bewohnern zählen einige für Kuba endemische Arten wie etwa die Kuba-Amazone oder der Kubanische Schlitzrüssler (rechts oben und unten).

NATIONALPARK MORNE TROIS PITONS

Zu Füßen des 1342 Meter hohen Morne Trois Pitons erstreckt sich auf Dominica der gleichnamige Nationalpark, der durch artenreichen Tropenwald und vulkanische Erscheinungsformen bezaubert.

Jahr der Ernennung: 1997

Der 1975 gegründete Nationalpark bietet mit seinen Nebel- und Regenwäldern, Seen und Wasserfällen auf einem Areal von fast 7000 Hektar zahlreichen Pflanzen- und Tierarten Lebensraum. Annähernd 150 Vogelarten bevölkern die Wälder. Von atemberaubender Schönheit sind die unterschiedlichen vulkanischen Phänomene in der Nähe des noch aktiven Vulkans Morne Trois Pitons. So finden sich zwischen schroffen Felsen und dicht bewachsenen Schluchten etwa 50 Fumarolen, heiße Quellen und fünf noch aktive Vulkankrater. In einem kochenden See blubbert heißer Schlamm. Der »Emerald Pool« (Smaragdteich) verdankt seine außergewöhnliche Färbung ebenfalls den im Inneren der Erde wirkenden Elementarkräften.

Fumarolen wie hier im Valley of Desolation verraten den vulkanischen Ursprung der Landschaft im Nationalpark Morne Trois Piton (ganz links). Das andere dominierende Element ist das Wasser in Form von Seen und Wasserfällen, wie hier an den Trafalgar Falls im Roseau Valley (links) oder am Emerald Pool (großes Bild).

PITONS-NATURSCHUTZGEBIET

Als Pitons bezeichnet man auf der Karibikinsel St. Lucia zwei über 700 Meter hohe kegelförmige Vulkanberge, die aus dem Meer aufsteigen und durch einen Rücken miteinander verbunden sind.

Jahr der Ernennung: 2004

Das Welterbe umfasst ein annähernd 30 Quadratkilometer großes Areal im Südwesten der Insel in der Nähe von Soufrière. Seine Bestandteile sind der Gros (770 Meter) und der Petit Piton (743 Meter) mit verbindendem Bergrücken, ein Solfatarenfeld mit Fumarolen und heißen Quellen sowie angrenzende Meeresgebiete. Der Bereich unter Wasser war einst zu fast 60 Prozent mit Korallen besetzt. Durch den Hurrikan »Lenny« wurde 1999 ein großer Teil davon zerstört.
Durch die Einrichtung von Fischfangverbotszonen hat nun eine Erholung eingesetzt, sodass die Gewässer um die Pitons heute zu den artenreichsten in der ganzen Karibik zählen. Man hat hier unter anderem rund 170 Fischarten, 60 Nesseltier-, 14 Schwamm-, elf

Stachelhäuter-, 15 Gliederfüßer- und acht Borstenwürmerarten nachgewiesen.
Die dominierende Vegetation auf dem Festland ist tropischer Regenwald mit kleinen Trockenwaldbereichen. Vom Gros Piton kennt man rund 150 Pflanzenarten, vom Petit Piton etwa 100. Fast 30 Vogelarten leben hier, darunter fünf endemische.

Die kegelförmigen Doppelgipfel Gros und Petit Piton bilden eine weithin sichtbare Landmarke der Kleinen Antillen. Der aus St. Lucia stammende Literaturnobelpreisträger Derek Walcott nannte die beiden Formationen, die durch einen Vulkanausbruch entstanden sind, den »Busen der Karibik«.

NATIONALPARK LOS KATÍOS

Der Nationalpark im Nordwesten Kolumbiens an der Grenze zu Panama besteht aus niedrigen Hügeln, Regenwäldern und Sumpfländern. Die abgelegene Region bietet bedrohten Tierarten einen geschützten Lebensraum, außerdem wachsen hier zahlreiche endemische Pflanzen.

Jahr der Ernennung: 1994

Der 720 Quadratkilometer große Nationalpark erstreckt sich in seinem östlichen Abschnitt über weite Teile der Sumpfgebiete des in den Golf von Darién mündenden Flusses Atrato. Im Westen nimmt er die stark zerklüftete Hügelkette der Serranía del Darién, eines Ausläufers der westlichen Andenkordillere, ein. Durch die hohen Niederschläge, die im Durchschnitt über 3000 Millimeter im Jahr betragen, haben sich ausgedehnte Sumpf- und Regenwälder entwickeln können. Hier wächst noch eine Vielzahl wertvoller Hölzer wie der Balsa- oder der Kautschukbaum. Vor allem die Unzugänglichkeit dieser Urwaldregion hat zur Erhaltung der artenreichen und vielfach endemischen Pflanzenwelt beigetragen.

Auch die Tierwelt profitiert von der Abgeschiedenheit. In dieser Region leben noch Großkatzen wie Pumas und Jaguare, ebenso Ameisenbären, Faultiere, verschiedene Affenarten wie Brüll-, Kapuziner- und Wollaffen sowie Tapire. Auch gibt es hier Tiere, die sonst nur in Mittelamerika vorkommen, wie etwa die Hühnervogelart Graukopfguan.

Der Waldhund, der mit seinem stämmigen Körper eine eigene Gattung innerhalb der Familie der Hunde bildet (großes Bild), zählt ebenso zu den Bewohnern des Nationalparks wie dieser Prachthaubenadler (unten rechts). Wasser gibt es reichlich im Urwald von Los Katíos (links). Sein Hauptfluss Atratos gilt als das am schnellsten fließende Gewässer der Welt.

Das Reservat im tropischen Ostpazifik umfasst die isolierte kleine Insel Malpelo und ein rund 8500 Quadratkilometer großes Meeresschutzgebiet, das Lebensraum zahlreicher bedrohter Meerestiere ist.

Jahr der Ernennung: 2006

Die nur 3,5 Quadratkilometer große Insel Malpelo liegt rund 500 Kilometer von der kolumbianischen Pazifikküste entfernt. Malpelo gehört zu einem Meereskorridor, der weitere Welterbestätten wie die Galápagos-Inseln (Ecuador), Coiba (Panama) und die Cocos-Insel (Costa Rica) miteinander verbindet. Die Insel ist die Spitze des Malpelo-Rückens, in ihrer Umgebung fällt der Meeresgrund auf bis zu 3400 Meter Tiefe ab. Dank ihrer vielfältigen Unterwasserlandschaft mit hohen Kliffen und Abstürzen, Riffen, tiefen Cañons und Höhlen sind die Gewässer um Malpelo ein beliebtes Tauchrevier.
Durch den Einfluss diverser Meeresströmungen und der Meeresbodengestalt hat sich hier ein äußerst komplexes und reichhaltiges Ökosystem herausgebildet. Die Gewässer dienen als Fortpflanzungsgebiet für zahlreiche Meerestiere, darunter allein für rund 200 Fischarten. Besonders zahlreich vertreten sind die Haie. Neben Hammer-, Wal- und Seidenhaien tummeln sich hier auch die sehr seltenen Kurznasen-Sägehaie. Außerdem gibt es hier Adler- und Mantarochen, See-

pferdchen, Thunfische, Barrakudas, Bonitos und Snapper. Auch Meeresschildkröten und endemische Seesterne haben hier ihr Refugium.
Auf der Insel selbst brüten zahlreiche Seevögel, etwa Gabelschwanzmöwen und Hawaii-Sturmvögel. Erwähnenswert ist ferner die weltweit größte Kolonie von Maskentölpeln mit über 40 000 Tieren.

Zur Eiablage kommt die Grüne Meeresschildkröte an Land, wo sie bis zu 100 weiße Eier ablegt (rechts). Muränen (großes Bild) haben keine Schuppen, scheiden aber einen giftigen Schleim aus, der sich um ihren Körper legt. In den Gewässern um Malpelo tummeln sich zahlreiche Fischarten, so etwa der Seidenhai, der Hammerhai und der Gefleckte Adlerrochen (Bildleiste rechts von oben).

Der Nationalpark Sangay liegt mitten in den ecuadorianischen Anden. Zwei bis heute aktive Vulkane verleihen der Landschaft, die auch Heimstatt seltener Tier- und Pflanzenarten ist, einen besonderen Reiz.

Jahr der Ernennung: 1983

Der kaum zugängliche Nationalpark Sangay umfasst drei Landschaftszonen: die vulkanischen Hochanden in 2000 bis 5000 Meter Höhe, die östlichen Vorberge in 1000 bis 2000 Meter Höhe sowie die unterhalb liegenden Schwemmfächer. Das zentrale Hochland wird von den beiden aktiven Vulkanen Sangay (5230 Meter) und Tungurahua (5016 Meter) sowie dem erloschenen El Altar (5319 Meter) beherrscht. Mit ansteigender Höhe lässt sich eine für die Tropen typische Abfolge von Vegetationsstufen konstatieren: Subtropischer Regenwald geht ab 2000 Metern in niedrigeren montanen Regenwald über, dann folgt ab 4500 Metern die wilde Graslandschaft des Páramo. Oberhalb von 4800 Metern liegt die Zone ewigen Schnees.

Die Tier- und Pflanzenwelt profitiert von der Isolation der ursprünglichen Landschaft. Mehr als 3000 Pflanzenarten wurden im Nationalpark erfasst, die Zahl der Vogelspezies wird auf 400 bis 500 geschätzt. Auch Säugetiere sind zahlreich vertreten: Neben Bergtapiren, Riesenottern und Brillenbären streifen hier auch Pumas, Jaguare und Ozelots durch die Urwälder.

Eindrucksvolle Vulkane bestimmen das Erscheinungsbild des Nationalparks. Der Vulkan Tungurahua erlebte immer wieder Phasen starker Aktivität, beispielsweise in den Jahren 1916 bis 1925. Seit 1999 ist der Vulkan erneut aktiv (großes Bild). Der Vulkan El Altar (links) gilt als erloschen. In der hochandinen Region sind auch seltene Tiere wie Kondor und Brillenbär zu Hause (Bildleiste unten).

NATIONALPARK GALÁPAGOS-INSELN

Die vulkanischen Inseln des Galápagos-Archipels stellen aufgrund ihrer isolierten Lage ein einzigartiges lebendiges Schaubild der Evolution dar.

Jahr der Ernennung: 1978
Erweiterung: 2001

Rund 1000 Kilometer vor der Westküste Ecuadors befindet sich mitten im Pazifik ein Hotspot, an dem heißes Magma aus dem Erdinneren bis an die Erdoberfläche dringt. Hier entstand ein spektakulärer Archipel aus zwölf großen und über 100 kleineren vulkanischen Inseln. Die ältesten ganz im Osten entstanden vor 2,4 bis 3 Millionen Jahren; das jüngste Eiland, die im Westen gelegene Fernandina-Insel, bringt es gerade auf 700 000 Jahre.
Der Archipel wird von drei großen Meeresströmungen umflossen, so auch vom kalten Humboldtstrom, der Wasser aus der eisigen Polarregion hier bis an den Äquator bringt. Mit den Meeresströmungen kam das Leben aus den tropischen und subtropischen Regionen Mittel- und Südamerikas und aus dem Indopazifik auf die Galápagos-Inseln, die zum Schmelztiegel unterschiedlichster Arten wurden. Die geografische Isolation des Archipels bot Flora und Fauna optimale Voraussetzungen für eine eigenständige Entwicklungsgeschichte.
Charles Darwin verhalf den Inseln mit seinem Besuch 1835 zu weltweitem Ruhm. Die Beobachtung fast gleicher

Finkenarten, die auf unterschiedlichen Inseln lebten und dabei ihrer Umgebung entsprechend abweichende Schnabelformen entwickelten, verschaffte ihm wichtige Erkenntnisse für die Entwicklung der Evolutionstheorie. Der Galápagos-Archipel ist ein Vogel- und Reptilienparadies. Dagegen haben nur wenige Säugetiere den Weg hierhin gefunden. Die meisten der auf der Inselgruppe lebenden Tiere sind endemisch. Besonders spektakuläre Arten sind der flugunfähige Stummelkormoran, der Drusenkopf und die Meerechse sowie die Galápagos-Riesenschildkröte.
Zum Nationalpark gehören 90 Prozent der Landfläche der Galápagos-Inseln. Das Naturerbe wurde 2001 um ein Meeresschutzgebiet erweitert.

Ein lebendes Archiv der Evolutionsgeschichte sind die Galápagos-Inseln mit ihren endemischen Reptilienarten wie etwa der Meerechse (links). Auf San Salvador wurden kreisrunde Vulkankrater ausgeformt (großes Bild), auf Bartolomé hat in das Meer fließende Lava neues Land geschaffen. Nur spärliche Vegetation gedeiht auf den Böden von Santa Fé und San Salvador (Bildleiste von unten).

NATIONALPARK GALÁPAGOS-INSELN

Die Galápagos-Inseln sind ein wichtiges Brutgebiet der Blaufußtölpel. Der geschickte Flieger stürzt sich beim Beutezug aus großer Höhe senkrecht auf Fischschwärme herab (großes und kleines Bild unten). Sein naher Verwandter, der Rotfußtölpel, brütet als einziger Tölpel auf Bäumen und hat dazu spezielle Zehen entwickelt (unten links).

Auf den Galápagos-Inseln sind nicht weniger als 57 Vogelarten beheimatet, von denen rund die Hälfte endemisch ist. Dazu zählt auch der Galápagos-Reiher. Der tagaktive Vogel ist ein ausgesprochener Einzelgänger (Bildleiste ganz links). Der Rubintyrann trägt ein auffällig gefärbtes Federkleid. Er ernährt sich vorwiegend von Fluginsekten (Bildleiste links).

NATIONALPARK
GALÁPAGOS-INSELN

Die Galápagos-Riesenschildkröten (unten und links) sind die größten lebenden Landschildkröten. Sie erreichen ein Gewicht von über 200 Kilogramm; die ältesten Exemplare werden auf über 150 Jahre geschätzt. Die 14 Unterarten unterscheiden sich voneinander durch die Ausbildung ihres Panzers.

Nach einer kühlen Nacht wärmen sich Meerechsen in der Sonne auf (unten links). Die Meerechse ist die einzige Echsenart, die sich aus dem Meer ernährt. Die Reptilien weiden unter Wasser Algenteppiche ab (links oben, zusammen mit einer Grünen Meeresschildkröte). Das bei den Tauchgängen mit dem Meerwasser aufgenommene Salz stoßen sie als konzentrierte Salzkristalle durch Drüsen in der Nasenregion wieder aus.

Alle 35 auf den Galápagos-Inseln lebenden Reptilienarten sind endemisch. Der Drusenkopf oder Landleguan trägt auf Nacken und Rücken einen mächtigen Kamm (große und kleine Bilder unten rechts). Drusenköpfe haben eine eigene Strategie, um trotz Süßwassermangels auf den Inseln ihren Flüssigkeitsbedarf zu decken: Sie fressen Wasser speichernde Opuntien (rechts).

Die roten Klippenkrabben haben auf den Inseln kaum natürliche Feinde. Deshalb können sie sich auch einen auffälligen roten Panzer leisten (links). Seelöwen sind ausgezeichnete Taucher. Ihre Vorfahren stammen vermutlich aus Kalifornien; auf den Galápagos-Inseln hat sich eine eigene Unterart ausgebildet (unten rechts). Die Pelzrobben (großes Bild) kamen ursprünglich von der antarktischen Küste hierher.

NATIONALPARK RÍO ABISEO

Der Nationalpark umfasst neben dem Grasland des Páramo einen ursprünglichen Nebelwald, der während der letzten Eiszeit vielen Pflanzen als Rückzugsgebiet diente. Mitten in diesem Wald wurden zahlreiche Ruinen aus präkolumbischer Zeit entdeckt.

Jahr der Ernennung: 1990
Erweiterung: 1992

1983 wurde der auf der Ostabdachung der Zentralkordilleren im Norden Perus gelegene, rund 2700 Quadratkilometer große Nationalpark eingerichtet. Zu schützen galt es hier vor allem die außergewöhnliche Flora und Fauna der für diese Region typischen Nebelwälder. Viele der hier lebenden Pflanzen und Tiere sind endemisch. Es war eine kleine wissenschaftliche Sensation, als man hier vor einigen Jahren den bis dahin für ausgestorben gehaltenen Gelbschwanz-Wollaffen entdeckte.
Seit 1985 haben Archäologen im dichten Dschungel des Schutzgebietes in Höhenlagen zwischen 2500 und 4000 Metern insgesamt 36 Gebäudekomplexe aus der Zeit vor der Inka-Herrschaft ausgegraben.

Ein Refugium für zahlreiche Tierarten bietet der Nationalpark Rio Abiseo, etwa für den bedrohten Nordandenhirsch (rechts), den Roten Brüllaffen oder den Andenfelsenhahn, den Nationalvogel Perus (Bildleiste von oben). Bei diesem schwarzen Jaguar ist noch die typische Fleckenzeichnung auszumachen (großes Bild).

HUASCARÁN-NATIONALPARK

Der Nationalpark erstreckt sich zwischen den verschneiten Gipfeln der Cordillera Blanca in über 6000 Meter Höhe. Mit seinen tiefen Schluchten und Gletscherseen birgt er außerordentliche Naturschönheiten und ist die Heimat zahlreicher seltener Tiere und Pflanzen.

Jahr der Ernennung: 1985

Majestätisch ragt der schneebedeckte Gipfel des 6768 Meter hohen Nevado Huascarán, des höchsten Bergs von Peru, in dem nach ihm benannten Nationalpark auf. Die Landschaft der Cordillera Blanca fasziniert durch ihre gigantischen Gletscher, stillen Bergseen, tiefen Schluchten und reißenden Wildbäche. Neben dem Huascarán sind hier 26 weitere Gipfel über 6000 Meter Meereshöhe zu verzeichnen. Sie werden von rund 30 Gletschern und 120 Gletscherseen flankiert. Hier erreichen die Temperaturen einen Jahresschnitt von 3°C, im Winter fällt das Thermometer auf bis zu –30°C. Trotzdem gibt es hier Vegetation bis in 4000 Meter Höhe. Sie umfasst neben seltenen Kakteenarten auch die weltweit größte Bromelie Puya raimondii.

Der Nationalpark ist auch die Heimat von Puya raimondii, der weltweit größten Bromelienart. Ihre stacheligen Blätter werden bis zu vier Meter hoch, ehe sich ein acht bis zehn Meter hoher Blütenstand entwickelt (unten links und rechts). Die Pflanze blüht nur ein einziges Mal. Dabei bilden sich in ihrem Blütenstand bis zu 20 000 leuchtend weiße Blüten aus, die von Kolibris bestäubt werden (kleines Bild unten). Nach einer etwa dreimonatigen Blütezeit stirbt die Pflanze langsam ab (links).

Die im Nationalpark lebenden Säugetiere, vor allem der Brillenbär, der Puma, das Vikunja, der Weißwedelhirsch und der Nördliche Andenhirsch, haben sich optimal an die Gegebenheiten dieser kargen Bergwelt angepasst. Von den über 100 Vogelarten sind der Veränderliche Bussard, der Andenkondor und der weltweit größte Kolibri Picaflor gigante besonders spektakulär.

Gewaltig streckt sich der Gipfel des Nevado Huascarán gegen den Himmel (großes Bild). 1970 löste ein Erdbeben einen Felssturz am Nordgipfel aus. Eine Lawine aus Fels und Eis stürzte zu Tal und begrub in Yungay und Ranrahirca Tausende von Menschen unter sich.

Fast 300 Seen, unter ihnen die Lagunas de Llanganuco (Bildleiste oben und unten), sowie zahlreiche sumpfigfeuchte Grasflächen, sogenannte Bofedales (Bildleiste Mitte), prägen die wilde Gebirgslandschaft des Parks. Hier wachsen und blühen auch viele Kakteen (links).

Der abgeschiedene Park am Übergang vom Ostabfall der peruanischen Anden zum Amazonastiefland ist eine Region der Superlative mit unzähligen, teils endemischen Tier- und Pflanzenspezies. Außerdem leben hier noch einige Indianer, die auf traditionelle Weise Jagd und Feldbau betreiben.

Jahr der Ernennung: 1987

Der 1973 eingerichtete und mit rund 1,5 Millionen Hektar Fläche zweitgrößte Nationalpark Perus erstreckt sich auf Höhenlagen zwischen 150 und 4200 Metern. Der Park umfasst das gesamte Einzugsgebiet des Río Manú, eines Nebenflusses des Amazonas, sowie Teile des Beckens des Río Alto Madre de Dios. Das Schutzgebiet besteht aus Schwemmebenen, Hügeln und Bergen. Die Vegetation reicht vom tropischen Regenwald über tropischen Bergwald bis zum Grasland der Puna. Das weitgehend unberührt gebliebene Gebiet ist ein wahres Tierparadies mit rund 1000 Vogel- und 200 Säugetierarten. So lebt hier neben zahlreichen Papageienarten etwa der vom Aussterben bedrohte, bis zu zwei Meter lange Riesenotter. Auch die andernorts

schon längst ausgerottete Flussschildkröte ist hier beheimatet. An den Bäumen dösen kopfüber hängend dreizehige Faultiere. Weitere hier anzutreffende, für Südamerika typische Tiere sind Jaguar, Riesengürteltier und Nasenbär. Fast unüberschaubar ist auch die Artenvielfalt der Flora mit schätzungsweise 15 000 Pflanzenarten, darunter allein 18 Ficus-Arten.

Auf vielfach gewundenen Wegen mäandern die Flüsse des Parks durch den tropischen Regenwald (links). Viele Bäume wie die Moraceae bilden Brettwurzeln aus (rechts unten), Bananen blühen hier noch in freier Natur (unten links). Für eine lebhafte akustische Kulisse im Wald sorgen seine farbenprächtigen gefiederten Bewohner, etwa Hellrote Aras (großes Bild) und Schopfhühner (rechts oben).

Bis heute wurden mehr als 800 Vogelarten im Nationalpark Manú gezählt. Das Spektrum reicht von Kolibris (Bildleiste ganz oben) über Rotstirn-Blatthühnchen (rechts) bis zu Schwarzohrpapageien (großes Bild, hier an einer Flussböschung bei der Aufnahme mineralhaltigen Lehms). Auch der über sechs Meter lange Mohrenkaiman hat hier sein Revier (Bildleiste ganz unten).

Zahlreich vertreten sind im Park die Affen mit 13 Arten. Dazu zählt etwa der Totenkopfaffe, der sich gerne in den Bäumen des Regenwalds aufhält. Seinem imposanten Gesichtsschmuck verdankt der Kaiserschnurrbarttamarin aus der Familie der Krallenaffen seinen Namen (Bildleiste mittlere Fotos).

MACHU PICCHU

Inmitten einer Hochgebirgslandschaft liegt das Anfang des 20. Jahrhunderts wiederentdeckte Machu Picchu, die wohl imposanteste und am besten erhaltene Ruine einer Inka-Stadt und eine der bedeutendsten archäologischen Stätten Südamerikas.

Jahr der Ernennung: 1983

Im Jahr 1911 wurde Machu Picchu von dem Amerikaner Hiram Bingham als erstem Weißen entdeckt. In Anlehnung an die Lage unter dem Huayna Picchu, dem »jungen Gipfel«, gab Bingham der Siedlung den Namen Machu Picchu – »alter Gipfel«. Rätselhaft wirkte alles an dieser im tropischen Bergwald an den östlichen Hängen der Anden versteckten Inka-Stadt, die wie ein Adlerhorst auf einer abgeflachten Bergkuppe in 2430 Meter Höhe thront. Die Faszination dieser oberhalb des Tals des Río Urubamba gelegenen Siedlung geht nicht allein von den gut erhaltenen Bauwerken aus, sondern auch vom einzigartigen Zusammenspiel von Architektur und Natur. Die Bauten passen sich perfekt den Unebenheiten des Geländes an.

Über die Bedeutung dieser Stadt, die von den spanischen Eroberern nie entdeckt oder zur Kenntnis genommen wurde, wird auch heute noch spekuliert. Vielleicht war sie ein Versuch der Inka, auch die östlichen Hänge der Anden zu kolonialisieren. Sicher ist nur, dass die Stadt etwa um 1450 erbaut und bereits ein Jahrhundert später verlassen wurde. Die Anlage unterteilt sich in zwei Bereiche: die Landwirtschaftszone mit den am Berghang angelegten Ackerbauterrassen, die in ein ausgeklügeltes Bewässerungssystem eingebunden waren, sowie den unbefestigten städtischen Bezirk mit Palästen, Tempeln und Wohnhäusern. Zu den bedeutendsten Monumenten zählen der Runde Turm, der Sonnentempel und der Tempel der drei Fenster.

Eines der imposantesten Beispiele für die perfekte Einbettung von Architektur in die umgebende Natur ist die in einer grandiosen Hochgebirgslandschaft gelegene »vergessene Stadt« Machu Picchu. Die um 1450 erbaute Inka-Siedlung wurde auf einem Hochplateau auf mehreren Ebenen angelegt.

NATIONALPARK NOEL KEMPFF MERCADO

Der Nationalpark, einer der größten und intaktesten Boliviens, liegt an der Grenze zu Brasilien im westlichen Amazonasgebiet und beherbergt eine außergewöhnliche Vielfalt an Pflanzen- und Tierarten.

Jahr der Ernennung: 2000

Der über 1,5 Millionen Hektar große Nationalpark erstreckt sich in Höhenlagen zwischen 200 und 1000 Metern über das Huanchaca-Hochplateau und das umgebende Tiefland. Er umfasst fünf verschiedene Ökosysteme: den tropischen Regenwald Amazoniens, die jahreszeitlich überflutete Savanne, trockene, immergrüne Wälder und Bergwälder, Zonen mit dornigem Buschwald sowie ausgedehnte Sumpf- und Überschwemmungsgebiete.

Der Vielfalt der Vegetationstypen entspricht ein ungeheurer Artenreichtum. Die Zahl der Pflanzenarten im Park wird auf rund 4000 geschätzt. Bevor er 1986 im Park von Drogenhändlern ermordet wurde, hatte der bolivianische Naturforscher Noel Kempff Mercado, nach dem der Park benannt ist,

mit der Katalogisierung des gigantischen Biosystems begonnen. Mehr als 600 Vogel- und je knapp 150 Säugetier- und Reptilienarten wurden identifiziert, darunter Gould-Arassari, Hyazinth-Ara, Amazonasdelfin, Jaguar, Puma, Riesenotter, Großer Ameisenbär, Mähnenwolf, zahlreiche Affenarten, Riesenflussschildkröte und Schwarzer Kaiman.

Von den schroffen Plateaurändern des Huanchaca-Plateaus herab breitet sich der Regenwald aus (links). Im Savannenteil des Parks lebt der Große Ameisenbär. Er ernährt sich fast ausschließlich von Ameisen und Termiten (unten links). In den Gewässern des Nationalparks ist der Mohrenkaiman zu Hause (großes Bild). Die größte Reptilienart Südamerikas kann über sechs Meter lang werden.

CANAIMA-NATIONALPARK

Die Landschaft der Gran Sabana mit ihren mächtigen Tafelbergen und dem höchsten Wasserfall der Welt, dem Salto Angel, gehört zu den schönsten Gegenden der Erde. Sie ist zudem Habitat einer schier unermesslichen Menge unterschiedlichster Pflanzenarten.

Jahr der Ernennung: 1994

Canaima – in der Sprache der hier lebenden Kamarokoto-Indianer verkörpert dieser Name die finstere Gottheit, die alles Böse in sich vereinigt. Im Gegensatz dazu besticht der mit drei Millionen Hektar zweitgrößte Nationalpark Venezuelas durch seine überwältigende Naturschönheit. Im Südosten des Landes an der Grenze zu Guayana und Brasilien gelegen, erstreckt er sich über die grandiose Landschaft der Gran Sabana. Eingebettet in dichte Vegetation ergießen sich spektakuläre Wasserfälle wie der Salto Angel, der Salto Kukenam und die Kaskaden der Canaima-Lagune in die Tiefe.
Zwischen 3000 und 5000 Arten von Blütenpflanzen und Farnen sollen hier vorkommen – viele davon endemisch.

Außer Savanne gibt es hier auch undurchdringliche Bergwälder und Buschwerk. Auf den zahlreichen Tafelbergen hat sich eine ganz besondere Pioniervegetation mit verschiedenen fleischfressenden Pflanzen ausgebildet. Von den rund 900 Pflanzenarten, die auf einem dieser Tafelberge kartiert wurden, war allein ein Zehntel endemisch. Beeindruckend ist auch die Vielfalt an Orchideenarten: Ihre Zahl im gesamten Nationalpark wird auf rund 500 geschätzt.
Zwischen den Pflanzen schwirren bunte Schmetterlinge, Kolibris und Papageien herum. Rund 550 Vogelarten leben hier. Am Boden streifen Säugetiere wie der Große Ameisenbär, das Riesengürteltier, der Riesenotter, der Waldhund und die Ozelotkatze umher.

Von der Nordostflanke des Auyán-Tepui stürzt der Salto Angel rund 1000 Meter in die Tiefe (großes Bild). Etwa 100 Tepuis (Tafelberge) erheben sich bis zu 2000 Meter über das grüne Land der Gran Sabana (Bildleiste oben). Die Region ist das Habitat einer artenreichen Fauna und Flora – mit Papageien (links), Orchideen und fleischfressenden Pflanzen wie der Drosera roraimae (Bildleiste unten).

NATURRESERVAT ZENTRALSURINAME

Das riesige Naturreservat erstreckt sich über den unberührten tropischen Regenwald des Guyana-Schildes. Es beherbergt eine enorme Zahl an Pflanzen- und Tierarten, von denen viele endemisch sind.

Jahr der Ernennung: 2000

Die Guyana-Festlandplatte im Nordosten Südamerikas ist mit etwa zwei Milliarden Jahren eine der ältesten Erdformationen aus dem Präkambrium. Knapp 15 Millionen Hektar des Landes bedeckt heute noch ursprünglicher Regenwald – zum großen Teil unzugängliche Wildnis, in die noch kaum Menschen eingedrungen sind. Im Jahr 1998 wurden die drei wichtigsten Schutzgebiete Surinames in einem 1,6 Millionen Hektar großen Korridor, dem Zentralen Naturreservat, zusammengefasst. Das Areal nimmt rund elf Prozent der Staatsfläche von Suriname ein und umfasst das obere Einzugsgebiet des Flusses Coppename. Zum breiten Spektrum seiner unterschiedlichen Landschaftsformationen zählen auch Inselberge, die den

Prächtig gezeichnet ist der Surinam-Hornfrosch (rechts). Zu den zahlreichen Vertretern der Pfeilgiftfrösche (Dendrobates) gehören die Arten quinquevittatus (unten rechts), azureus (großes Bild) und tinctorius (unten links). Sie scheiden ein hochwirksames Hautgift aus, mit dem die Indianer ihre Pfeilspitzen präparierten.

umgebenden Regenwald um bis zu 350 Meter überragen.
Eindrucksvoll ist die Pflanzenvielfalt des Schutzgebiets: In den dichten Wäldern der Berg- und Tiefländer wurden bisher rund 6000 Pflanzenspezies bestimmt. Neben Regenwäldern gibt es hier auch Sumpfwälder und Savannen; auf Granitaustritten wächst Trockenvegetation.

Auch die Tierwelt im Reservat ist außergewöhnlich reich: Bisher wurden knapp 700 Vogelarten, fast 2000 Säugetierarten sowie rund 150 Reptilien- und 100 Amphibienarten erfasst. In den Gewässern tummeln sich etwa 500 Fischspezies. Im Raleigh Vallen National Park, einem der drei zentralen Reservate, sind – höchst ungewöhnlich – acht Primatenarten heimisch.

SCHUTZGEBIET ZENTRALAMAZONAS

Das größte Schutzgebiet im Regenwald des Amazonasbeckens umfasst den Jaú-Nationalpark, die Naturreservate Mamirauá und Amanã sowie die ökologische Station Anavilhanas. Das Areal mit dichtem tropischen Regenwald und Überschwemmungswäldern zählt zu den artenreichsten Regionen der Erde.

Jahr der Ernennung: 2000; Erweiterung: 2003

Der riesige Regenwaldpark liegt etwa 200 Kilometer nordwestlich von Manaus. Kerngebiet ist der 2,3 Millionen Hektar große Jaú-Nationalpark, der das gesamte Einzugsgebiet des Río Jaú bis zu dessen Mündung in den Río Negro umfasst. Das Reservat wurde im Jahr 2000 Weltnaturerbe, 2003 folgte die Erweiterung zum Complexão de Conservação del Amazonas Central, der eine Fläche von mehr als sechs Millionen Hektar einnimmt.

Der Río Jaú bildet mit dem Río Negro ein Schwarzwasser-Ökosystem. Der jahreszeitlich wechselnde Wasserstand der Flüsse hat dort den Igapó-Überschwemmungswald entstehen lassen. Schwarzwasserflüsse sind durch gelöste Huminsäuren und organische Schwebstoffe dunkel gefärbt;

sie enthalten kaum Sedimente. Bewohner dieser Gewässer sind Riesenotter, Flussmanati, Arrauschildkröte und Mohrenkaiman. Im Mamirauá-Reservat erstrecken sich große Weißwasserüberflutungsgebiete (»várzea«) mit nährstoffreichen Böden – Weißwasserflüsse besitzen trübes, an hellen, mineralischen Schwebstoffen reiches Wasser. Das Schutzgebiet beherbergt 120 Säugetierarten, darunter den Rosa und den Grauen Flussdelfin, über 450 Vogelarten und 300 Fischarten.

Río Jaú bei Sonnenuntergang (links). In Amazonien lebt eine artenreiche Tierwelt: Wollaffen, Goldstirn-Klammeraffen, Waldschildkröten, Große Ameisenbären, Riesengürteltiere und Schwarzkopfuakaris (unten, von links nach rechts).

REGENWÄLDER COSTA DO DESCOBRIMENTO

Die atlantischen Regenwälder an der Costa do Descobrimento sind Teil eines der größten und am besten erhaltenen Ökosysteme ihrer Art. Zahlreiche seltene und endemische Arten sind hier beheimatet.

Jahr der Ernennung: 1999

Die atlantischen Regenwälder Brasiliens erstrecken sich entlang der Atlantikküste vom Bundesstaat Bahía bis nach Río Grande do Sul. Ihre üppige Vegetation baut sich vorwiegend aus 20 bis 30 Meter hohen Bäumen auf, denen zahlreiche Orchideen und Bromelien aufsitzen. Am Boden lassen die spärlichen Lichtverhältnisse allerdings nur kargen Unterwuchs zu. Der Artenreichtum und die Evolutionsgeschichte dieser Regenwälder sind wissenschaftlich von großem Interesse, viele der hier vorkommenden Pflanzenarten endemisch. Studien in Bahía haben ergeben, dass dort 458 Baumarten auf einem Hektar wachsen, in Espírito Santo sogar 476.
Zum nördlichen Abschnitt der atlantischen Regenwälder zählen auch acht

geschützte Wald- und Buschreservate entlang der »Küste der Entdeckung« in den Bundesstaaten Bahía und Espírito Santo, wo die Kolonisierung des Landes im 16. Jahrhundert ihren Anfang nahm. Die »Reservas Biológicas« Una und Sooretama, die »Reservas Particulares de Patrimônio Natural« Pau Brasil, Veracruz und Linhares sowie die Nationalparks Pau Brasil, Monte Pascual (mit dem 536 Meter hohen gleichnamigen Berg als höchster Erhebung) und Descobrimento umfassen insgesamt eine Fläche von mehr als 1000 Quadratkilometern. Nur noch wenige Reste des einst gigantischen Waldbestandes existieren – weite Flächen mussten in der Vergangenheit den Zuckerrohrplantagen weichen.

Ein Teppich dichten Regenwalds mit den weltweit größten Beständen des Brasilbaumes bedeckt noch einige Abschnitte der Costa do Descobrimento (großes Bild). Das Spektrum ihrer tierischen Bewohner reicht vom Jaguar (links ein schwarzes Exemplar) über Leguane (ganz links) bis zu Goldkopf-Löwenaffen (unten links) und Geoffroy-Pinselaffen (unten rechts).

NATIONALPARKS CHAPADA DOS VEADEIROS UND EMAS

Die beiden Nationalparks Chapada dos Veadeiros und Emas im Bundesstaat Goiás sind Teil der Campos Cerrados, der Savannenlandschaft im Mittelwesten Brasiliens.

Jahr der Ernennung: 2001

Der Cerrado ist mit einer Fläche von rund zwei Millionen Quadratkilometern das zweitgrößte Ökosystem Brasiliens. Trotz eher trockenen Klimas und arider Böden zeichnet es sich durch die höchste Biodiversität aller tropischen Savannen aus. Geografisch gehört der Cerrado zum Brasilianischen Bergland, und so sind weite Teile der Region von Hochplateaus geprägt, unterbrochen von Abbruchkanten und Flusstälern.

Der knapp 2400 Quadratkilometer große Nationalpark Chapada dos Veadeiros erstreckt sich über die höchsten Abschnitte des Cerrado. Zahlreiche seltene Tierarten wie Wildhirsche, Affen und Königsgeier sind hier heimisch. Insgesamt wurden 45 Säugetierarten, über 300 Vogelarten sowie rund 1000 verschiedene Schmetterlingsarten erfasst. Der 1300 Quadratkilometer umfassende Nationalpark Emas wurde nach den Nandus (portugiesisch »ema«) benannt. Zur Brutzeit von September bis Dezember ist der Balzruf der Männchen, »Nan-Du«, weithin zu hören. Das offene Grasland mit Termitenhügeln ist auch Lebensraum von Riesenameisenbären.

120 Meter tief stürzt der Río Preto, der Hauptfluss von Chapada dos Veadeiros, in einem Wasserfall herab (unten ganz links). Wasserfälle entstehen oft an der Grenze unterschiedlich harter Gesteinsschichten, wenn das Wasser die weichen Formationen schneller abträgt (unten). In der Cerrado-Landschaft bilden die Flüsse weite Schlingen, die von dichten Galeriewäldern gesäumt werden (links).

SÜDÖSTLICHE ATLANTISCHE WÄLDER

Die atlantischen Regenwälder in diesem Schutzgebiet gelten als die am besten erhaltenen und flächenmäßig größten in Südostbrasilien. Mit ihrem enormen Artenreichtum sind sie Zeugen der Evolutionsgeschichte in diesem Teil Südamerikas.

Jahr der Ernennung: 1999

Die atlantischen Regenwälder Brasiliens gelten als bedroht: Nur noch sieben Prozent des einstigen Bestandes in Brasilien sind erhalten. Ein großer Teil dieses Restes wächst im Südosten des Landes in den Bundesstaaten Paraná und São Paulo. Ein weiterer Teil der Regenwälder an der Costa do Descobrimento im Nordosten Brasiliens genießt ebenfalls Welterbestatus.

Die atlantischen Wälder wachsen in einer äußerst reizvollen Landschaft, wo sich bewaldete Berge, reißende Flüsse, tiefe Wasserfälle und flache Sumpfgebiete einander abwechseln. In dem aus 25 Schutzzonen bestehenden, insgesamt knapp 5000 Quadratkilometer umfassenden Areal gedeihen viele seltene und endemische Pflanzen. In manchen Abschnitten

wurden mehr als 450 Baumarten pro Hektar identifiziert. Damit gibt es hier eine größere pflanzliche Biodiversität als in Amazonien. Auch die Fauna zeichnet sich durch beträchtliche Artenvielfalt aus. So leben hier allein rund 120 Säugetierarten (darunter Jaguar, Otter, Ameisenbär). Auch die Vogelwelt ist mit rund 350 Gattungen außergewöhnlich stark vertreten.

Während die Regenwälder in den oberen Stockwerken ein dichtes Blätterwerk ausbilden, entwickelt sich am Boden wegen Lichtmangels nur spärlicher Unterwuchs (großes Bild). Unter umgestürzten Baumstämmen schlängeln sich Bäche hindurch (unten rechts). Erst 1990 wurde hier das Schwarzkopf-Löwenäffchen, eine Krallenaffenart, entdeckt (links).

Das Pantanal zählt zu den weltweit größten Süßwasserfeuchtgebieten und zeichnet sich durch eine spektakuläre Artenvielfalt aus.

Jahr der Ernennung: 2000

Das Feuchtgebiet des Pantanal erstreckt sich ganz im Südwesten Brasiliens nahe den Grenzen zu Bolivien und Paraguay. Von November bis April, während des Sommers mit seinen sturzbachartigen Regenfällen, überfluten die großen Flusssysteme des Río Cuiabá und des Río Paraguay eine Tiefebene von der dreifachen Größe Costa Ricas und bilden ein riesiges Wasserareal mit flachen Seen, Sümpfen und morastigem Schwemmland. Zum Welterbe zählen vier Schutzgebiete mit einer Gesamtfläche von knapp 2000 Quadratkilometern.

Die jährlichen Sintfluten funktionieren als natürliche Kontrollmechanismen – sie steuern Grund- und Frischwasseraustausch, Wasserreinigung und -versorgung. Die durch die Überschwemmungen transportierten Sedimente und Nährstoffe lassen im trockeneren Winter, von Ende April bis Oktober, wenn sich die Flüsse wieder zurückziehen, ein saftiges Grasland entstehen. In der dampfenden Hitze unter einem meist dunstigen Himmel präsentiert sich die einzigartige Landschaft des Pantanal in diesen Monaten besonders spektakulär.

An kaum einem anderen Ort der Tropen gibt es mit 650 Vogel-, 400 Fischsowie 80 Säugetierarten eine so große Dichte an Tieren. Weite Abschnitte der Feuchtgebiete werden von der Cerrado-Savanne eingenommen, zwischen die sich stellenweise hohe Bäume wie der Jatobá mischen. In den ausgedehnten Sumpfgebieten bilden Acuri-Palmen kleine Wälder.

Wasser ist das bestimmende Element des Pantanal – in Form flacher, mit Wasserpflanzen bestandener Seen und Flüsse, die in weiten Schlingen die Landschaft durchfließen. In riesigen Dimensionen breiten sich an der Wasseroberfläche Blüten und Blätter der Santa-Cruz-Seerose (Victoria cruziana) aus (links; unten, links oben).

Wie viele andere Bewohner des Pantanal steht der Schwarze Brüllaffe auf der Liste der gefährdeten Tierarten. Der Riesenotter findet in den Gewässern reiche Fischbeute. Das tagaktive Sechsbandgürteltier stellt sich schon mal auf die Hinterbeine, um sich einen besseren Überblick zu verschaffen. Auch Jaguare streifen durch die Ebene (unten von links). Das dort heimische Wasserschwein gilt als das größte Nagetier der Welt (links).

PANTANAL-SCHUTZGEBIET VÖGEL

In den Wäldern und Sümpfen des Pantanal zwitschert und piepst es überall – die Vogelwelt ist hier extrem artenreich. Im Uhrzeigersinn von links oben: Weißflügelsittich-Pärchen, Zwergsperlingskauz, ein Trupp Schwarzkehlkardinale, Orangetrupial, Rotstirnblatthühnchen und Braunohrarassari.

Allein 26 verschiedene Papageienarten sind im Pantanal beheimatet. Einer der schönsten ist der Hyazinth-Ara (links) mit seinem kobaltblauen Gefieder und den charakteristischen gelben Streifen um Schnabel und Augen. Mit rund einem Meter Länge zählt der Hyazinth-Ara zu den größten Papageien.

PANTANAL-SCHUTZGEBIET
REPTILIEN/INSEKTEN

Angst einflößend wirkt der Grüne Leguan mit seinem auffälligen Rückenkamm, der sich bis zum Schwanz zieht. Doch das bis zu 130 Zentimeter lange Reptil (großes Bild) ist absolut harmlos – es ernährt sich ausschließlich von Pflanzen. Grüne Leguane sind ausgezeichnete Schwimmer. An den Flussufern klettern sie gerne mal auf frei ragende Äste und lassen sich von der warmen Sonne bestrahlen.

Für Reptilien bieten die ausgedehnten Feuchtgebiete des Pantanal geradezu paradiesische Zustände, und so tummeln sich hier unzählige Echsen, Alligatoren und Schlangen: Falsche Korallenschlange, junger Brillenkaiman, Brasilianische Schlanknatter, erwachsener Brillenkaiman und Halsbandechse (Bildleiste, von oben nach unten). Insekten wie diese Wanze schützen sich, indem sie sich als Pflanzenstacheln tarnen (links).

INSELRESERVAT FERNANDO DE NORONHA/ROCAS-ATOLL

Die Inselgruppe rund 500 Kilometer nordöstlich von Recife beherbergt eine außergewöhnlich vielfältige Fauna mit Delfinen, Haien, Meeresschildkröten und unzähligen Seevögeln.

Jahr der Ernennung: 2001

Das Inselreservat Fernando de Noronha/Rocas-Atoll liegt nur wenige Grade südlich des Äquators. Hier überschneiden sich die kalten Wassermassen des Südatlantik mit den warmen Meeresströmungen des Äquators. Die Hauptinsel Fernando de Noronha besteht aus vulkanischen Gesteinen, auf denen ein einzigartiger atlantischer Inselwald wächst. Um die Hauptinsel verteilen sich 21 weitere Inseln. Das Rocas-Atoll besteht aus Korallenriffen, die sich um die Unterwassergipfel eines submarinen Gebirges gebildet haben. Das einzige Atoll im südlichen Atlantik bietet mit seinen natürlichen Bassins und flachen Lagunen bei Ebbe ein faszinierendes Naturschauspiel.
Zum Inselreservat gehört auch ein Meeresschutzgebiet, das eine außerordentlich große Biodiversität aufweist. Die Küstengewässer rund um die Inselgruppe sind sehr nährstoffreich, viele Fische nutzen das Gebiet als Laichplatz. Hier tummeln sich Thunfische, Haie und seltene Meeresschildkröten wie etwa die Karettschildkröte. Die Inseln des südatlantischen Archipels sind zudem die wichtigste Zwischenstation für viele

Wale auf ihrer jährlichen Wanderung von Norden nach Süden und umgekehrt. An der Baía dos Golfinhos gibt es mehr Delfine als an irgendeinem anderen Ort der Erde. Die Inseln bieten außerdem unzähligen tropischen Seevögeln Lebensraum, darunter auch zahlreichen Zugvögeln. Allein auf dem winzigen Rocas-Atoll leben rund 150 000 Vögel.

Die Baía dos Porcos mit den Felsformationen Dois Irmãos ist eine der schönsten Buchten von Fernando de Noronha (großes Bild). Zahlreiche Fische und Meeressäuger (Bildleiste von oben nach unten: Brauner Chromis, Spinnerdelfin, Surinam-Grunzer) machen die Gewässer des Archipels zu einem beliebten Tauchrevier. Und auch Seevögel wie der Brauntölpel (links) finden hier ideale Bedingungen vor.

Die Wasserfälle des Iguaçu im Dreiländereck Brasilien – Argentinien – Paraguay gehören zu den größten und eindrucksvollsten der Erde. Durch die Ausweisung zweier Parks – je einer in Brasilien und in Argentinien – wurden das Naturmonument und die artenreiche Fauna und Flora der Umgebung unter Schutz gestellt.

Jahr der Ernennung: 1986

Lange bevor man die Wasserfälle sieht, hört man sie bereits. Erst ein leises Gurgeln, das schnell zu einem ohrenbetäubenden Grollen und Donnern anschwillt. Auf einer Breite von etwa einem Kilometer nähert sich der von üppiger tropischer Vegetation gesäumte Fluss Iguaçu – in Argentinien heißt er Iguazú – der hufeisenförmigen Abbruchkante. Schließlich stürzen dort über eine Front von 2700 Meter Länge die schäumenden Wassermassen mit ungebändigter Gewalt in die Schlucht – ein Naturschauspiel der Superlative. Mehr als 270 einzelne Wasserfälle hat man hier gezählt.
Daneben bietet der 1700 Quadratkilometer große Nationalpark auf brasilianischer Seite vielen bedrohten Tier- und Pflanzenarten einen Rückzugs-

raum. Im Schutz der Bäume schwirren Papageien und Steißhühner umher, während Mauersegler ihre Nester in die zerklüfteten Felsen zwischen die Wasserfälle bauen. Ozelot und Jaguar bevölkern mit Tapiren, Ameisenbären und Nabelschweinarten den üppig wuchernden Regenwald. Und in den unruhigen Gewässern geht der selten gewordene Riesenotter auf Fischfang.

Im Sprühnebel der aufwirbelnden Wassertropfen bricht sich das Sonnenlicht und lässt zauberhafte Regenbögen entstehen (großes Bild). Bis zu 80 Meter stürzen die Wassermassen in die Tiefe (unten links). In weiten Schlingen nähert sich der Iguaçu der Abbruchkante. Durch Erosion verlagert sie sich immer weiter nach hinten (rechts).

Auch auf der argentinischen Seite der an der Grenze von Brasilien und Argentinien gelegenen spektakulären Iguazú-Fälle wurde ein Nationalpark eingerichtet. Er umfasst neben seiner Hauptattraktion dichten subtropischen Regenwald, der die Heimat zahlreicher seltener Tier- und Pflanzenarten ist.

Jahr der Ernennung: 1984

An der Grenze zu Brasilien schneidet sich der Fluss Iguazú auf einer Breite von 2700 Metern durch ein mächtiges Basaltplateau. Die Wassermassen teilen sich dabei in mehr als 270 Kaskaden und Wasserfälle auf und stürzen bis zu 80 Meter in die Tiefe. Auf den roten Böden des Basaltplateaus gedeiht ein üppiger subtropischer Regenwald. In dem rund 550 Quadratkilometer großen Nationalpark wachsen neben Lianen und Epiphyten mehr als 2000 Gefäßpflanzen. Durch den dichten Regenwald streifen Tapire und Ameisenbären, Nasenbären, Ozelote und sogar Jaguare. Mehr als 400 Vogel- sowie mehrere Amphibien- und Reptilienarten, darunter der gefährdete Breitschnauzenkaiman, haben hier ihren Lebensraum.

Die Einheimischen nennen die Wasserfälle Garganta del Diablo – »Teufelsrachen«. Auf breiter Front stürzen die Wassermassen in zahlreichen Kaskaden in die Tiefe (links). Auch auf den kleinsten Inseln des Flusses Iguazú hat sich üppige Vegetation ausgebreitet (großes Bild).

NATURPARKS ISCHIGUALASTO UND TALAMPAYA

In den beiden benachbarten Naturparks im Westen Argentiniens findet sich die weltweit vollständigste Abfolge fossiler Sedimente aus der Erdperiode der Trias.

Jahr der Ernennung: 2000

Das ausgedehnte halbwüstenartige Tal Valle de la Luna rund 400 Kilometer nordwestlich von Córdoba nahe der chilenischen Grenze wurde 1930 zum ersten Mal paläontologisch beschrieben, doch erst in den 50er-Jahren des 20. Jahrhunderts begann man mit der systematischen Erforschung. Hinsichtlich Qualität und Quantität ist das Gebiet einer der weltweit bedeutendsten geologischen und paläontologischen Fundorte. 1971 wurde der Provinzpark Ischigualasto ausgewiesen, 1975 kam der Provinz- und spätere Nationalpark Talampaya hinzu. Beide Parks bilden ein zusammenhängendes Areal von 2750 Quadratkilometer Fläche.

Als sich vor 60 Millionen Jahren die Anden aus der Erdkruste heraushoben, änderten sich radikal die Umweltbedingungen, die bis dahin etwa 180 Millionen Jahre lang bestanden hatten. In Talampaya betätigte sich die Erosion als Bildhauerin der Natur, formte ockerfarbene und grünliche Felsblöcke, Säulen und dünne Obelisken, die zwischen niedrigem Gestrüpp wie von Riesenhand geformt über den ziegelroten Sandboden verstreut sind.

Säuberlich getrennte Gesteinsschichten an steilen Abhängen und versteinerte Wälder in beiden Parks bilden für Geologen und Paläontologen ein offenes Buch der Natur, aus dem sich nahezu lückenlos die Evolutionsgeschichte seit der Trias ablesen lässt. Neben Saurierknochen gruben die Paläontologen fossile Reste von 55 weiteren Wirbeltiergattungen (Fische, Amphibien, Reptilien, Säugetiere) und mehr als 100 Pflanzenarten aus. Heute gibt es in den Naturparks vorwiegend Trockensträucher und Kakteen sowie Pumas, Guanakos, Hasenmäuse, Nandus und Kondore.

Von kulturhistorischem Interesse sind außerdem zahlreiche präkolumbische Felszeichnungen in Ischigualasto und vor allem Talampaya.

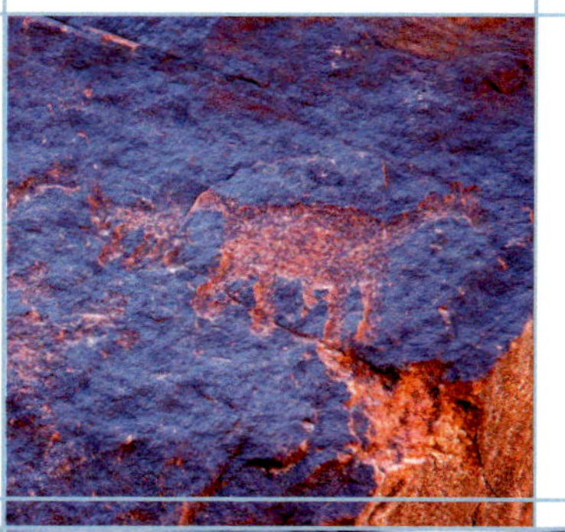

Wasser und Wind haben im Valle de la Luna im Provinzpark Ischigualasto eine fantastische Felslandschaft mit versteinerten Wäldern (großes Bild) und pilzförmigen Felsen (unten rechts) geschaffen. Sehr eindrucksvoll ist die sogenannte »Catedrál« (rechts oben). Auf dem Areal der Parks wurden bis zu 1500 Jahre alte Felszeichnungen gefunden, davon mehr als 30 allein in Talampaya (links).

Die 3600 Quadratkilometer große Halbinsel an der mittleren Atlantikküste Argentiniens ist komplett als Weltnaturerbe ausgewiesen. Sie bietet vor allem Meeressäugern einen geschützten Lebensraum.

Jahr der Ernennung: 1999

Die größte argentinische Halbinsel, durch den etwa 30 Kilometer langen und nur fünf bis zehn Kilometer breiten Isthmus von Ameghino mit dem Festland verbunden, ist zusammen mit den umgebenden Küstengewässern das Habitat mehrerer Arten von Meeressäugern, die hier auch jährlich ihre Jungen zur Welt bringen. Die Südlichen Glattwale oder Südkaper etwa wurden in der Vergangenheit extrem bejagt, der Bestand ging immer stärker zurück. Rund um die Península Valdés, wo sie immer zu Frühjahrsbeginn eintreffen und bis Dezember bleiben, haben die über 14 Meter langen und mehr als 35 Tonnen schweren Wale ein sicheres Refugium gefunden.
In einer geschützten Zone an der Punta Norte, dem Nordkap der Halbinsel,

gibt es eine riesige See-Elefantenkolonie. Diese imposanten Tiere sind die größten Vertreter aus der Familie der Seehunde. Sie verbringen den größten Teil des Jahres im Meer, kommen aber zur Fortpflanzung an Land.
Am Kap Punta Delgada lebt eine unter Schutz stehende Seelöwenkolonie. Diese Meeressäuger gehören zur Familie der Ohrenrobben und ernähren sich von den reichlich vorhandenen Fischen. Auch südlich von Puerto Pirámides wurde ein Seelöwenschutzgebiet eingerichtet.
Zu den Feinden der Robben gehören die Orcas, die größte Delfinart, auch Schwert- oder Killerwale genannt. Ihre Ankunft in den Gewässern der Halbinsel fällt genau mit der Geburt des Nachwuchses der Seelöwen zusammen. Die Wale haben dabei eine spezielle Jagdtechnik entwickelt und kommen zum Beutemachen sogar bis in unmittelbare Strandnähe.
Daneben gibt es auf Valdés auch Magellanpinguine sowie 180 weitere Vogelarten, darunter viele Seevögel. Typische Landtiere sind Guanakos, Pampashasen und -füchse sowie Kleinfleckkatzen.

Die 400 Kilometer lange Küstenlinie der Península Valdés baut sich auf weiten Strecken aus flachen Buchten und Lagunen auf. An einigen Stellen wie in der Nähe von Puerto Pirámides, bei Punta Norte oder Punta Delgada fällt die Küste in bis zu 100 Meter hohen steilen Klippen zum Meer ab. An diesen für Menschen nur schwer zugänglichen Stellen halten sich die Robbenkolonien auf (unten).

See-Elefanten kommen zur Vermehrung an die Küste der Halbinsel Valdés. Einige Wochen nachdem die über drei Tonnen schweren und bis zu 6,5 Meter langen Bullen ihr Gebiet abgesteckt haben, scharen sie bis zu 20 Weibchen um sich. Jedes von ihnen gebärt nur ein Junges (großes Bild).

Die Halbinsel ist das Revier von über 30 Meeressäugerarten, darunter Seelöwen (Bildleiste oben: Muttertier mit Jungem; 3. Bild von oben: auf Beutezug im Wasser) und Südliche Glattwale, die die flachen Gewässer rund um die Halbinsel zur Paarung und zum Kalben nutzen (2. Bild von oben). Auch über 40 000 Magellanpinguine leben hier in fünf Kolonien (ganz unten).

NATIONALPARK LOS GLACIARES

Im Herzen der patagonischen Anden, unmittelbar an der Grenze zu Chile, liegt dieser rund 4500 Quadratkilometer große Nationalpark von außerordentlicher landschaftlicher Schönheit, mit spektakulären Felsmassiven, Gletschern und Seen.

Jahr der Ernennung: 1981

Die 13 Gletscher des Parks sind Teil des Patagonischen Eisfelds, das aus 47 großen Gletschern besteht und mit seinen rund 15 000 Quadratkilometern die größte zusammenhängende Eismasse außerhalb der Antarktis ist. Hinzu kommen 200 kleinere, nicht direkt mit dem Eisfeld verbundene Gletscher.
Der bekannteste unter ihnen ist der 30 Kilometer lange und fünf Kilometer breite Perito-Moreno-Gletscher, der in den Lago Argentino kalbt. Als einer der weltweit wenigen heute noch wachsenden Gletscher schiebt er seine Zunge langsam auf eine Halbinsel zu, bis er alle drei bis vier Jahre einen Seitenarm des Lago Argentino abschnürt. Der Wasserspiegel steigt auf bis zu 30 Meter an, und hält die Eismauer dem enormen Druck nicht mehr stand,

folgt ein eindrucksvolles Naturschauspiel: Die aufgestauten Wassermassen sprengen einen Teil der Gletscherfront und bahnen sich ihren Weg in den restlichen Teil des Sees. Ebenfalls Bestandteil der glazialen Urwelt des Parks sind der Uppsala- und der Spegazzini-Gletscher.
Weitere landschaftliche Höhepunkte stellen die über 3000 Meter hohen und nur schwer bezwingbaren Granitgipfel des Cerro Torre und des Monte Fitz Roy im nördlichen Teil des Nationalparks unweit des Lago Viedma dar. Die Fauna des Parks wird von Vögeln dominiert. Zu den rund 100 im Park vorkommenden Vogelarten zählen neben Schwarzhalsschwänen und zahlreichen Enten- und Gänsearten auch der Darwin-Nandu und der Kondor.

Bis zu 60 Meter hoch ragt die Stirn des Perito-Moreno-Gletschers über dem Lago Argentino auf. Immer wieder brechen einzelne Eisschollen ab und stürzen unter lautem Getöse in den See (großes Bild). Der Gletscher hat die Felsen am Ufer des Sees glatt geschliffen (links).

Wie steinerne Nadeln ragen die Granitspitzen des 3375 Meter hohen Monte Fitz Roy (hier links flankiert vom Aguja Poincenot), des höchsten Bergs im Nationalpark Los Glaciares, in den Himmel (großes Bild; links). Chaltén, »rauchender Berg«, nannten die Ureinwohner den markanten Gipfel. Meist ist er von einer dichten Wolkenwand verhüllt, und nur selten bietet sich ein so unverstellter Blick auf das Felsmassiv.

Auf der zu Australien gehörenden, nur 34 mal 5 Kilometer großen subantarktischen Insel Macquarie hält sich sieben Monate im Jahr eine knappe Million Königspinguine auf.

Europa

Asien

Australien/Ozeanien

REGISTER

Das nachfolgende Register ermöglicht Ihnen ein rasches Auffinden sämtlicher beschriebener Weltnaturerbestätten in den Karten des Atlasteils. Die erste Zahl bezeichnet die Seite, die folgende Kombination aus Buchstaben und Ziffern die Koordinaten des Suchfelds.

Afrika

Amerika

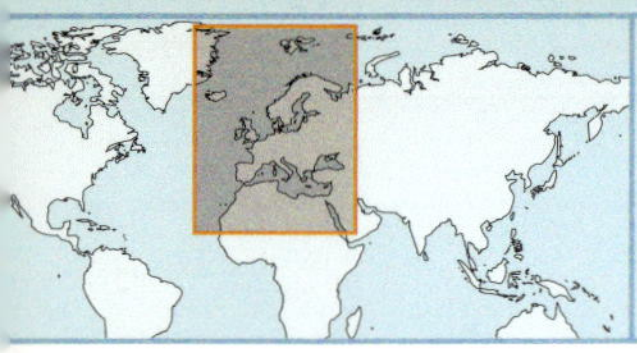

Maßstab 1:27 000 000

0 160 320 Kilometer

Herausragende Naturlandschaften und Naturmonumente

- UNESCO-Weltnaturerbe
- Gebirgslandschaft
- Vulkan erloschen
- Vulkan aktiv
- Höhle
- Gletscher
- Seenlandschaft
- Fossilienfundstätte
- Nationalpark (Landschaft)
- Nationalpark (Flora)
- Nationalpark (Fauna)
- Biosphärenreservat
- Küstenlandschaft
- Insel
- Unterwasserreservat

Maßstab 1:54 000 000

0 400 800 Kilometer

Herausragende Naturlandschaften und Naturmonumente

- UNESCO-Weltnaturerbe
- Gebirgslandschaft
- Felslandschaft
- Vulkan aktiv
- Höhle
- Flusslandschaft
- Wasserfall/Stromschnelle
- Seenlandschaft
- Nationalpark (Landschaft)
- Nationalpark (Flora)
- Nationalpark (Fauna)
- Nationalpark (Kultur)
- Wildreservat
- Korallenriff
- Insel
- Unterwasserreservat

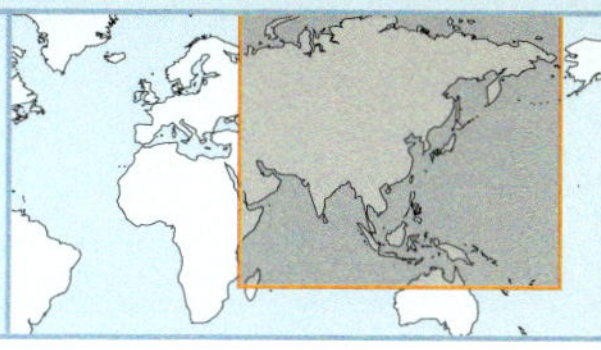

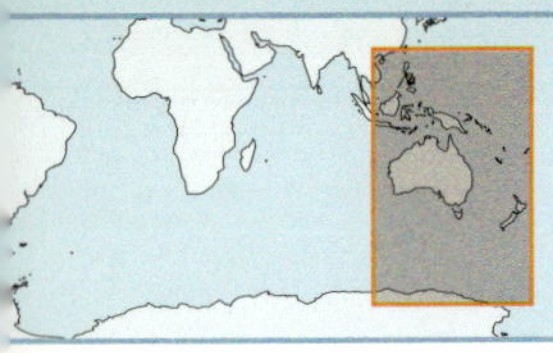

Maßstab 1:45 000 000

0 400 800 Kilometer

Herausragende Naturlandschaften und Naturmonumente

- UNESCO-Weltnaturerbe
- Gebirgslandschaft
- Seenlandschaft
- Fossilienfundstätte
- Nationalpark (Landschaft)
- Nationalpark (Flora)
- Nationalpark (Fauna)
- Nationalpark (Kultur)
- Wildreservat
- Korallenriff
- Insel
- Unterwasserreservat

Maßstab 1:45 000 000

0 400 800 Kilometer

Herausragende Naturlandschaften und Naturmonumente

- UNESCO-Weltnaturerbe
- Gebirgslandschaft
- Felslandschaft
- Wüstenlandschaft
- Höhle
- Flusslandschaft
- Wasserfall/Stromschnelle
- Seenlandschaft
- Nationalpark (Landschaft)
- Nationalpark (Flora)
- Nationalpark (Fauna)
- Nationalpark (Kultur)
- Wildreservat
- Korallenriff
- Insel
- Unterwasserreservat

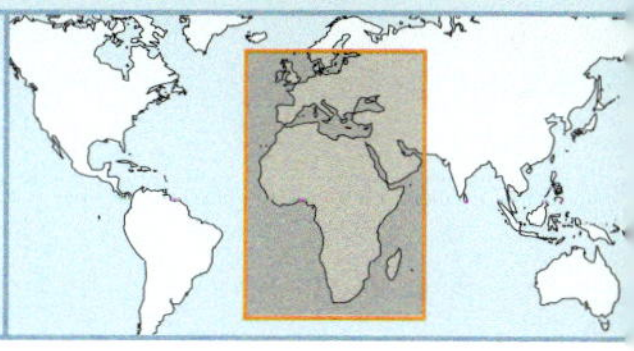

Maßstab 1:45 000 000

0 400 800 Kilometer

Herausragende Naturlandschaften und Naturmonumente

- UNESCO-Weltnaturerbe
- Gebirgslandschaft
- Felslandschaft
- Schlucht/Canyon
- Vulkan erloschen
- Vulkan aktiv
- Höhle
- Gletscher
- Nationalpark (Landschaft)
- Nationalpark (Flora)
- Biosphärenreservat
- Wildreservat
- Whale watching
- Korallenriff
- Insel
- Unterwasserreservat

Maßstab 1:45 000 000

0 400 800 Kilometer

Herausragende Naturlandschaften und Naturmonumente

- UNESCO-Weltnaturerbe
- Gebirgslandschaft
- Gletscher
- Wasserfall/Stromschnelle
- Fossilienfundstätte
- Nationalpark (Landschaft)
- Nationalpark (Flora)
- Nationalpark (Fauna)
- Nationalpark (Kultur)
- Insel

BILDNACHWEIS

A = Alamy, BB = Bilderberg, BW = Blickwinkel,
C = Corbis, G = Getty Images, H = Huber,
L = Laif, M = Mauritius imagesP = Premium,
Sch = Schapowalow, W = Wildlife,

S. 1 W/J.Shpilenok, S. 2/3: H/Giovanni, S. 4/5: G/K. Slade, S. 5 li. M.: C/P.A. Souders, S. 5 li. o. + u.: G/M.K. Nichols, S. 5 li. u.: G/M.K. Nichols, S. 6: A/juniors Bildarchiv, S. 7 M.: A/Horizon International Images, S. 7 o.: P, S. 8 li.: A/D. Bowman, S. 8 re.: G/M.K. Nichols, S. 9: Vario, S. 10 u.: S/Sime, S. 10/11: P, S. 12 u.: C/E. D. Hosking, S. 12/13: C/, S. Austin, S. 13 o.: L/Hub, S. 13 re.: blickwinkel/Mc Photo, S. 139: Das Fotoarchiv/Xinhua, S. 14/15: P/Image State, S. 15 o. li.: G/G. Edwards, S. 15 o. re.: Look-foto/H. Leue, S. 16/17: P, S. 17 o.: P/Blake, S. 17 re.: H/Ripani Massimo, S. 18/19: A/Arctiv Images/Agnar Th. Sigurdsson, S. 19 o.: Getty/Ernst Haas, S. 19 re.: C/Sygma/Pierre Vauthey, 19 u. li.: Getty/Arctic Images, S. 20 u.: Erich Spiegelhalter, S. 20/21: Erich Spiegelhalter, S. 21 o.: Getty/Arnulf Husmo, S. 22 o.: B/H. Madej, S. 22 u.: B/H. Madej, S. 23 o. li.: L/Galli, S. 23 o. re L/Kreuels, S. 23 o.: B/H. Madej, S. 23 u.: B/H. Madej, S. 24 u. li.: Okapia, S. 24 u. re.: G/H.Strand, S. 24/25: G/Altrendo Panoramic, S. 25 o.: G/H.Strand, S. 26 o. Reihe o.: P, S. 26 o. Reihe u.: P, S. 26: L/Selbach, S. 28 o.: mediacololors/Eigstler, S. 28: mediacololors, S. 29 o.: mediacolors/Roggensinger, S. 29: F1 online/Prisma, S. 30 o.: C/Nathan Benn, S. 30: C, S. 31 o.: H/Giovanni, S. 31: S/SIME, S. 32 o.: A/Courtois/Authors Images, S. 32 u.: A/Sakis, S. 32: A/Sakis, S. 33 o.: H, S. 33 u.: A/DfWalls, S. 33: Bios/Feyte P. Paul, S. 34 o.: Arco/NPL, S. 34 u.: L/Gonzalez, S. 34: J. Richter, S. 35: A/Nature Picture Library, S. 36 o.: look/Richter, S. 36: H/Schmid, S. 37 o.: C/Yann Arthus-Bertrand, S. 37: F1 Online/Felix Stenson, S. 38/39 alle: Bios/Borrero Juan Manuel, S. 40 o. Reihe o.: M/imagebroker, S. 40 o. Reihe u.: C/Luciano Gaudenzio, S. 40: L/Krinitz, S. 41 Reihe o.: B/H.J. Ellerbrock, S. 41 Reihe u.: L/Celentano, S. 41: C/Dickmann, S. 42 li.: C/Staffan Widstrand, S. 42/43: Bios/Ruoso Cyril, S. 428/429: G/Oxford Scientific, S. 43 o.: Argus/Arbib, S. 43 re.: Bios/Ruoso Cyril, S. 44/45: A/Magdalena Rehova, S. 45 o.: A/Mihai Florin, S. 45 re.: A/Paul Glendel, S. 45 re.: A/Paul Glendel, S. 46 o.: C/C. Redondo, S. 46 u.: Okapia, S. 46: C/C. Redondo, S. 47 li. u.: C/Tom Bean, S. 47 o.: Vario, S. 47: alimdi.net/Siepmann, S. 48 li.: L/Kuerschner, S. 48/49: Vario, S. 49 o.: BA-Geduldig, S. 50/51: L/IML, S. 51 o.: A/B. Atkinson, S. 52/53: L/Hemispheres, S. 53 o.: C/Brecelj, S. 53 u.: Bios/G. Michel, S. 54 beide +, S. 55 o. + u.: : www.naturbildportal.de/M.Zwick, S. 55 kl. Bild o.: transit/O. Meinhard, S. 56/57: C/E. Kashi, S. 57 o. li.: www.naturbildportal.de/M.Zwick, S. 57 o. re.: C/P. Caron/Sygma, S. 58 li.: www.naturbildportal.de/Martin Zwick, S. 58 re.: www.naturbildportal.de/Martin Zwick, S. 59 li.: Das Fotoarchiv Christoph&Friends/Riedmiller, S. 59 o. li.: Visum/Woodfall, S. 59 o. re.: www.naturbildportal.de/Martin Zwick, S. 59 re.: www.naturbildportal.de/Martin Zwick, S. 60 li.: C/C. Duett/Papilio, S. 60/61: transit/Tom Schulze, S. 61 o. li.: transit/Tom Schulze, S. 61 o. re.: Okapia, S. 62 o.: F1/C. Bauer, S. 62 u.: B/H. Madej, S. 62: A/V. Alexeev, S. 63 o. Reihe o.: C/Chris Hellier, S. 63 o. Reihe u.: L/Harscher, S. 63: L/IML, S. 64 u.: B/H.J. Ellerbrock, S. 64/65: C/Hicks, S. 65 o.: B/W. Kunz, S. 66 u.: image, S.de/Seglemenev, S. 66/67: L/Archivphoto, S. 67 o. Reihe li.: Arco/K. Wothe, S. 67 o. Reihe M. + re.: W/I. Shpilenok, S. 67 re. Reihe M. + u.: Arco/K. Wothe, S. 67 re. Reihe o.: W/I. Shpilenok, S. 68 li.: A/Horizan International Images, S. 68/69: F1 Online/Panorama Media, S. 70/71: B/Russian Look, S. 71 li.: M/Imagebroker.net, S. 71 o. li.: W/I. Shpilenok, S. 71 o. re.: M/Imagebroker.net, S. 72/73: A/Imagebroker, S. 73 o.: L/Hilger, S. 74/75 beide: Arco/Lukasseck, S. 76/77: A/Imagebroker, S. 77 o.: Visum/Photo Press, S. 77 re.: A/Imagebroker, S. 77 u.: Look/P.A.Hoffmann, S. 78/79: B/H.-J. Hoffmann, S. 79 o. Reihe alle: Arco/K. Wothe, S. 79 re.: C/G.McCarthy, S. 79 u.: Arco/K. Wothe, S. 80/81: W/D. J. Cox, S. 81 o.: M/Imagebroker.net, S. 81 re. M.: Naturfoto Online, S. 81 re. o.: Arco/F. Moellers, S. 81 re. u.: W/A. Rouse, S. 82 o.: C/R. Tidmann, S. 82 u. +, S. 83 kl. Bild o. +, S. 83 o.: C/W. Kaehler, S. 83 u.: C/R. Tidmann, S. 84 o.: Blickwinkel/E. Hummel, S. 84/85: Junior, S. 86/87: C/Goodshot, S. 87 o. l.: G/National Geographic, S. 87 o. re.: C/Y.A. Bertrand, S. 88 li.: C/W. Kaehler, S. 88/89: C/W. Kaehler, S. 89 o. l.: M/ANP Photo, S. 89 o. re.: B/K. Fengler, S. 89 u.: A1 PIX/MLI, S. 90/91 alle: W/I. Shpilenok, S. 92 u. li.: FAN Travelstock, S. 92 u. re.: B/M.Wirtz, S. 92/93: Uwe Schmid, S. 93 o.: Uwe Schmid, S. 94 o.: S/Atlantide, S. 94: P, S. 95 o.: A/imagebroker/Egmont Strigl, S. 95 u. li.: A/imagebroker/Egmont Strigl, S. 95 u. re.: A/imagebroker/Egmont Strigl, S. 95: A/imagebroker/Egmont Strigl, S. 96 o.: Biosphoto/Popinet Sylvestre & Freidel Christel, S. 96 u. li.: Biosphoto/Popinet Sylvestre & Freidel Christel, S. 96 u. M.: A/Arco/P.Waechtershaeuser, S. 96 u. re.: W, S. 96: Biosphoto/Popinet Sylvestre & Freidel Christel, S. 97 o.: A/Dinodia Images, S. 97 u. li.: BIOS/Matt Alexander, S. 97 u. re.: W/D.Harms, S. 97: Picture Press/Minden Pictures, S. 98/99: Arco/Jorens-Belde, S. 99 o.: Ifa/B. Fischer, S. 99 re.: Blickwinkel/M. Wolke, S. 100 o. li.: BIOS/Martin Gilles, S. 100 o. re.: Blickwinkel/M.Wolke, S. 100 u. li.: M/age, S. 100 u. re.: Okapia, S. 101 kl. Bild o.: Arco/Jorens-Belde, S. 101 o. li. + re + u. li.: Okapia, S. 101 o. re.: Okapia, S. 101 u. li.: Okapia, S. 101 u. re.: Blickwinkel/M. Wolke, S. 102/0103: G/A.&, S. Toon, S. 103 o.: W/A. Shah, S. 104 li.: Rex Features/die bildstelle, S. 104/105: Picture Press/Thorsten Milse, S. 105 o.: W/M. Harvey, S. 105 u.: Peter Arnold/Kevin Schafer, S. 106/107: C/Hebbard, S. 107 o.: Bios/, S.Bonneau, S. 108 li.: Still Pictures/Mike Powles, S. 108/109: Okapia, S. 109 o.: Arco/NPL, S. 110 li.: A/Louise Murray, S. 110/111 o. li.: W/, S.Muller, S. 110/111 o. M. + re.: W/M. Harvey, S. 110/111: Bios/Allofs Theo, S. 112 o.: Majority World/Mamun, S. 112: A/Woodfall Wild Images, S. 113: Geospace/EDC, S. 114/115: L/C. Emmler, S. 115 o.: A/Dave Marsden, S. 115 re.: Okapia, S. 116/117: A/Robert Preston, S. 117 o.: Still Pictures/David Woodfall/WWI, S. 117 re.: A/Danita Delimont, S. 118 li.: Getty/Bobby Model, S. 118/119: Getty/Dan Rafia, S. 119 o.: A/Michele Falzone, S. 120/121: C/W. Kaehler, S. 121 o.: mediacolors/Buck, S. 122 o. li.: A/GM Photo Images, S. 122 o. re.: A/Bryan&Cherry Alexander Photography, S. 122/123: A/Goncalo Diniz, S. 122/123: A/David Ball, S. 123 o. li.: A/World Foto, S. 123 o. M.: A/Maximilian Weinzierl, S. 123 o. re.: OKAPIA, S. 123 o.: A/C Collection, S. 124 o.: C/Jai/Peter Adams, S. 124/125: C/Wheeler, S. 125 re.: Peter Arnold/Manfred Danegger, S. 126 u.: transit/Olaf Meinhardt, S. 126/127: M/imagebroker.net, S. 127 beide: A/Pavel Filatov, S. 127 o. re.: A/Pavel Filatov, S. 128/129: Look/Karl Johaentges, S. 129 M.: S/Huber, S. 129 o.: A/Panorama Media, S. 129 u.: Look/Karl Johaentges, S. 130/131: L/Hemispheres, S. 131 o. li.: C/Su Keren, S. 131 o. re.: C/Marc Garanger, S. 131 re.: C/Frank Lukasseck/Zefa, S. 132/133: F1 Online, S. 133 o.: A/Panorama Media, S. 134/135: Panoramastock/Ru Suichu, S. 135 o.: P, S. 135 re.: C/Liu Liquin, S. 136 M + u.: F1 Online, S. 136 o.: A/Su Keren/China Span, S. 137 o.: Sinopictures/Phototime, S. 137: Panorama Stock/Jang Hua, S. 138 o. Reihe o.: M/Steve Bloom Images, S. 138 o. Reihe u.: Juniors, S. 138: M/Steve Bloom Images, S. 139 o.: sinopictures/fotoe, S. 139 re. o.: sinopictures/fotoe, S. 139 re. u.: Sinopictures/cns, S. 140/141: Look/K. Johaentges, S. 141 o.: L Riehle, S. 142/143: A/D. Cox, S. 143 o.: L/OnAsia, S. 143 re.: A/Neill McAllister, S. 144 o. Reihe o.: A/Tom Salyer, S. 144 o. Reihe u.: A/, S. Long, S. 144: C/Atlantide Phototravel, S. 145 o +, S. 145: A/TongRo Image Stock, S. 145 u.: C/Atlantide Phototravel, S. 145: A/TongRo Image Stock, S. 146/147 +, S. 147 o.: Superbild/JTB Communication, S.Inc, S. 147 o.: Superbild/JTB Communication, S.Inc, S. 147 u.: G/National Geographic, S. 148 li.: A/Radius Images, S. 148/149: Okapia, S. 149 o.: Arco/NPL, S. 149 re. o.: A1PIX/JTB, S. 149 re. u.: Superbild/JTB Communication, S.Inc, S. 150: Superbild/JTB Communication, S.Inc, S. 151 o. li.: Okapia, S. 151 o. re.: blickwinkel/E. Hummel, S. 151: A/MIXA.Co.Ltd., S. 152 kl. Bild o.: P/Orion Press, S. 152 u. li.: Superbild/JTB Communication, S.Inc, S. 152 u. re.: A/MIXA.Co.Ltd., S. 152/153 o.: A/Golden Gate Images, S. 153 o. re.: F1 Online/PBY, S. 153 u.: A/Fabian Gonzales, S. 154 o. li.: Okapia, S. 154 u. li.: blickwinkel/P.Royer, S. 154 u. re.: Picture Press/Peter Weimann, S. 154/155.: Bios/Ruoso Cyril, S. 155 M. re.: Arco/I. Schulz, S. 155 o.: Okapia, S. 155 u. li.: W/A. Schah, S. 155 u. re.: A/Terry Whittaker, S. 156/157: L/Engelhorn, S. 157 o.: A/Woody Stock, S. 157 re.: L/Engelhorn, S. 157 u. + re.: L/Engelhorn, S. 158 li. Reihe 1.: C. und W. Kunth, S. 158 li. Reihe 2.: Okapia, S. 158 li. Reihe 3.: W, S. 158 li. Reihe 4.: Okapia, S. 158 o. li.: A/Arco, S. 158 o. M.: Ifa Bilderteam, S. 158 o. re.: Arco, S. 158 u. M.: C. und W. Kunth, S. 158/159: Arco, S. 160/161: G/National Geographic, S. 161 o.: C/Cathrine Karnow, S. 161 u.: L/Hemispheres, S. 162 u.: W/D.Hulse, S. 162/163 +, S. 163 o.: Das Fotoarchiv/Raimund Franken, S. 162: Bios/Gunther Michel, S. 163 o.: Das Fotoarchiv/Raimund Franken, S. 163 re.: Okapia, S. 164/165: A/Atmotu Images, S. 165 o.: A/Iain Dainty, S. 166 o.: blickwinkel/J. Flohe, S. 166 Reihe 1.: blickwinkel/J. Flohe, S. 166 Reihe 2.: Okapia, S. 166 Reihe 3.: Michael J. Doolittle/Peter Arnold, S. 166 Reihe 4.: blickwinkel/J. Flohe, S. 166 Reihe 5.: W/M. Gabriel, S. 166/167: G/Minden Pictures, S. 168 li.: WaterFrame/Reinhard Dirscher, S. 168/169: Avenue Images, S. 169 o. li.: A/Robbie Shone, S. 169 re.: C/Holmes, S. 169 u.: A/JTB Photo Communication, S. 170/171 + 171 re.: L/Le Figaro Magazine, S. 171 o.: A/Quincy, S. 171 re.: L/Le Figaro Magazine, S. 172 li.: Helga Lade, S. 172 u. M.: Schapowaloe/SIME, S. 172 u. re.: Helga Lade, S. 172/173: A/F. Jack Jackson, S. 173 o.: C, S. 174: L/Engelhorn, S. 175 li.: F1 online/Horizon, S. 175 o.: A/Chris Fredriksson, S. 175 re.: W/A. Schah, S. 176/177: Okapia, S. 177 o.: C/Wayne Lawler, S. 177 re.: Okapia, S. 178 li.: Okapia, S. 178/179: L/Hoa-Qui, S. 179 o. li.: A/Photofrenetic, S. 179 o. re.: Arco, S. 180/181: M/Oxford Scientific, S. 181 o.: A/IML Image Group, S. 181 re.: A/Danita Delimont, S. 182/183: A/Ron Steiner, S. 183 li. 1.: A/Reinhard Dirscher, S. 183 li. 2.: B/Azel, S. 183 li. 3.: Arco/Sohns J.&C., S. 183 li. 4.: Arco/NPL, S. 184/185: A/Images & Stories, S. 185 o. alle: Juniors, S. 186 o.: Okapia, S. 186/187: Arco/K. Hinze, S. 188 u.: A/D. Bowman, S. 188/189: C/T. Allofs, S. 189 o. + u.: Arco/NPL, S. 190/191: C/Conway, S. 191 o.: C/ Y. Arthus-Bertrand, S. 192 /193: C/Theo Allofs, S. 193 o.: Don Fuchs, S. 193 re. M.: Don Fuchs, S. 193 re. u.: Don Fuchs, S. 194/195: A/Bill Bachmann, S. 195 o.: Peter Arnold/Kelvin Aitken, S. 195 re.: A/Jon Arnold Images, S. 195 u. li.: C/Theo Allofs, S. 196/197 o.: P, S. 196797 u.: P/Image State, S. 197 o.: Ifa/Picture Finders, S. 198 /199: Ifa/Kîpfle, S. 198 li.: Okapia/Watts/Bios, S. 199 o. li.: P, S. 199 o. M.: A/Gerry Pearce, S. 199 o. re.: Clemens Emmler, S. 200/201 o.: P, S. 200/201 u.: P/Panoramic Images/Lik, S. 201 o.: P, S. 201 re.: C/Souders, S. 202 li.: A/David Noton, S. 202/203 o.: A/David Noton, S. 202/203 u.: A/Mark Nemeth, S. 203 o.: Okapia, S. 204/205: P, S. 205 o.: C/Souders, S. 206 li.: Okapia, S. 206/207: Don Fuchs, S. 207 o. li.: Das Fotoarchiv/R.Franken, S. 207 o. re.: Okapia, S. 208 u.: Don Fuchs, S. 208/209: Don Fuchs, S. 209 o.: C/Y. Arthus-Bertrand, S. 210 li.: Getty/Chesley, S. 210/211: (c)Geospace/EDC, S. 211 o.: P/Minden, S. 212 o.: Das Fotoarchiv/Cohen, S. 212/213: Don Fuchs, S. 213 1. v. li. o. nach re. u.: P, S. 213 2.: C/Rotman, S. 213 3.: P/Minden/Bavendam, S. 213 4.: P/Minden, S. 213 5.: mediacolors/Buck, S. 213 6.: Getty/N. Wu, S. 213 7.: P, S. 213 8.: Getty/Chamberlain, S. 213 9.: Kînig, S. 214 o.: C/M. Amendolia, S. 214: Clemens Emmler, S. 215 o. Reihe beide.: C/D. Lezama Orezzoli, S. 215: Look/H. Leue, S. 216 li.: A/M. Eveleigh, S. 216/217 o : Don Fuchs, S. 216/217 u.: B/P. Loertscher, S. 217 re.: C Strand, S. 217 re.: P, S. 218/219: Don Fuchs, S. 219 re. 1.: A/N. Pitt, S. 219 re. 2.: Getty/W. Walker, S. 219 re. 3.: Getty/M. Reardon, S. 219 re. 4.: Don Fuchs, S. 220/221 alle: Don Fuchs, S. 224/225: Okapia, S. 225 re. alle: A/Bryan&Cherry Alexander Photography, S. 226 u.: A/Carol Buchanan, S. 226/227: Lonely Planet Images/Peter Hendrie, S. 227 li. 1.: A/Travel Ink, S. 227 li. 2.: A/Images&Stories, S. 227 li. 3. + 4.: A/C.Buchanan, S. 227 o.: A/Stephen Frink Collection, S. 228/229: C/Steven Vidler/Eurasia Press, S. 229 u. li.: L/Heeb, S. 229 u. M.: C/Paul A. Sauders, S. 229 u. re.: L/Christian Heeb, S. 230/231: Clemens Emmler, S. 231 o. li.: P Schott, S. 231 o. li.: P/Minden/de Roy, S. 231 o. M.: L/Emmler, S. 232 li.: Tobias Hauser, S. 232/233: Panorama Stock, S. 233 o. li.: Arco/Reinhard, S. 233 o. M: Argus/Carwardine, S. 233 o. re.: W/Ryan, S. 234/235 beide: Christian Heeb, S. 236/237: Franz Marc Frei, S. 237 o. li.: L/Christian Heeb, S. 237 o. M.: Franz Marc Frei, S. 237 o. re.: Franz Marc Frei, S. 238/239 o.: P/Images Apse, S. 238/239 u.: P/Transdia Haenel, S. 239 o.: L/Emmler, S. 239 re. 1.: P/Image State, S. 239 re. 2.: Clemens Emmler, S. 239 re. 3.: Tobias Hauser, S. 239 re. 4.: P/Pacific Stock/Seiden, S. 240/241 +, S. 241 o. 1.Bild: Clemens Emmler, S. 241 o. 2. + 3. + 4.: Tobias Hauser, S. 241 re.: Holger Leue, S. 242 re.: A/Barry Blond, S. 242 u.: A/W. Kaehler, S. 242/243: A/GM Photo Images, S. 243 o.: A/GM Photo Images, S. 244/245 alle: C/W. Kaehler, S. 245 o. li.: C/W. Kaehler, S. 245 o. M.: C/W. Kaehler, S. 245 o. re.: C/W. Kaehler, S. 245 u.: C/W. Kaehler, S. 246 u.: G/M.K. Nichols, S. 246/247.: L/M. Martin, S. 248 o.: L/Hemispheres, S. 248 u.: L/Hemispheres, S. 249 kl. Bild o.: L/Hemispheres, S. 249 o.: L/Le Figaro Magazine, S. 249 u.: L/M. Martin, S. 250: C/Kazuyoshi Nomachi, S. 251 li.: C/P. Colombel, S. 251 o. Reihe li.: Bridgemanart.com, S. 251 o. Reihe re.: C/Kazuyoshi Nomachi, S. 251 re. o.: A/F.Jack Jackson, S. 251 re. u.: W M. Lane, S. 252 li. Reihe o.: Freelenspool/-R.Raffalski, S. 252 li. Reihe u.: W M. Lane, S. 252 o. re.: C/Yann Arthus-Bertrand, S. 252 o. Reihe o.: W M. Lane, S. 252 o. Reihe u.: blumebild.com/Laslo, S. 252/253: Biosphoto/Le Fur Jean Joel, S. 252: W/M. Varesvon, S. 253 beide: L/Krause, S. 253 o. beide: C/Yann Arthus-Bertrand, S. 253 u.: L/Krause, S. 254 u. Reihe o.: Biosphoto/Vidal Christian, S. 254 u. Reihe u.: Biosphoto/J.-F. Helios&N. Van Ingen, S. 256 u. li.: A/mediacolor's, S. 256 u. re.: A/David Wall, S. 256/257: A/Robert Estall Photo agency, S. 257 o.: A/Images&Stories, S. 258/259: A/Robert Estall Photo agency, S. 259 o. li.: Eye Ubiquitous/Hutchison, S. 259 o. re.: C/Nik Wheeler, S. 260/261: L/Michael Martin, S. 261 o.: C/Yann Arthus-Bertrand, S. 262 o.: A/Juniors Bildarchiv, S. 262: A/Dbimages, S. 263 L/Reporters, S. 263 o. Reihe o.: L/Hemispheres, S. 263 o. Reihe u.: A/blickwinkel, S. 264/265: C/Gallo Images, S. 265 o.: A/A. van Zandbergen, S. 266 li.: C/Gopal Chitrakar, S. 266/267: C/Paul Souders, S. 268/269: A/A.+, S.Toon, S. 269 o. Reihe + M.: Okapia, S. 269 re.: W/R.Kaufung, S. 27 o.: C/Blair, S. 27: C/Blair, S. 270 beide: A/J. Jangoux, S. 271 li.: Arco/F. Moellers, S. 271 o. li.: A/J. Jangoux, S. 271 o. M.: blickwinkel/McPhoto, S. 271 o. re.: Arco/F. Moellers, S. 271 re.: A/J. Jangoux, S. 272 li.: W/M. Harvey, S. 272/273 +, S. 273 o.: C/M. Harvey, S. 274 li.: A/Robert Wojtowicz, S. 274/275: A/Arco, S. 275 o.: W/, S. Muller, S. 276 o. Reihe o.: Arco/F. Moellers, S. 276 o. Reihe u.: Biosphoto/Ruoso Cyril, S. 276: C/M. Harvey, S. 277 M.: Biosphoto/F. Lasserre, S. 277 o.: Peter Arnold/R.J. Ross, S. 277: A/N. Graves, S. 278 li. M.: Okapia, S. 278 li. o. + M.: Okapia, S. 278 li. u.: A/Juniors Bildarchiv, S. 278/279: Okapia, S. 279 o.: A/blickwinkel, S. 279 re.: Okapia, S. 280 li.: A/Peter Steiner, S. 280: A/Stock Connection Blue, S. 281 li. + re.: A/Steve Bloom images, S. 282 o.: Bios/Auteurs T. Crocetta, S. 282: Okapia, S. 283 o.: W/M. Carwardine, S. 283: Arco/NPL, S. 284/285: Arco/NPL, S. 285 o. li.: Junior Bildarchiv, S. 285 o. re.: blickwinkel/M. Lohmann, S. 286/287: C/Andy Rouse, S. 287 o.: A/Juniors Bildarchiv, S. 287 re.: G/Gerry Ellis, S. 287 u.: C/Carmen Redondo, S. 288: G/National Geographic, S. 289 u.: Arco/NPL, S. 290 li.: A/Juniors Bildarchiv, S. 290/291: A/N.Greaves, S. 291 o. li.: A/Elvele Images, S. 291 o. M.: A/Steve Bloom images, S. 291 o. re.: A/Steve Bloom images, S. 292 o.: Bios/Ruoso Cyril, S. 292: A/Papilio, S. 293 o.: A/Bruce Coleman, S. 293: Arco/Npl, S. 294 li.: A/Steve Bloom images, S. 294/295 alle 3: A/Papilio, S. 296 u.: L/Ullutunlok, S. 296/297: Getty/Gavin Hellier, S. 297 o. li.: W/, S. Mueller, S. 297 o. re.: W/M. Harvey, S. 297 re.: Getty/Gavin Hellier, S. 298 li.: M/age, S. 298 u.: Okapia, S. 298/299: A/N. Greaves, S. 299 o.: A/World Foto, S. 300/301: M, S. 301 o.: Okapia, S. 301 re.: Lonely Planet Images/Grant Dixon, S. 302 li.: blickwinkel, S. 302/303: C/Kazuyoshi Nomachi, S. 303 o. li.: blickwinkel, S. 303 o. M. + re.: A/Images of Africa, S. 303 u.: Okapia, S. 304/305: G/National Gepgraphic, S. 305 kl. Bild o.: A/Images & Stories, S. 305 re. M.: G/Simon Wilkinson, S. 305 re. u.: A/Jack Barker, S. 305 re.o.: C/Yann Arthus Bertrand, S. 306/307: C, S. 307 o.: Look/Michael Martin, S. 307 re o.: mediacolors, S. 307 re. M.: C/Chinch Gryniewicz, S. 307 re. u.: L/Gartung, S. 308 li.: blickwinkel/McPhoto, S. 308/309: C/Kevin Schafer, S. 309 re.: Okapia, S. 310/311: G/The Image Bank, S. 311 o.: GImage/Jodi Cobb, S. 312 u.: M, S. 312/313: G, S. 313 o.: www.project-photo, S.de, S. 313 re. M.: G/Sean Russel, S. 313 re. o.: L/Hemispheres, S. 313 re. u.: M/age, S. 314 li.: Okapia, S. 314/315: Okapia, S. 315 o. li.: Biosphoo/Cordier Sylvain, S. 315 o. re.: Wolfgang Kunth, S. 316 li.: A/WorldFoto, S. 316/317: A/WorldFoto, S. 316: A/WorldFoto, S. 318 li.: P, S. 318/319: Getty/Petersen, S. 319 o.: C/Gallo Images, S. 319 u.: C/Davis, S. 320/321: P, S. 321 M.: C/Remi Bengali, S. 321 o.: P/Otto, S. 322 li.: G/Winfried Wisniewski, S. 322/323: A/Gerry Pearce, S. 323 o.: G/Michael K.Nichols, S. 324 li.: W/M.Harvey, S. 324/325: C/Gallo Images, S. 325 o.: L/Emmler, S. 325 re.: W/D. Tipling, S. 326/327: B/Popperfoto, S. 327 li. Reihe o.: W/M.Harvey, S. 327 li. Reihe u.: Okapia, S. 327 re. M. + u.: L/Reporters, S. 327 re. o.: C/Yann Arthus Bertrand, S. 327 re. u.: L/Reporters, S. 328: A/Ariadne van Zandbergen, S. 329 alle: L/Rabsch, S. 330/331: S/G. Fischer, S. 330: L/Le Figaro Magazine, S. 331 o.: C/Svensson, S. 331 re.: L/Hub, S. 332/333: Eye Ubiquitous/Hutchson, S. 333 o.: Okapia, S. 333 re. M.: A/AfriPic, S.com, S. 333 re. o.: B/Klaus D. Francke, S. 333 re. u.: G/Jeremy Woodhouse, S. 334 li.: G/Bobby Haas, S. 334/335: C/Peter Johnson, S. 335 o.: Okapia, S. 336 li.: B/K. Bossemeyer, S. 336 o.: B/K. Bossemeyer, S. 336: G/Shaen Adey, S. 337 o.: dpa, S. 337: Focus/Nasa/Science Photolibrary, S. 338 M. Reihe li. + re.: L/Heeb, S. 338 M. Reihe re.: L/Heeb, S. 338 o. Reihe li.: blickwinkel/McPhoto, S. 338 o. Reihe re.: G/Kenneth Garrett, S. 338 u. Reihe li. + re.: Bios/De La Harpe Roger, S. 338 u. Reihe re.: Bios/De La Harpe Roger, S. 338/339: Bildagentur-online, S. 339 o.: A/Frank Kahts, S. 340/341: C/De La Harpe Roger, S. 341 o.: M/age, S. 341 re. M.: Save Bild/Jecan, S. 341 re. o.: AfriPics, S. 341 re. u.: Okapia, S. 342 li. M.: Rainer Jahns, S. 342 li. o.: Bildagentur Geduldig, S. 342 li. u.: A/Friedrich von Hîrsten, S. 342/343: C/Steve&Ann Toon/Robert Harding, S. 343 o.: Okapia, S. 344/345 ale: B/A. Reiser, S. 346/347: W/M.Harvey, S. 347 o.: P/Minden, S. 347 re.: C/Chris Hellier, S. 348 li.: A/Danita Delimont, S. 348 re.: A/Wolfgang Kaehler, S. 349 li. M.: A/Suzanne Long, S. 349 li. o.: Okapia, S. 349 li. u.: A/Danita Delimont, S. 349 o.: A/imagebroker, S. 349 re.: Andia/Goujon, S. 350/351: Waterframe.de/Franco Banfi, S. 351 li. Reihe o.: Bildagentur-online, S. 351 li. Reihe u.: www.seatop, S.com/F. Banfi, S. 351 o.: C/W. Kaehler, S. 351 re.: A/R.M. Vera, S. 352/353: S/Robert Harding, S. 353 o. li.: Rainer Jahns, S. 353 o. re.: blickwinkel/M. Lohmann, S. 353 u. re.: A/Genevieve Vallee, S. 354 li.: Vario, S. 354/355: P, S. 356 l. o.: P, S. 356 li. M.: Look-foto/Jan Greue, S. 356 li. u.: P, S. 356/357: P, S. 357 o.: Look-foto/H. Erber, S. 358/359: C/Galen Rowell, S. 359 li. M.: Still Pictures/T. Murphy, S. 359 li. o. + u.: IPN/Galen Rowell, S. 359 o. li.: W/M.Blachas, S. 359 o. re.: Arco/P- Henry, S. 360/361: G/Taxi/Amrose, S. 361 o.: C/R.Gehman, S. 362/363: L/Raach, S. 363 o.: C/R. Watts, S. 363 re.: Visum/Woodfall, S. 364 li.: Rolf Hicker, S. 364 o.: C/O.Alamany&E.Vicens, S. 364 u.: B/W. Fuchs, S. 365 kl. Bild o.: L/Specht, S. 365 o.: C/D. Muench, S. 365 u.: P/Firstlight, S. 366 u. li.: B/W. Fuchs, S. 366 u. re.: L/Hemispheres, S. 366/367: C/R. Watts, S. 367 o.: L/Raach, S. 368 + 369 1. + 2. + 3. Bild v. o.: P, S. 369 u.: Ifa-Bilderteam, S. 370 o.: mediacolors/Dettling, S. 370 u.: Vario, S. 371 o. + u.: Vario, S. 371 o. li.: Vario, S. 371 o. M.: B/U. Boettcher, S. 371 o. re.: B/W. Fuchs, S. 371 u.: Vario, S. 372 li.: C/D. Keaton, S. 372/373: Vario, S. 373 o.: C/G.Jecan, S. 374/375: C/Psihoyos, S. 375 1. + 2. + 3. + 5. + v. o. li.nach re. u.: C Souders, S. 375 4. v. o. li.nach re. u.: Okapia, S. 375 o.: C Souders, S. 376 li. u.: L/Grabka, S. 376/377 o.: L/Grabka, S. 376/377 u.: L/Grabka, S. 376/377alle 6: L/Grabka, S. 377 kl. Bild o.: C/Stadler, S. 378: C/Greg Probst, S. 379 o.: Arco, S. 379: C/Michaeel, S. Lewis, S. 380 u.: Okapia, S. 380/381: P/Minden/Y.Momatink/J.Eastcott, S. 381 o. alle 3: C/R.Gehman, S. 382 o.: Peter Arnold/J. Cancalosi, S. 382: C/J. Blair, S. 383 o.: joggingfossilcliff, S.net, S. 383 u.: C/James L. Amos, S. 383: A/C. Vancoillie, S. 384/385: C/Muench, S. 385 o.: P/Sisk, S. 385 re.: Mountain Light/PIN/G. Rowell, S. 386/387: C/D.Gullin, S. 387 o. 1.: C/Joe Mc Donald, S. 387 o. 2.: C/T. Allofs, S. 387 o. 3. + 4.: C/J. Zuckerman, S. 388 u. li.: P/Clifton/Minden, S. 388 u. re.: C/D. Muench, S. 388/389: L/Warter, S. 389 o.: f1 online/Leder, S. 390 u.: L/Hemispheres, S. 390/391: Arco/, S. Bednarz, S. 391 o. li.: Look-foto/T.P. Widmann, S. 391 o. M.: L/Hemispheres, S. 391 o. re.: Rolf Hicker, S. 392/393: P, S. 393 o. li.: C/G.Jecan, S. 393 o. re.: C/R. Gehman, S. 394/395: C/Jay Dickman, S. 395 o. li.: C/Jay Dickman, S. 395 o. re.: C/Galen Rowell, S. 396 li.: C/R.A. Clevenger, S. 396/397: Christian Heeb, S. 397 o.: P/Pictor, S. 398 li. o.: P/Minden/Brandenburg, S. 398 li. u.: P/Minden/Mangelsen, S. 398/399: Ifa/Harris, S. 399 o.: P/Schott, S. 400 li.: P/Roda, S. 400/401: P/Minden/Brandenburg, S. 401 o.: Rolf Hicker, S. 402/403 + 403 o.: P, S. 403 re.: Rainer Hackenberg, S. 404 li o.: M, S. 404/405 o.: P/Gilchist, S. 404/405 u.: P/Firstlight/Watts, S. 406 u.: Getty/Coleman, S. 406/407: P/Sisk, S. 407 o. li.: L/Piepenburg, S. 407 o. re.: C/Rowell, S. 408/409: P/Sisk, S. 409 u.: P/Lawrence, S. 410 li.: C/Randklev, S. 410/411: Ifa/Siebig, S. 411 o.: Ifa/Direct Stock, S. 412 o.: Ifa/BCI, S. 412: Rainer Hackenberg, S. 413 o.: C/D. Muench, S. 413: Getty/, S. Alvarez, S. 414 u. 1.: Getty/Amy White&Al Petteway, S. 414 u. 2. + 3.: Getty/G.F. Mobley, S. 414 u. 3.: Getty/G.F. Mobley, S. 414 u. 4.: A. Nature, S. 414/415: Getty/Panoramic Images, S. 415 o. Reihe alle: P/Minden/T. Fitzkarris, S. 416/417 o. + u.: P, S. 416/417 u.: P, S. 417 o.: Getty, S. 418: L/Kristensen, S. 419 li.: P/Pacific Stock/J. Watt, S. 419 o. li.: P/Mahlke, S. 419 o. M.: C/J. Mc Donald, S. 419 o. re.: ifa/Schulz, S. 419 re.: P/Minden/N. Wu, S. 420/421 o. 1 + 2.: C/J. Mc Donald, S. 420/421 o. 3. + 4.: C/D.Gullin, S. 420/421: P/Mahlke, S. 422 u. li.: L/Heeb, S. 422 u. re.: P/Pacific Stock/G. Vaughn, S. 422/423: Getty/Art Wolfe, S. 423 o. alle: C/D. Peebles, S. 424/425: G/K. Schafer, S. 425 o. li.: Das Fotoarchiv/K. Mueller, S. 425 o. M.: A/Travis Rowan, S. 425 o. re.: A/Gullen Photography, S. 425 re. o.: www.seatop, S.com/P. Colla, S. 425 re. u.: G/Oxford Scientific, S. 426/427: C/G. Huey, S. 427 o. + u.: G/P. Gil Robles, S. 428/429: Lonely Planet Images/Julian Bentley, S. 429 o.: Okapia, S. 429 re.: A/Robert Picket, S. 430 li.: A/E. Nathan, S. 430 o.: A/E. Nathan, S. 430: A/R. Fried, S. 431 o.: H/Giovanni, S. 431: A/Images & Stories, S. 432/433: M/age, S. 433 o.: C/Macduff Everton, S. 434 li.: W/D. Tipling, S. 434 re.: A/Arco, S. 435 li.: Eye Ubiquitous/Hutchison, S. 435 o.: Picture Press/J.&C. Sohns, S. 435 re.: A/Danita Delimont, S. 436/437: W/Mavrikakis, S. 437 li. 1.: A/blickwinkel/McPhoto, S. 437 li. 2. + 3.: W/, S. Muller, S. 437 li. 3.: W/, S. Muller, S. 437 li. 4.: Arco/W. Layer, S. 437 o.: L/Heeb, S. 438 li. M.: A/Michael Patrick O'Neil, S. 438 li. o. + u.: C/Amos Nachoum, S. 438 li. u.: C/Amos Nachoum, S. 438/439 +, S. 439 o.: A/Michael Patrick O'Neil, S. 441 u.: A/Oyvind Martinsen, S. 442 re. O.: C/Kevin Schafer, S. 442 re. U.: Okapia, S. 443 li.: C/Kevin Schafer, S. 443 re.: A/Kevin Schafer, S. 444 u.: A/Jeff Rotman, S. 444/445: www.seatop, S.com/H. Corneli, S. 445 M.: Biosphoto/Cole Brandon, S. 445 o.: C/D. Gullin, S. 445 u.: Arco/F.Schneider, S. 446/447: A/Kevin Schafer, S. 447 o. li.: Still Pictures/Juan Pablo Moreiras, S. 447 o. re.: A/Oyvind Martinsen, S. 447 re. o.: Still Pictures/Juan Pablo Moreiras, S. 447 re. u.: A/Kevin Schafer, S. 448 u.: Vario, S. 448: A/Bill Brooks, S. 449 o. Reihe o.: A/D. Hosking, S. 449 o. Reihe u: Okapia, S. 449: A/isifa Image Service, S. 450/451: Das Fotoarchiv Christoph & Friends/Babic, S. 451 o. li.: C/T. Bean, S. 451 o. re.: C/N. Wheeler, S. 452/453: A/Banana Pancake, S. 453 o.: M/Colin Sinclair, S. 453 u.: C/T.Arruza, S. 454/455: A/Jonathan Hewitt, S. 455 o.: H/Giovanni, S. 455 re.: A/Genevieve Vallee, S. 456/457: www.seatop, S.com/Kurt Amsler, S. 457 kl. Bild o.: www.seatop, S.com/Kurt Amsler, S. 457 re. M.: blickwinkel/H. Schmidbauer, S. 457 re. o.: www.seatop, S.com/Howard Hall, S. 457 re. u.: www.seatop, S.com/David Fleetham, S. 458/459: A/Look, S. 459 u. li.: blickwinkel/C. Huetter, S. 459 o.: Lonely Planet Images/Aaron McCoy, S. 459 u. re.: Okapia, S. 460/461: C/Yann Arthus-Bertrand, S. 461 kl. Bild o.: L/The New York Times/Redux, S. 461 re. M.: L/Harscher, S. 461 re. o.: C/Hubert Stadler, S. 461 re. u.: C/Rob Howard, S. 462 li.: G/Stuart Gregory, S. 462 u.: G/Tui De Roy, S. 462/463: L/Le Figaro Magazine, S. 463 o. l.: C/Arthur Morris, S. 463 o. re.: G/Daisy Gilardini, S. 464/465: G/Tui De Roy, S. 465 o.: Look-foto/Per Andre Hoffmann, S. 466 o.. C/Stuart Westmorland, S. 466: C/Kevin Schafer, S. 467 o.: C/Wolfgang Kaehler, S. 467 u. Reihe o.: C/Rob Howard, S. 467 u. Reihe u.: C/Craig Lovell, S. 467: C/Kevin Schafer, S. 468 o.: C/Kevin Schafer, S. 468: Water Frame/Reinhard Dirscherl, S. 469 o.: Juniors, S. 469 u.: C/Craig Lovell, S. 470/471: Okapia/Peter Arnold, S. 471 M.: A/Infocusphoto, S.com, S. 471 o.: www.naturbildportal.de/Martin Zwick, S. 471 u.: A/Danita Delimont, S. 472/473 +, S. 473 o.: L/Gonzales, S. 473 re.: A/Galen Rowell/Mountain Light, S. 473 u.: C, S. 473 u.: C, S. 474/475: C/Richard List, S. 475 li. M.: A/Emmanuel Lattes, S. 475 li. o.: S/de Vree, S. 475 o.: A/Emmanuel Lattes, S. 475 re. u.: L/Gonzales, S. 476 u.: A/Danita Delimont, S. 476/477 +, S. 476 u.: A/Danita Delimont, S. 477 M.: Juniors, S. 477 o.: C/Frans Lanting, S. 477 u.: L/Gebhard, S. 478/479 A/Papilio, S. 479 1.v.o.: W/P. Oxford, S. 479 2.v.o.: A/Danita Delimont, S. 479 2.v.o.: Okapia/Peter Arnold, S. 479 4.v.o.: G/David Tipling, S. 479 o.: G/Darrell Gulin, S. 480/481: P/Pan Images, S. 482 li.: A/D. Delimont, S. 482/483: Peter Arnold/L.C.Marigo, S. 483 o.: Das Fooarchiv/Claus Meyer, S. 484/485: A/K. Schafer, S. 485 kl. Bild o.: G/Altrendo, S. 485 re. M. + u.: A/G. Vallee, S. 485 re. o.: A/R. Rodriguez, S. 486 M.: G/G. Grall, S. 486/487: G/National Geographic, S. 487 o.: A/D. Delimont, S. 487 re.: G/G. Grall, S. 488 li.: Juniors, S. 488 re.: A/Amazon-Images, S. 489 kl. Bild o.: C/Diego Lezama Orezzoli, S. 489 li. Reihe M.: A/D. Delimont, S. 489 li. Reihe o.: A/Mark Bowler, S. 489 li. Reihe u.: Okapia, S. 489 li.: W/J. Giustina, S. 490 li.: A/K. Schafer, S. 490/491: C/K. Schafer, S. 491 o.: M/Oxford Scientific, S. 491 u. li.: Juniors, S. 491 u. re.: W/, S. Mueller, S. 492 li.: A/R. Siqueira/Brasil Photos, S. 492 re.: A/J. Jangoux, S. 493 li.: A/F. Pili, S. 493 o.: A/E. Parker, S. 493 re.: M/J. Warburton-Lee, S. 494/495 +, S. 495 re.: A/Octavio Campos Salles, S. 495 o.: Okapia/Peter Arnold, S. 496 o.: Okapia/Peter Arnold, S. 496 u.: Okapia, S. 497 kl. Bild o.: Biosphoto/C. Courteau, S. 497 o.: S/Atlantide, S. 497 u.: Okapia, S. 498 li.: blickwinkel/E. Hummel, S. 498 o.: W/A. Rouse, S. 498 re.: Biosphoto/Allofs Theo, S. 499 li.: G/Joel Sartore, S. 499 re.: Still Pictures/M. Powles, S. 500 li. o.: Peter Arnold/D. Cheeseman, S. 500 li. u.: G/J. Sartore, S. 500/501 o.: Okapia, S. 500/501 u.: W/R. Usher, S. 501 kl. Bild o.: M/Wendler, S. 501 re. o.: blickwinkel/E. Hummel, S. 501 re. u.: alimdi.net/I. Schulz, S. 502 li. 1. + 2. + 3.: alimdi net./Thomas Vinke, S. 502 li. 4.: Okapia, S. 502 li. 5.: Visum/Fritz Poelkins, S. 502/503: alimdi.net/I. Schulz, S. 503 o.: G/Konrad Wothe, S. 504/505 +, S. 505 o. + re. u.: Water Frame/F. Banfi, S. 505 re. M.: Okapia, S. 505 re. o.: A/A. Saale, S. 506 u.: A/mediacolors, S. 506/507: P, S. 507 o.: G/D.Nausbaum, S. 508/509: A/tT. Bognar, S. 509 o.: A/Photodisk, S. 510/511: L/Heeb, S. 511 M.: A/J.Brunker, S. 511 o.: L/Back, S. 511 u.: L/Heeb, S. 512 o.: P Luethi, S. 512 u.: A/J. Etcheverry, S. 513 o.: L/Heeb, S. 513 u.: L/Bangert, S. 514/515: A/Gary Cook, S. 515 re. Reihe 1.: C/Theo Allofs, S. 515 re. Reihe 2.: A/WorldFoto, S. 515 re. Reihe 3.: A/Visual&Written SL, S. 515 re. Reihe 4.: Okapia, S. 516/517: A/Javier Etcheverry, S. 517 o.: die bildstelle/Rex Features, S. 518 o.: Outdoor-Archive/R. Gantzhorn, S. 518/519: A/G. Mc Cormack, S. 520: C/P. Souders

IMPRESSUM

Königinstraße 11 | 80539 München
Telefon +49.89.45 80 20-0 | Fax +49.89.45 80 20-21
www.kunth-verlag.de

ISBN: 978-3-89944-437-7

Text: Natascha Albus, Heike Barnitzke, Catrin Barnsteiner, Monika Baumüller, Gesa Bock, Arno Breckner, Klaus Dammann, Klaus A. Dietsch, Michael Elser, Dietmar Falk, Werner Fiederer, Robert Fischer, Petra Frese, Ute Friesen, Winfried Gerhards, Martina Gschließer, Ulrike Köppchen, Dr. Steffen Krämer, Brigitte Lotz, Angela Meißner, Werner Morgenrath, Norbert Pautner, Dr. Ulrike Prinz, Dr. Jürgen Rapp, Ingrid Reuter, André Ruo, Monika Sattrasai, Dr. Susanne Scheffler-Gerken, Dr. Hans-Wilm Schütte, Eckard Schuster, Ingrid Suvak, Dr. Marcus Würmli

Printed in Germany